"双高建设"新型一体化教材

露天矿开采技术

(第3版)

Open Pit Mining Technology

(3rd Edition)

主　编　文义明　卢　萍

副主编　程　涌　夏建波

林　友　汤　丽

北　京

冶金工业出版社

2025

内 容 提 要

本书从露天矿开采技术的工作需要出发，系统介绍了露天矿开采的穿孔爆破、采装、运输、排土等工艺技术，以及露天采场境界的确定方法与技巧、露天矿的开拓方式、露天矿生产剥采比的控制及采剥进度计划的编制方法等。此外，本书还特别介绍了砂矿床开采技术和露天矿开采的环境保护实用技术。

本书为高职高专院校矿山智能开采技术专业教材，也可供露天开采工程技术人员、管理人员阅读参考。

图书在版编目(CIP)数据

露天矿开采技术／文义明，卢萍主编．—3 版．—北京：冶金工业出版社，2023.3（2025.2 重印）

“双高建设”新型一体化教材

ISBN 978-7-5024-9461-2

Ⅰ.①露…　Ⅱ.①文…　②卢…　Ⅲ.①露天开采—高等职业教育—教材　Ⅳ.①TD804

中国国家版本馆 CIP 数据核字(2023)第 050405 号

露天矿开采技术（第 3 版）

出版发行	冶金工业出版社	**电　　话**	(010)64027926
地　　址	北京市东城区嵩祝院北巷 39 号	**邮　　编**	100009
网　　址	www. mip1953. com	**电子信箱**	service@ mip1953. com

责任编辑　杨盈园　美术编辑　彭子赫　版式设计　郑小利

责任校对　王永欣　责任印制　窦　唯

北京印刷集团有限责任公司印刷

2011 年 3 月第 1 版，2015 年 8 月第 2 版，2023 年 3 月第 3 版，2025 年 2 月第 2 次印刷

787mm×1092mm　1/16；15. 5 印张；376 千字；233 页

定价 46. 00 元

投稿电话　(010)64027932　投稿信箱　tougao@cnmip. com. cn

营销中心电话　(010)64044283

冶金工业出版社天猫旗舰店　yjgycbs. tmall. com

（本书如有印装质量问题，本社营销中心负责退换）

第3版前言

“露天矿开采技术”是国家“双高建设”有色冶金技术专业群金属与非金属矿开采技术专业（即矿山智能开采技术专业）的主干课程，其教材《露天矿开采技术》一书于2011年3月正式出版，2015年修订，此次再次进行修订出版第3版。

本书是根据教育部高职高专院校培养高素质技术技能人才的要求，为满足矿山智能开采技术专业及安全管理技术专业等岗位能力的需要而编写的新型融媒体教材。本书针对矿山智能开采技术等专业人才培养方案的要求，以金属矿山露天开采工艺为主线，阐释了穿孔爆破、采装工作、运输、排土和矿床开拓、生产能力与采剥进度计划、砂矿体开采、环境保护。本书共分10章，在编写中借鉴了大量的教学、设计和生产实践经验，采用一体化教材方式，突出了实用性和操作性的特点，深入浅出、主次得当，在内容选择上体现先进性和系统性，并在使用中直观、易学、易懂和易通。希望本书的出版能得到任教同行认可并成为有志从事采矿事业的青年读者的启蒙教材。

本书由长期从事金属与非金属矿开采技术及安全技术与管理专业教学的人员编写。全书由文义明、卢萍任主编。本书编写分工为：第1章由文义明、夏建波、程涌编写，第2章由卢萍、关思、原虎军编写，第3章由文义明、卢萍编写，第4章由汤丽、夏建波编写，第5章由林友、文义明、张金梁编写，第6章由卢萍、文义明编写，第7章由辛文晟、程涌编写，第8章由林友、文义明编写，第9章由林友、聂琪编写，第10章由原虎军、文义明编写，文义明、卢萍负责全书统稿、校稿。

在教材编写、修改过程中，得到了各级领导、兄弟院校、读者和矿山企业的大力支持，他们提出了许多中肯的意见和建议，在此表示衷心的感谢！

因作者水平所限，本书存在不妥之处，敬请读者批评指正。

编　者

2022年5月

第2版前言

“露天矿开采技术”是高职高专院校采矿工程专业的主干课程，主要讲授露天开采的基本概念、露天开采生产工艺、露天矿开拓方法、露天开采境界圈定、露天矿生产能力确定及露天矿采剥进度计划编制等内容。本书根据课程教学要求及高等职业教育教学大纲编写，立足于培养能在矿山生产第一线工作的高技能应用型人才。

《露天矿开采技术》第1版于2011年3月正式出版。4年来，该教材在昆明冶金高等专科学校及各兄弟院校金属矿开采技术专业，以及安全管理技术专业中得到广泛使用，其间也得到了许多热心读者的反馈意见。根据读者的反馈意见及在教学过程中发现的问题，我们于2013年初开始对该教材进行了进一步的修改，主要对书中存在的文字错漏进行了更正，对部分插图及表格进行了修整或替换，对部分实例及法规进行了更新，同时补充了部分复习思考题。修订后的教材在编排结构上与第1版基本保持一致，但在质量上进一步提高，更加适合高职高专院校采矿工程专业及相关专业的教学。

本书由夏建波、邱阳任主编，林友、何丽华任副主编。第1章由夏建波、邱阳、汤丽编写；第2章～第4章由夏建波编写；第5章由夏建波、梁诚、杨天凤编写；第6章由何丽华、龙泉安编写；第7章由邱阳编写；第8章由邱阳、林吉飞、文义明编写；第9章由林友编写；第10章由曹仁权编写。书中插图及表格的绘制由彭芬兰、何丽华负责。全书由夏建波统稿。

在编写过程中，得到了学校各级领导及兄弟院校、矿山企业有关人员的大力支持，他们提出了许多中肯的意见和建议，在此表示衷心的感谢！

由于编者水平有限，书中不足之处，敬请读者批评指正。

编　者

2015年4月

第1版前言

近年来，随着我国工业经济的快速发展，矿产资源需求与日俱增，带动了我国采矿业连续多年实现高增长，采矿业对人才的需求越来越大。目前，高职高专教育培养的矿业专门人才已成为支撑矿业发展的重要力量。高职高专教育更加注重操作能力、现场管理能力和施工、生产设计能力的培养，其目标是培养能在采矿业生产、建设、管理、服务第一线工作的高技能应用型人才。

露天开采量占固体矿产开采总量的80%以上，是矿产资源开采的重要方式之一。相对于地下开采，露天开采具有劳动生产率高、开采成本低、损失贫化小、基建时间短以及工作环境比较安全等特点。随着生产技术的不断发展，露天矿正朝着生产集约化、设备大型高效化、控制自动化、工艺连续化的方向发展。

“露天矿开采技术”是高职高专院校采矿专业的主干课程。作者在总结以往教材的基础上，结合多年的教学、设计和生产实践经验，以现代高职高专教育理念为先导，构建教材结构，突出实用性和操作性的特点，力求做到：在编排上深入浅出、主次得当；在内容选择上体现先进性和系统性；在使用上易学、易懂和易通。

本书初稿于2008年中期完成，作为讲义已在昆明冶金高等专科学校采矿专业教学中实践了三届，得到了教学和实践经验丰富的教授和行业专家们的审阅和指点，几经修改，终成正稿。

全书共分10章：第1章着重介绍露天矿开采的基本概念以及露天矿矿山工程的发展程序；第2章~第8章阐述了露天矿开采的基本工艺、露天矿开采境界确定、露天矿开拓方式、露天矿生产能力及生产采剥计划等；第9章简要阐述了比较特殊的砂矿开采方法；第10章简述了目前露天开采中存在的环境问题及解决方案。

全书由夏建波、邱阳任主编，林友、何丽华任副主编。第1章由夏建波、邱阳、汤丽共同编写；第2章~第4章由夏建波编写；第5章由夏建波、梁诚、代普雪共同编写；第6章由何丽华编写；第7章由邱阳编写；第8章由邱阳、刘凌、普义共同编写；第9章由林友编写；第10章由邱阳、杨玉琴、曹仁权共同编写，书中插图及表格的制作由彭芬兰、常青青、郭君完成。

本书为高职高专院校及中等专业学校采矿工程专业的教材，建议讲授学时为60学时。本书也可作为矿山工程技术人员、管理人员的参考用书。

在编写过程中，得到了各级领导、兄弟院校、出版社和矿山企业的大力支持。昆明冶金高等专科学校王育军教授、况世华教授对书稿进行了认真细致的审阅，提出了许多中肯的意见和建议，在此表示衷心的感谢！

由于作者水平有限，加之书中引入了部分新工艺、新设备及新技术，难免存在不完善之处，敬请读者谅解和指正。

愿本书能成为有志从事采矿工作的读者在学习和工作中的良师益友。

编　者

2010年11月

目　　录

1 露天开采基本知识

1.1 露天开采概述

采矿是从地壳中将可利用矿物开采出来并运输到矿物加工地点或使用地点的作业、过程或工作。采矿的目的是为国民经济发展提供原料，即从自然界开采矿物燃料、金属矿石、化工原料、矿物肥料等各种矿产，供给社会各经济体，以满足人们生产、生活的需要。

采矿工业的特点包括：采矿生产受自然环境（矿体埋藏条件、地形、气候、地理位置、岩石性质等）的影响以及生产场所和工作条件不断变化等。考虑上述特点，采矿工作者的任务就是针对具体矿床条件，认识自然环境的客观规律性，不断改善生产技术和工艺方法，安全、经济地把矿产资源开采出来。

矿产资源，根据形态不同，可分为气态矿产、液态矿产和固态矿产三大类。天然气是气态矿产的代表；石油属液态矿产；煤炭、金属矿石、非金属矿石及建筑材料等则属固态矿产。

固态矿产开采方式可分为：露天开采、地下开采、海洋开采、特殊开采，其中露天开采又可分为机械开采和水力开采。

矿物的露天开采是借助某些采掘和运输设备，从地表向下并始终在敞露的环境中掘取地壳中有用资源的作业。为了采出矿物，通常需要剥离大量废石。露天开采的特点是采掘空间直接敞露于地表，为了采出有用矿物，就需要将矿体上部的覆盖岩石和两盘的围岩剥去，使矿体暴露在地表进行开采，并通过露天沟道线路系统把矿石和岩石运至地表。当矿体埋藏较浅或地表有露头时，应用露天开采最为优越。与地下开采相比，露天开采对资源利用充分、回采率高、贫化率低，适于用大型机械施工，建矿快、产量大、劳动生产率高、成本低、劳动条件好、生产安全。但是露天矿一般需要剥离并排弃大量的岩土，尤其是较深的露天矿，往往占用较多的农田，设备购置费用较高，故初期投资较大。此外，露天开采受气候影响较大，天气条件对设备效率及劳动生产率都有一定影响。随着开采技术的发展，适于露天采矿的范围越来越大，甚至可用于开采低品位矿床或某些地下开采过的残矿。

露天开采作业主要包括穿孔、爆破、铲装、运输和排土。穿孔爆破是在露天采场矿岩内钻凿一定直径和深度的爆破孔，以炸药爆破，对矿岩进行破碎和松动，穿孔设备主要有潜孔钻机和牙轮钻机等。爆破多用铵油炸药、浆状抗水炸药和乳化炸药及粒状乳化炸药等。铲装工作是用挖掘机械将矿岩装入运输设备或直接卸载到指定地点的作业，常用的设备包括挖掘机（有多斗和单斗两类）和前端式装载机，被广泛采用的是单斗挖掘机。运输工作是将露天采场的矿、岩分别运送到堆矿场（或选矿厂）和排土场，同时把生产人员、设备和材料运送到采矿场，主要运输方式有铁路机车运输、自卸汽车运输、带式输送机运输及联合运输，砂矿床常用水力运输，对于崎岖山区还可采用索道运输。排土工作系指将露天采场内剥离的岩土，运送到专门设置的场地（如排土场或废石场）进行排弃的作业。露天矿这几项工作的好坏及它们之间的配合如何，是露天采矿的关键，决定了露天矿综合开采效率。

20世纪下半叶以来，露天开采发展迅速。据2000年对世界预计投产的639座非燃料固体矿山的统计，露天开采产量占总产量的比重达到60%以上，其中，铁矿占90%、铝土矿98%、黄金矿67%、有色矿57%。

露天采矿工业有着悠久的历史，但露天开采技术却自20世纪下半叶以来发展迅速，其技术发展的一个重要标志是生产规模不断扩大，劳动生产率不断提高。例如，苏联铁矿石年总产量2.5亿吨的82.5%来自19座露天矿，平均生产规模超过1000万吨/a（原矿）；1997年美国2.09亿吨铁原矿和6300万吨铁精矿的98.7%来自9个露天矿，平均生产规模为原矿2290万吨/a、精矿690万吨/a，平均劳动生产率（采、选和烧结生产工人全算在内）达到13.34t/工时（原矿）。据统计，80年代全世界共有年产1000万吨以上矿石的各类露天矿80多座，其中年产矿石4000万吨、采剥总量8000万吨以上的特大露天矿20多座，最大的露天矿的年矿石生产能力超过5000万吨、采剥总量超过亿吨，最深的露天矿超过1000m。

由于露天矿的生产规模优势，其在世界固体矿产开采中占主导地位。据统计，全世界包括建材在内的固体矿产年开采总量约160亿吨，露天开采约占80%。

现代露天矿能够达到如此大的开采规模和如此高的劳动生产率，其技术基础主要是采矿设备的快速发展，包括大型化及其性能的不断改进。例如挖掘硬岩的挖掘机标准斗容已达23~26m^3；电动轮自卸汽车的最大载重已达317t；重型牙轮钻机的轴压和孔径不断加大，最大钻孔直径已达444mm。

我国露天开采技术与国外先进技术相比，还有较大的差距，主要表现在开采规模小，钻、装、运等生产环节装备技术水平低，大型机械设备应用少，国产设备性能不够稳定。这些严重制约了我国露天矿生产向大规模、高强度和高效率发展。此外，软科学技术在露天矿应用中的滞后，也大大降低了给定装备水平条件下露天开采的经济效益。

与地下开采相比，露天开采具有以下优势：

（1）生产能力大。特大型金属露天矿的年产矿石量可达3000万~5000万吨。

（2）作业条件好。大型露天矿山人员作业的安全和舒适程度相当高，劳动强度小，不易受有害气体侵害及顶板冒落的威胁。中小型露天矿山作业条件和自动化程度不断得到改善。

（3）自动化程度高，作业灵活。开采空间限制小，适于大型机械化自动化设备作业。近年信息化技术在大型露天矿成功应用，极大地提高了劳动生产率和设备作业效率。人员的劳动生产率较地下开采最高可提高10倍。

（4）矿石损失贫化小，一般为3%~5%，易于分采进行品位控制，提高资源利用率。

（5）作业成本低，为地下开采的1/3~1/2。

（6）基建期短，为地下开采的1/2左右。暂行的投资计算方式，基建投资可能低于地下开采（因装备水平而异），如果考虑矿山关闭期间的环境修复费用，则将另行评估。

露天开采主要缺点有：

（1）扰动、损坏和污染环境。开采期间损坏地表植被，裸露岩石，形成短期石漠。穿孔、爆破、装载和运输等生产过程易造成粉尘、爆破烟尘、汽车尾气和噪声在大气中逸散传播，流经排土场的降水径流往往含有害成分，可能污染周围大气、水域和土壤，可能危及附近居民身体健康，影响植物生长，动物生存，改变生态环境。

（2）占用土地多，且有产生地质灾害的可能。露天矿坑和排土场占用大量土地，有的多达数百公顷。处理不当在暴雨等天气条件下还可能造成排土场滑坡和泥石流等地质灾害。

（3）受矿体赋存条件限制，矿体的合理开采深度较浅。

（4）作业受气候条件影响大。暴雨、大风、严寒和酷热均有影响。

1.2 露天开采的基本概念

1.2.1 露天采场构成要素

把矿体上部的覆盖岩石和两盘的围岩剥去，使矿体暴露在地表进行开采的方法，称为露天开采。露天开采分为机械开采和水力开采。原生矿床多以机械开采为主，以下仅介绍机械开采的有关概念。

划归一个露天矿开采的全部矿床或其中一部分，称为露天矿田。从事露天矿田开采工作的矿山企业称为露天矿。

进行露天采剥的工作场地称为露天矿场。根据矿床的埋藏条件，露天矿场分为山坡露天矿场和凹陷露天矿场。它们以露天矿场的封闭圈（如图 1-3 中 *AI* 所示）为界，封闭圈以上为山坡露天矿场，封闭圈以下为凹陷露天矿场。

露天矿场的构成有下述诸要素。

1.2.1.1 台阶

露天开采时，通常把露天矿场内的矿岩划分成一定厚度的水平分层，用独立的采掘、运输设备自上而下逐层开采，上下分层间保持一定的超前关系，从而形成阶梯状，每一个阶梯就是一个台阶。露天矿场是台阶和露天沟道的总合，故台阶是露天矿场的基本要素之一。台阶的构成要素如图 1-1 所示。

（1）台阶上部平台，指台阶上部水平面。

（2）台阶下部平台，指台阶下部水平面。

（3）台阶坡面，指台阶的倾斜面。

（4）台阶坡顶线，指台阶坡面与上部平台的交线。

（5）台阶坡底线，指台阶坡面与下部平台的交线。

（6）台阶高度 h，指台阶上、下平台间的垂直距离。

（7）台阶坡面角 α，指台阶坡面与下部平台的夹角。

台阶的上部平台和下部平台是相对的，一个台阶的上部平台同时又是其上一个台阶的下部平台。台阶的命名常以其下部平台的标高表示，故通常把台阶称为某某水平。正在进

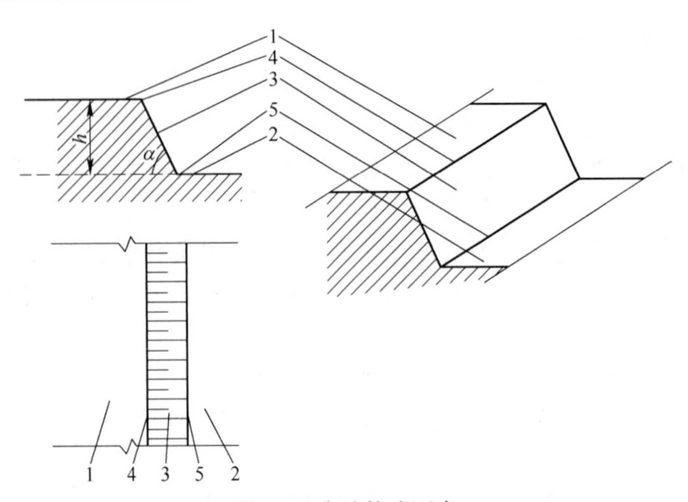

图1-1　台阶构成要素

1—台阶上部平台；2—台阶下部平台；3—台阶坡面；4—台阶坡顶线；
5—台阶坡底线；α—台阶坡面角；h—台阶高度

行采剥工作的台阶称为工作台阶，其上的平台称为工作平台。已经结束采剥工作的台阶称为非工作台阶，其上的平台视其用途不同，分别称为保安平台、清扫平台和运输平台。

1.2.1.2　采掘带

开采时将台阶划分为若干个条带，逐条顺次开采，每一个条带称为采掘带。采掘带的宽度为挖掘机一次挖掘实方岩体的宽度或一次爆破实方岩体的宽度，它由挖掘机的挖掘半径和卸载半径以及爆破参数来确定。

如果采掘带较长，可沿长度划分为若干区段，各区段内配备独立的采掘运输设备进行开采，这样的区段称为采区。因此，采区的长度是一台挖掘机所占的采掘带长度，如图1-2所示。

已经做好采剥准备工作的采掘带也称为工作线。

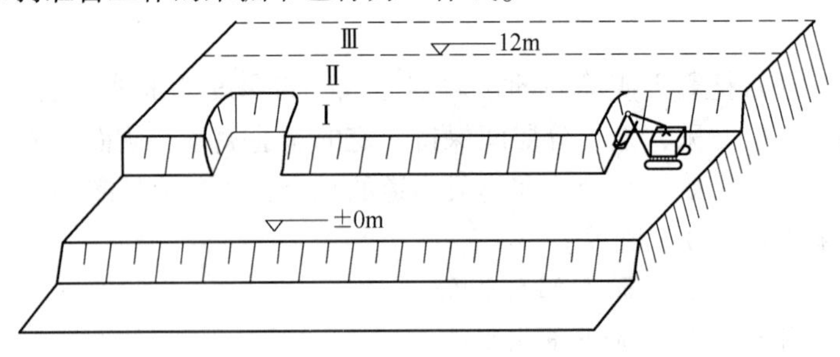

图1-2　采掘带、采区示意图

1.2.1.3　非工作帮（最终边帮）

由已经结束采剥工作的台阶（平台、坡面和出入沟等）所组成的露天矿场的四周表面称为露天矿场的非工作帮或最终边帮，如图1-3中的 *AC* 及 *BF* 所示。位于矿体下盘一侧的边帮称为底帮，位于矿体上盘一侧的边帮称为顶帮，位于矿体走向两端的边帮称为端帮。

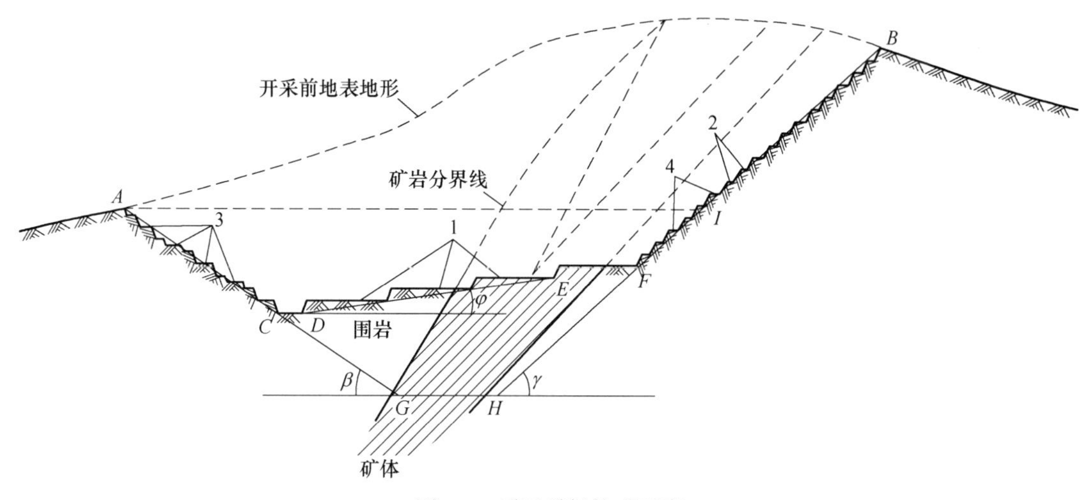

图 1-3 露天采场构成要素

1—工作平台；2—安全平台；3—运输平台；4—清扫平台

1.2.1.4 工作帮

由正在进行采剥工作和将要进行采剥工作的台阶所组成的边帮称为露天矿场的工作帮，如图 1-3 中的 *DF* 所示。工作帮的位置并不固定，它随开采工作的进行而不断改变。

1.2.1.5 非工作帮坡面（最终帮坡面）

通过非工作帮最上一个台阶的坡顶线和最下一个台阶的坡底线所作的假想斜面称为露天矿场的非工作帮坡面或最终帮坡面（图 1-3 中的 *AG* 及 *BH*）。它代表露天矿场边帮的最终位置，在分析研究问题时，用它代表边帮的实际位置，可使问题简化并保证有足够的准确性。

1.2.1.6 非工作帮边坡角

非工作帮坡面与水平面间的夹角，叫非工作帮边坡角或最终边坡角（图 1-3 中的 β 及 γ）。

1.2.1.7 工作帮坡面

通过工作帮最上一个台阶的坡底线和最下一个台阶的坡底线所做的假想斜面（图 1-3 中的 *DE*）。

1.2.1.8 工作帮坡角

工作帮坡面与水平面之间的夹角，称为工作帮坡角（图 1-3 中的 φ）。

1.2.1.9 工作平台

工作帮的水平部分，即工作台阶的上部平台和下部平台，称为工作平台。它是用以安置设备进行穿孔、爆破、采装、运输的工作场地。

1.2.1.10 露天矿场的上部最终境界线

非工作帮坡面与地表的交线（一条闭合的曲线，如图 1-3 中 *AB* 所示）。

1.2.1.11 露天矿场的下部最终境界线

露天矿场的下部最终境界线是指非工作帮坡面与露天矿场底平面的交线，称为下部最终境界线或称底部周界（一条闭合的曲线，如图 1-3 中 *GH* 所示）。

1.2.1.12　露天矿场的最终深度

露天矿场的最终深度也称最终采深，指上部最终境界线所在水平与下部最终境界线所在水平之间的垂直距离。

1.2.1.13　非工作帮上的平台

（1）安全平台（图 1-3 中的 2）。用以减缓最终边坡角，保证最终边帮的稳定性和下部水平的工作安全；它设在露天矿场的四周边帮上，其宽度一般为台阶高度的 1/3。

（2）运输平台（图 1-3 中的 3）。用作各工作台阶与地面（采场外部）运输联系的通道；它设在非工作帮上，其宽度由运输方式和线路数目决定。

（3）清扫平台（图 1-3 中的 4）。用以阻截非工作帮台阶坡面滑落的岩土并在该平台上用清扫设备进行清理；它同时又起着安全平台作用，在非工作帮上每 2~3 个台阶设一清扫平台，其宽度由清扫设备规格决定。

1.2.1.14　出入沟

为建立采场外部和采场内各工作台阶之间的运输联系而开掘的倾斜的露天沟道，称为出入沟。出入沟的沟底具有一定的坡度（图 1-4 中的 *AB*）。

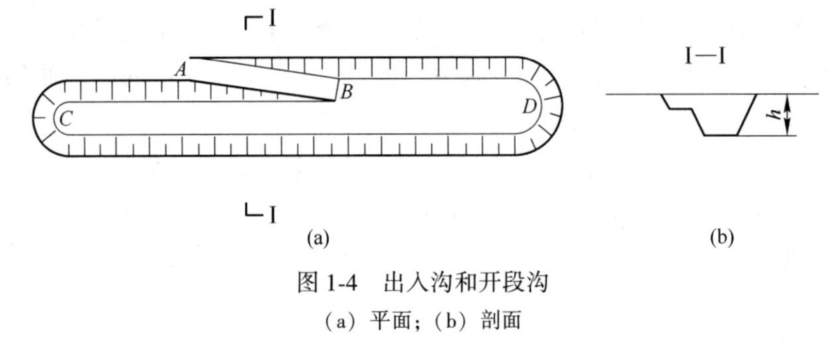

图 1-4　出入沟和开段沟

（a）平面；（b）剖面

根据地形条件和沟道的位置不同，在封闭圈以下开掘的沟道，其横断面是完整的梯形，称双壁沟，而在山坡上开掘的沟道，其横断面为不完整的梯形，称为单壁沟，如图 1-5 所示。

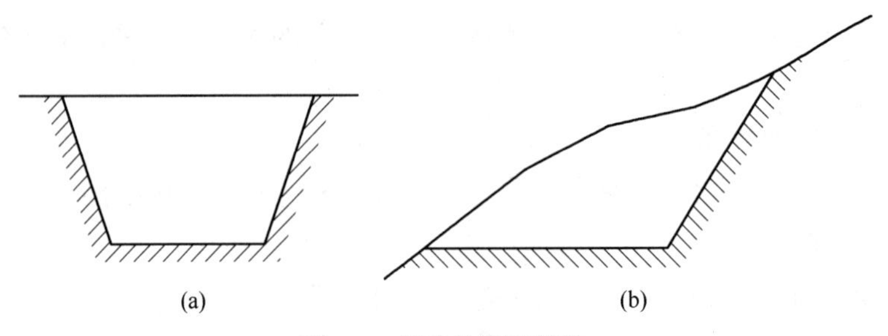

图 1-5　堑沟的断面形状

（a）双壁沟；（b）单壁沟

1.2.1.15　开段沟

为开辟新工作台阶建立工作线而掘进的露天沟道，称为开段沟；其沟底是水平的，如

图1-4中的*CD*所示。开段沟是紧接着出入沟而掘进的第一条沟道，其长度一般不小于一个采区长度，其断面形状也有双壁沟及单壁沟之分，如图1-5所示。

1.2.2 露天矿开采步骤

露天矿山从开采准备至最终闭坑，一般历经如下开采步骤：

（1）地面准备工作。排除妨碍生产的障碍物，例如砍伐树木，拔除树桩，改移河道，疏干湖泊，迁移房屋和道路等。

（2）矿床疏干与防水。疏干开采范围内的地下水，用截水沟将地表水引流至开采境界外。

（3）矿山基建。矿山基建是指露天矿投产前为保证正常生产所必需的全部工程，包括办公、生活区建筑及设施，采矿工业场地建筑及设施（机修、电修、车库、器材库等），供配电系统，排土场建设，各工业场地之间主要运输干线及采场投产台阶运输支线，完成投产前的开沟工程和基建剥离工程。上述工程都要在基建时期内完成，可采用两种施工方式：一是由专业基本建设工程队施工，完工后移交给生产单位进行生产；二是由生产单位自己施工。不管采用哪种方式，都必须按期完成设计中规定的基建任务。

（4）正常生产。露天矿的生产和其他企业一样，是按一定的生产顺序和生产过程进行的。矿岩比较硬的露天矿，在进行开采时，首先需用钻机进行穿孔，然后装药爆破，矿岩装运出采场，其中矿石运往破碎加工车间或直接外运至用户，岩土则运往排土场排弃。因此，露天开采的主要生产工艺过程是：穿孔、爆破、采装、运输和排土等。这几个生产工艺环节必须相互紧密配合，才能提高全矿的综合生产能力。

（5）地面恢复。把露天开采所占用的农田及土地在生产结束时或在生产期间进行覆土造田、恢复植被。

1.3 露天矿山工程及工作台阶扩帮方式

1.3.1 露天矿山工程

在露天开采的整个生产过程中，矿岩的采剥工作必须经过一定的生产环节，例如掘沟、剥离、采矿等，剥离和采矿又是以扩帮的形式进行的，每个生产环节都需要按一定的工序进行生产（如穿孔、爆破、采装、运输、排土等）。所有这些工作，统称露天矿山工程。

1.3.2 露天矿山工程的发展程序

露天矿山工程，在时间和空间上是按一定的顺序进行的。对于一个台阶而言首先要开掘出入沟（图1-6中的*ABCD*部分），然后在此基础上掘开段沟（图1-6中的*FEGH*部分），铁路运输时还需要铺设运输线路。当开段沟掘完一定长度或全长后，即可在沟的一侧或两侧布置工作面进行扩帮（剥离或采矿）。随扩帮工程的进行，开段沟逐渐扩宽成为工作平台。在扩帮工程进行到一定位置，有足够平台宽度时（图1-7中宽度为*B*时），便可开掘

第二个台阶的出入沟和开段沟，再进行第二个台阶的扩帮（上部第一台阶同时在扩帮）。依此类推，以后各台阶的采剥工作均按此程序进行，直至最终开采深度为止（见图 1-8）。

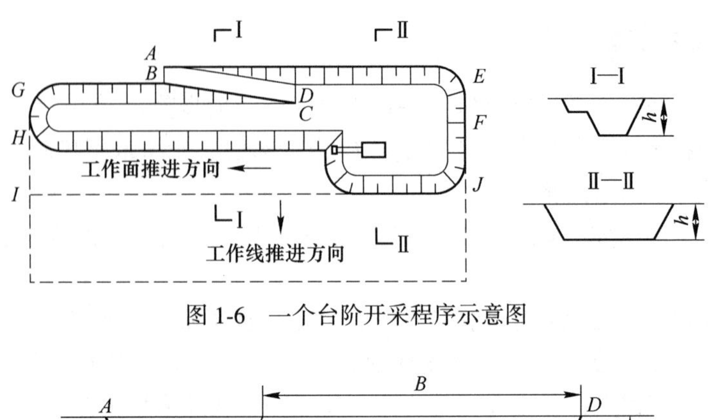

图 1-6　一个台阶开采程序示意图

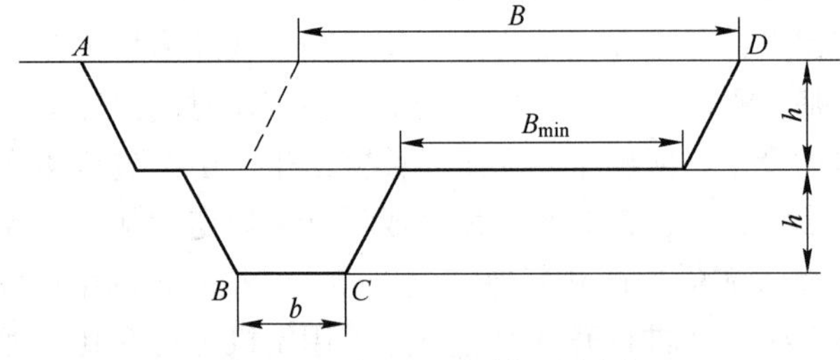

图 1-7　矿山工程延深示意图

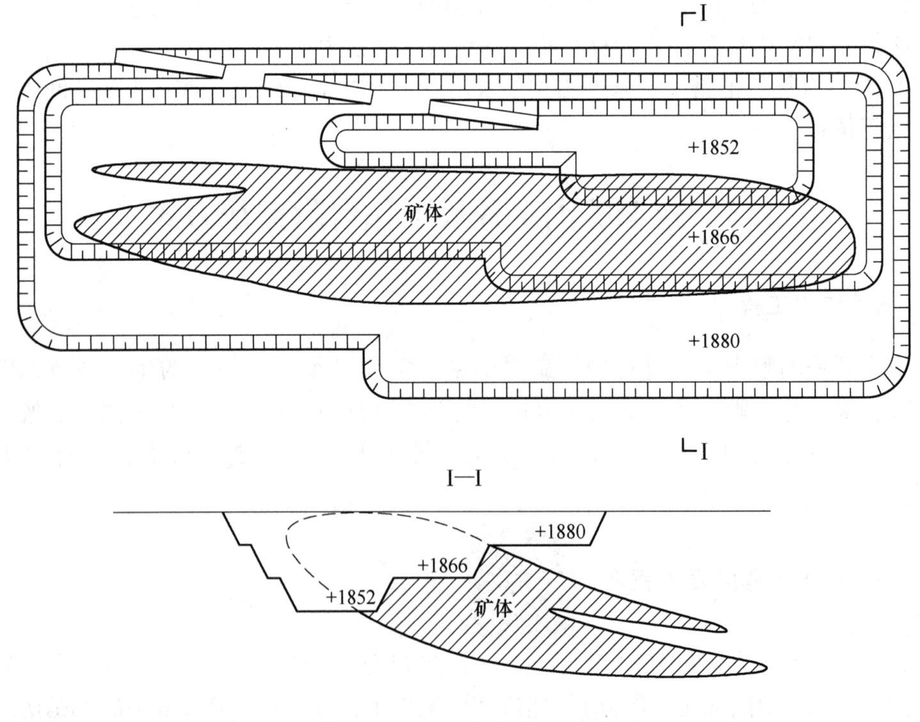

图 1-8　矿山工程发展示意图

由此可见，露天矿山工程的发展是在露天开采境界内，自上而下逐层进行不断地掘沟和扩帮的过程。对同一个水平来说，首先掘进出入沟，然后掘进开段沟和扩帮；对于上下水平来说，掘沟和扩帮同时进行，即上部水平在扩帮的同时下部水平进行掘沟工程。如图1-8所示，当+1852水平进行掘沟时，+1866、+1880水平进行扩帮，其中+1866水平采矿，+1880水平剥离。随着不断地进行掘沟及扩帮，开采深度不断增加，直至最终开采深度；各个开采水平的工作线则从开段沟的位置不断从一侧（或两侧）向外推进，直至最终边界。露天矿场在发展过程中，逐步由小变大、由浅变深，不断采出矿石和剥离废石，直至最终开采境界为止。图1-9所示为某露天矿采场台阶扩延示意图。

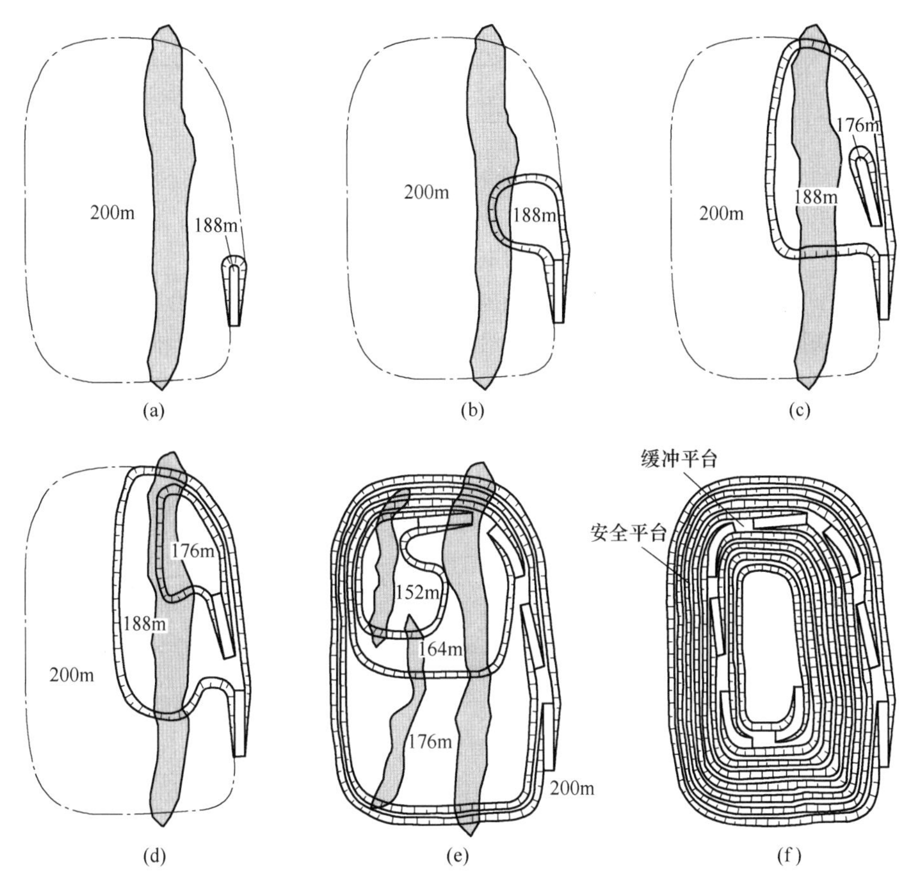

图1-9 某采场各台阶扩延示意图
(a)~(f) 扩展过程

1.3.3 工作台阶扩帮方式

依据工作线的方向与矿体走向的关系，工作线的布置方式可分为纵向布置、横向布置以及扇形布置，对应的工作台阶扩帮方式有向上盘、下盘扩帮，向走向扩帮以及扇形扩帮。

1.3.3.1 工作线纵向布置，向上盘、下盘方向扩帮

纵向布置时，工作线的方向与矿体走向平行。这种方式一般是沿矿体走向掘出入沟，并按采场全长掘开段沟形成初始工作线，之后依据沟的位置（上盘最终边帮、下盘最终边

帮或中间开沟)，自上盘向下盘方向扩帮、自下盘向上盘方向扩帮或从中间向上、下盘同时扩帮，如图 1-10 所示。

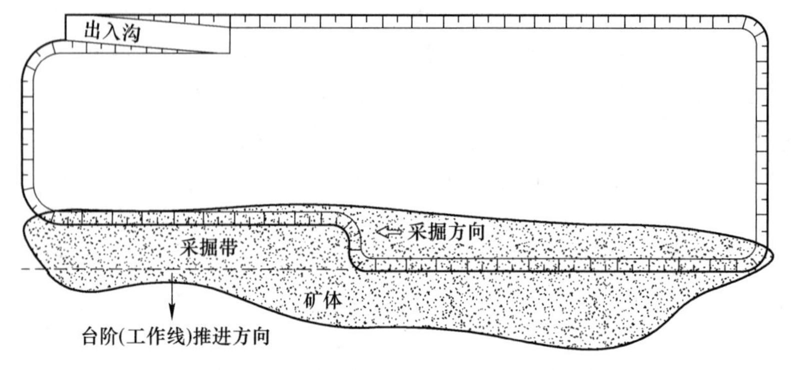

图 1-10　工作线纵向布置，沿上盘扩帮

1.3.3.2　工作线横向布置，沿走向扩帮

工作线横向布置时，工作线与矿体走向垂直。这种方式一般是沿矿体走向掘出入沟，垂直于矿体掘短开段沟形成初始工作线，沿矿体走向一端或两端扩帮推进开采，如图 1-11 所示。由于横向布置时，爆破方向与矿体的走向平行，故对于顺矿层节理和层理较发育的岩体，会显著降低大块与根底，提高爆破质量。由于汽车运输的灵活性，工作线也可视具体条件与矿体斜交布置。

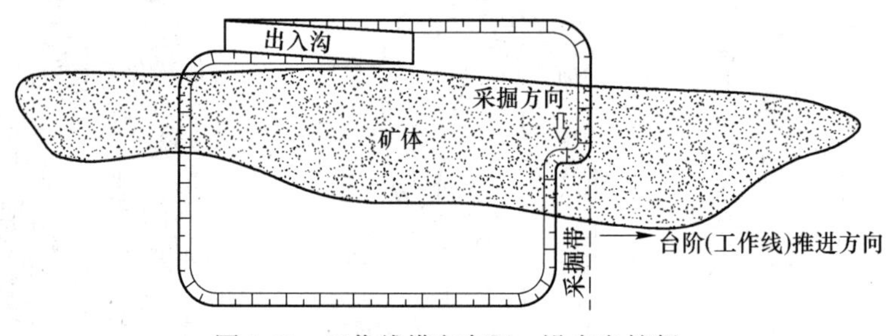

图 1-11　工作线横向布置，沿走向扩帮

1.3.3.3　工作线扇形布置，扇形扩帮

扇形布置时工作线与矿体走向不存在固定的相交关系，而是呈扇形向四周推进。这种布置方式机动灵活、充分利用了汽车运输的灵活性，可使开采工作面尽快到达矿体，如图 1-12 所示。

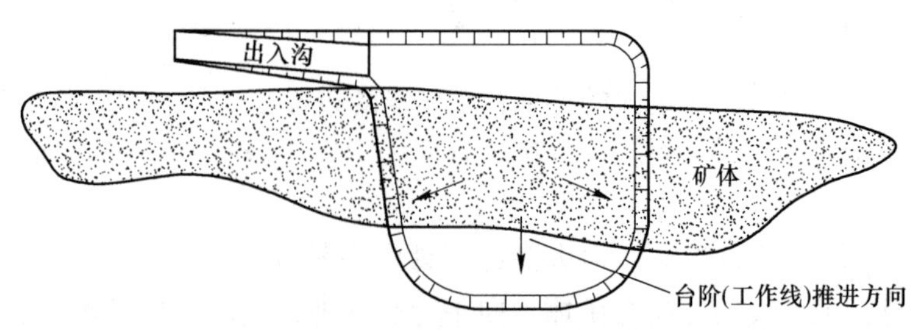

图 1-12　工作线扇形布置，扇形扩帮

复习思考题

1-1　与地下矿山相比，露天矿开采的优点有哪些？

1-2　与地下矿山相比，露天矿开采的缺点有哪些？

1-3　怎样区分山坡露天采场与凹陷露天采场？

1-4　露天采场台阶构成要素有哪些？

1-5　什么是采掘带，采掘带与工作线、采区有什么区别？

1-6　出入沟与开段沟有什么区别？

1-7　露天矿山从开采准备至最终闭坑，一般历经了哪几个开采步骤？

1-8　露天开采主要工艺环节有哪些？

1-9　露天矿台阶工作面的扩延方式有哪些？

1-10　简述露天矿山工程的发展程序。

1-11　绘制图 1-13，要求：出入沟水平长度 100m，沟宽 12m；开段沟长 400m，沟宽 16m；台阶高度 10m，坡面角 60°。

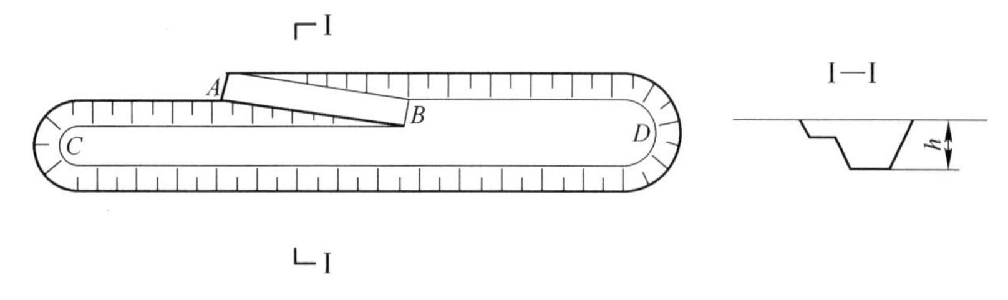

图 1-13　题 1-11 图

2 穿孔爆破

在露天开采中，坚硬矿岩很难直接使用采掘设备将它们从整体中分离出来，必须经过预先破碎。目前破碎矿岩的手段仍以穿孔爆破方法为主。

穿孔爆破的任务是有效地破碎矿岩。穿孔爆破的生产能力必须满足矿山生产的需要；破碎后的矿岩块度要尽可能均匀合格、大块率少；爆堆形状整齐而集中，便于装载。

穿孔爆破是两道不同的生产工序，但它们之间有着极为密切的联系。穿孔工作必须满足爆破技术的要求，而爆破矿岩的数量和质量又反映了穿孔工艺的水平。

2.1 穿孔工作

穿孔工作是露天开采工作的第一道工序，它的工作好坏，对爆破、铲装等后续工作有很大的影响。所谓穿孔就是在矿岩中使用穿孔设备钻凿埋设炸药的炮孔。在使用中深孔爆破开采的露天矿中，穿孔费用约占矿石开采直接成本的12%~18%。

20世纪60年代以前，世界各国露天矿山主要采用钢绳冲击式穿孔机进行凿岩，但随着矿山生产能力的发展与采矿设备的不断改进，这种钻机已被各种高效率的钻机所代替。目前，国内外露天矿山中使用的穿孔设备主要有牙轮钻机和潜孔钻机，在某些特殊情况下还会使用到火力钻机，在二次破碎、低台阶开采及一些小型露天矿山生产中也常采用潜孔凿岩机进行凿岩。此外，还有一些新型的穿孔方法正在探索之中，如激光凿岩、频爆凿岩、超声波凿岩、化学凿岩等。

2.1.1 潜孔钻机

2.1.1.1 发展历史及现状

潜孔钻机是由冲击器潜入孔内，直接冲击钻头，而回转机械在孔外，带动钻杆旋转，向矿岩进行钻进的设备。潜孔凿岩于1932年始于国外，首先用于地下矿钻凿深孔，后来用于露天矿。20世纪70年代，国外对潜孔钻机进行了大量研制工作，产品性能和质量有了较大提升。目前，潜孔钻机广泛用于矿山、采石、水电、交通、勘探、锚固等施工作业中。

我国于1963年试制露天潜孔钻机，次年定型并批量生产，首先用于石灰石矿，接着成为冶金、化工、建材等矿山主要钻孔设备之一，并取代了钢绳冲击式穿孔钻。据资料介绍，20世纪70年代国内有色金属露天矿使用潜孔钻机数量占全部钻孔设备的60%左右。目前，在建材、水电、冶金、交通、港湾等施工中，潜孔钻机的应用仍很普遍。

20世纪60年代后期，国外牙轮钻进技术迅速发展，如美国等许多大型露天矿，潜孔钻机很快被牙轮钻机所取代，但在中小型露天矿中潜孔钻机仍是主要钻孔设备之一。随后在其结构和性能方面也做了许多改进和完善。20世纪70年代，由于高风压潜孔冲击器及球齿钻头的出现，解决了钻孔偏斜及钻头使用寿命过低这两个技术问题，作为中、大孔径凿岩设备高风（气）压潜孔钻机的应用又得以扩大。

2.1.1.2 分类

露天矿使用的潜孔钻机，按有无行走机构分为自行式和非自行式两类：自行式又分为轮胎式和履带式，非自行式又分为支柱（架）式和简易式钻机；按使用气压分为普通气压潜孔钻机（0.5~0.7MPa）、中气压潜孔钻机（1.0~1.4MPa）和高气压潜孔钻机（1.7~2.5MPa），有的将中、高气压统称为高气压潜孔钻机；按钻机钻孔直径及质量分为轻型潜孔钻机（孔径80~100mm以下，整机质量3~5t以下）、中型潜孔钻机（孔径130~180mm，整机质量10~15t）、重型潜孔钻机（孔径180~250mm，整机质量28~30t）、特重型潜孔钻机（孔径>250mm，整机质量≥40t）；按驱动动力分为电动式和柴油机式：电动式维修简单，运行成本低，适用于有电网的矿山，柴油机式移动方便，机动灵活，用于没有电源的作业点；按结构形式分为分体式和一体式：分体式结构简单，轻便，但需另配置空压机。一体式移动方便，压力损失小，钻机钻孔效率高。

2.1.1.3 基本参数及结构

潜孔钻机具有结构简单，质量轻，价格低，机动灵活，使用和行走方便，制造和维护较容易，钻孔倾角可调等优点。

潜孔钻机主要机构有冲击机构、回转供风机构、推进机构、排粉机构、行走机构等。KQ-200潜孔钻机结构图如图2-1所示。

潜孔钻机的型号很多，露天矿使用较多的有KQ系列及KQG系列潜孔钻机，其基本参数见表2-1和表2-2。

表2-1 KQ系列潜孔钻机基本参数表

基本参数	KQ-80	KQ-100	KQ-120	KQ-150	KQ-170	KQ-200	KQ-250
钻孔直径/mm	80	100	120	150	170	200	250
钻孔深度/m	25	25	20	17.5	18	19.3	18
钻孔方向/(°)	60，75，90						
爬坡能力/(°)	≥14						
冲击器的冲击功/N·m	≥75	≥90	≥130	≥260	≥280	≥400	≥600
冲击器冲击次数/min^{-1}	≥750	≥750	≥750	≥750	≥850	≥850	≥850
机重/kg	≤4000	≤6000	≤10000	≤16000	≤28000	≤40000	≤55000

表2-2 KQG系列潜孔钻机基本参数表

型　号	KQG-100	KQG-150
钻孔或钻具直径/mm	100	150
最大钻孔深度/m	40	17.5
钻孔方向	多方位	60°，75°，90°（与水平面夹角）
推进力/kN	9	10
一次推进行程/m	3	9

续表 2-2

型　　号	KQG-100	KQG-150
钻具回转速度/r · min^{-1}	38.6	20.7，29.2，42.9
行走速度/km · h^{-1}	约 1	约 1
爬坡能力/(°)	20	14
耗气量/m^3 · min^{-1}	2.28～13.26	6.6～26.1
使用风压/MPa	1.05～2.5	1.05～2.5
机重/t	9	16

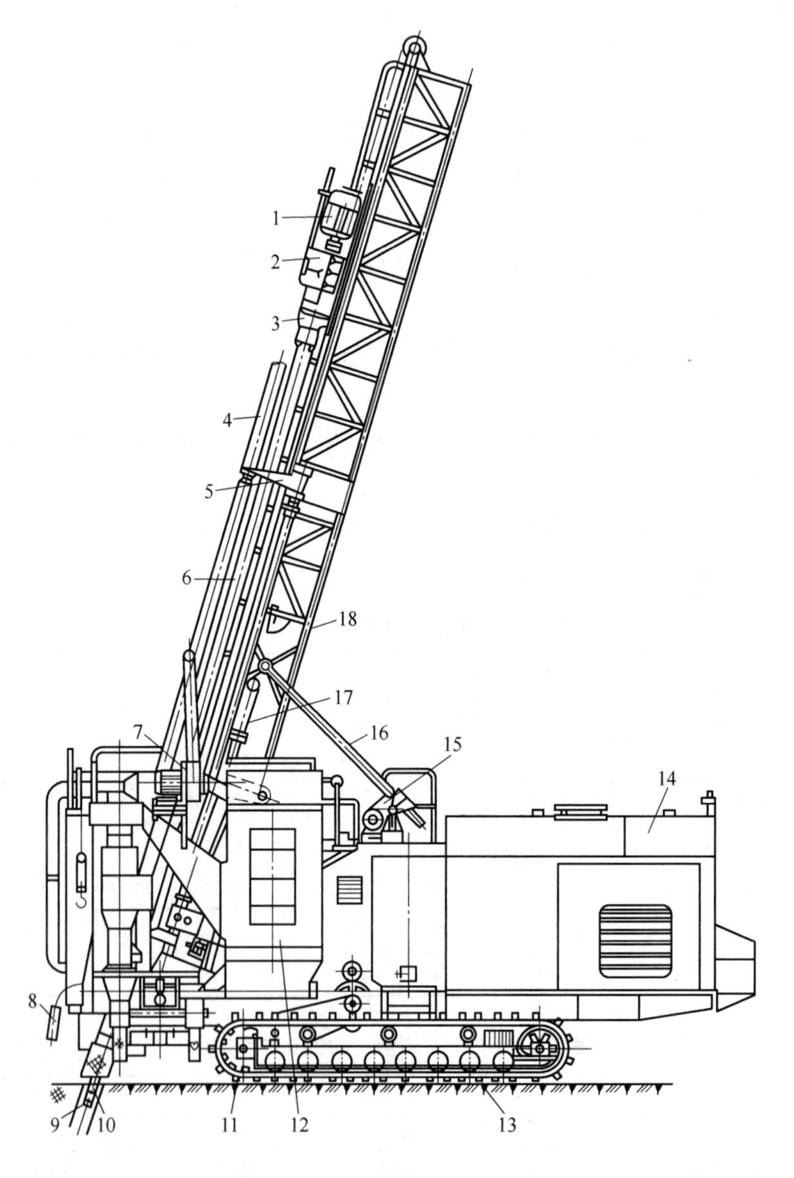

图 2-1　KQ-200 潜孔钻机结构

1—回转电动机；2—回转减速器；3—供风回转器；4—副钻杆；5—送杆器；6—主钻杆；7—离心通风机；8—手动按钮；9—钻头；10—冲击器；11—行走驱动轮；12—干式除尘器；13—履带；14—机械间；15—钻架起落机构；16—齿条；17—调压装置；18—钻架

2.1.1.4 选型计算

A 钻机效率

潜孔钻机的台班生产能力可按下式计算：

$$A = 0.6vT\eta \tag{2-1}$$

式中 A——潜孔钻机的生产能力，m/(台·班)；

v——潜孔钻机的钻进速度，cm/min；

T——班工作小时数，h；

η——工作时间利用系数。

式（2-1）中钻进速度 v 可近似的用下式表示：

$$v = \frac{4ank}{\pi D^2 E} \tag{2-2}$$

式中 a——冲击功，kg·m；

n——冲击频率，次/min；

D——钻孔直径，cm；

E——岩石凿碎功比耗，kg·m/cm^3；

k——冲击能利用系数，0.6~0.8。

岩石凿碎功比耗（E）可按表2-3选取。部分潜孔钻机的台班穿孔效率见表2-4。2005年部分矿山的潜孔钻机的实际穿孔效率见表2-5。一般设计中，潜孔钻机的台时作业率可按0.4~0.6选取。

表2-3 凿碎功比耗

矿岩硬度 f	硬度级别	软度程度	凿碎功比耗 E/kg·m·cm^{-3}
<3	Ⅰ	极软	<20
3~6	Ⅱ	软	20~30
6~8	Ⅲ	中等	30~40
8~10	Ⅳ	中硬	40~50
10~15	Ⅴ	硬	50~60
15~20	Ⅵ	很硬	60~70
>20	Ⅶ	极硬	>70

表2-4 部分潜孔钻机的台班穿孔效率 [m/(台·班)]

矿岩普氏硬度 f	金-80	YQ-150	KQ-170	KQ-200	KQ-250
4~8	27	32	32	35	37
8~12	20	25	25	30	30
12~16	12	20	20	22	24
16~18	—	15	15	18	20

表 2-5　2005 年部分矿山的潜孔钻机的实际穿孔效率　　[m/(台 · a)]

矿山名称	KQ-150	KQ-200	KQ-250	KQ-200A	YQ-150	73-200	KQD-80
首钢铁矿	11520						
魏家井白云矿							3500
白云鄂博铁矿		7700					
固阳公益明矿		10000					
乌海矿业公司	5000						
本钢矿业公司		2000		31000	10000		
大连石灰矿		19000					
马钢南山矿		32000					
乌龙泉矿					9400		
攀钢矿业公司		20000				22000	
保国铁矿		10000				10000	

B　钻机数量的确定

钻机数量可按下式计算确定：

$$N = \frac{\sum L}{P(1 - e)} \tag{2-3}$$

式中　N——钻机台数，台；

$\sum L$——年需钻孔总量，m；

P——钻机台年穿孔效率，m/(台 · a)；

e——废孔率,%，一般取 3%~8%。

钻机数量还可按下式计算确定：

$$N = \frac{Q}{Q_1 q(1 - e)} \tag{2-4}$$

式中　N——所需设备数量，台；

Q——设计的年采剥总量，t；

Q_1——每台钻机的年穿孔效率，m/a；

q——每米炮孔爆破量，t/m；

e——废孔率,%。

每米炮孔的爆破量可根据设计的爆破孔网参数进行计算，也可参考表 2-6 进行选取。

表 2-6　每米炮孔爆破量

钻机型号		段高 10m				段高 12m				段高 15m			
		f				f				f			
		4~6	8~10	12~14	15~20	4~6	8~10	12~14	15~20	4~6	8~10	12~14	15~20
KQ-150	底盘抵抗线/m	5.5	5.0	4.5		5.5	5.0	4.5					
	孔距/m	5.5	5.0	4.5		5.5	5.0	4.5					
	排距/m	4.8	4.4	4.0		4.8	4.4	4.0					
	孔深/m	12.64	12.64	12.64		14.77	14.77	14.77					
	米孔爆破量 /$m^3 \cdot m^{-1}$	20.86	17.33	14.13		21.42	17.80	14.51					

续表 2-6

钻机型号		段高 10m				段高 12m				段高 15m			
		f				f				f			
		4~6	8~10	12~14	15~20	4~6	8~10	12~14	15~20	4~6	8~10	12~14	15~20
KQ-200	底盘抵抗线/m	6.5	6.0	5.5	5.0	7	6.5	6.0	5.5	7	6.5	6	5.5
	孔距/m	6.5	6.0	5.5	5.0	7	6.5	6.0	5.5	7	6.5	6	5.5
	排距/m	5.5	5.0	4.5	4.0	6	5.5	5	4.5	6	5.5	5	4.5
	孔深/m	12.64	12.64	12.64	12.64	14.77	14.77	14.77	14.77	17.96	17.96	17.96	17.96
	米孔爆破量/$m^3 \cdot m^{-1}$	28.56	24.14	20.03	16.33	34.3	29.32	24.76	20.57	35.26	30.16	25.45	21.14
KQ-250	底盘抵抗线/m		8.5	8.0	7.5		9	8.5	8		9.5	9	8.5
	孔距/m		6.5	6.0	5.5		7	6.5	6		7.5	7	6.5
	排距/m		5.5	5	4.5		6	5.5	5		6.5	6	5.5
	孔深/m		11.3	11.6	12.0		13.56	13.92	14.4		16.95	17.4	18
	米孔爆破量/$m^3 \cdot m^{-1}$		35.61	29.56	24.01		41.3	34.69	28.57		47.41	40.23	33.55

C 钻机主要材料消耗

潜孔钻机的钻头消耗量与钻头结构形式及岩石硬度等有关。十字型中间超前刃合金钻头，具有钻孔速度快，钝后可以修磨的优点，但因超前刃负荷较大，合金片易崩角，因此，钻头寿命较低。球柱齿钻头在中硬或脆性的坚硬岩石及裂隙发育的岩层中，钻孔效率较高，使用期间不必修磨，适于打深孔。但球柱齿镶嵌工艺较复杂。混合型钻头为中心排气钻头，排气孔接近炮孔中心位置，排渣通畅，适用于硬岩钻进，效率较高，使用寿命较长，但加工工艺较复杂。

设计中潜孔钻头万吨矿岩消耗量参照表 2-7 选取。潜孔钻机的台班材料消耗参考指标见表 2-8。

表 2-7 万吨矿岩潜孔钻头消耗量 （个）

矿岩普氏硬度系数 f	ϕ200mm 潜孔钻	ϕ150mm 潜孔钻
6~10	0.9~1.2	1.1~1.5
10~16	1.2~1.5	1.5~2.0

表 2-8 潜孔钻机的台班材料消耗参考指标

材料名称	消耗量	材料名称	消耗量
钻杆/根	0.004	擦拭材料/kg	0.04
冲击器外套/个	0.015	机油/kg	0.5
硬质合金/kg	0.07	黄干油/kg	0.13
钢丝绳/kg	0.11	洗油/kg	0.18
除尘罩/个	0.01	空压机油/kg	0.85
供风管/m	0.06	透平油/kg	0.14
灯泡/个	0.13	皮带油/kg	0.01
砂轮片/片	0.026		

2.1.2 牙轮钻机

2.1.2.1 发展历史及现状

露天矿用牙轮钻机是采用电力或内燃机驱动，履带行走、顶部回转、连续加压、压缩空气排渣，装备干式或湿式除尘系统，以牙轮钻头为凿岩工具的自行式钻机。

我国从20世纪60年代起研制牙轮钻机，1970年研制成功了我国第一台型号为HYZ-250、孔径230~250mm，顶部回转连续加压的滑架式牙轮钻机；1971年又设计制造出了HYZ-250A型钻机。这两台钻机在大孤山铁矿进行工业试验，于1972年通过了原冶金工业部和一机部的联合鉴定。后经多次修改，1977年改型为KY-250型。从1974年起我国陆续引进一批美国B-E公司的45-R和60-R（Ⅲ）型牙轮钻机，推动了我国自行研制牙轮钻机的发展过程。

国产牙轮钻机在20世纪末形成了比较完整的两大系列产品：KY系列和YZ系列，其中KY系列牙轮钻机机型有KY-150、KY-200、KY-250、KY-310型，钻孔直径120~310mm。YZ系列牙轮钻机机型有YZ-12、YZ-35、YZ-55、YZ-55A型，钻孔直径95~380mm。

2.1.2.2 分类及适用条件

露天矿牙轮机按其回转和加压方式、动力源、行走方式、钻机负载等进行分类，具体分类和主要特点及适用范围见表2-9。

表2-9 露天矿牙轮钻机的分类和主要特点及适用范围

分类		主要特点	适用范围
按回转和加压方式	卡盘式	底部回转间断加压：结构简单，效率低	已淘汰
	转盘式	底部回转连续加压：结构简单可靠，钻杆制造困难	已被滑架式取代
	滑架式	顶部回转连续加压：传动系统简单，结构坚固，效率高	
按动力源	电力	系统简单，便于调控，维护方便	
	柴油机	适应地域广，效率低，能力小	
按行走方式	履带式	结构坚固	
	轮胎式	移动方便，灵活，能力小	
按钻机负载	小型	钻孔直径≤150mm，轴压力≤200kN	
	中型	钻孔直径≤280mm，轴压力≤400kN	
	大型	钻孔直径≤380mm，轴压力≤550kN	
	特大型	钻孔直径>445mm，轴压力>650kN	

牙轮钻机具有钻孔效率高，生产能力大，作业成本低，机械化、自动化程度高，适应各种硬度矿岩钻孔作业等优点，是当今世界露天矿广泛使用的最先进钻孔设备。但是牙轮钻机价格贵，设备质量大，初期投资大，要求有较高的技术管理水平和维护能力。牙轮钻机适用矿岩$f=4\sim20$的钻孔作业，广泛适用于矿山及其他钻孔场所。目前，国内外牙轮钻

机一般在中硬及中硬以上的矿岩中钻孔，其钻孔直径为 130~380mm，钻孔深度为 14~18m，钻孔倾角多为 60°~90°。

2.1.2.3 基本参数及结构

在牙轮钻头上安装若干个圆锥形状的牙轮。在钻机的回转和轴向压力的作用下，牙轮在孔底作自转和公转，分布在牙轮上的牙齿交替切入岩石中，将岩石破碎，岩渣借助压缩空气的风力排出孔外。牙轮钻机工作原理，如图 2-2 所示。

牙轮钻机的主要工作机构有回转机构、加压机构、提升机构及供风机构，配合作业的还有接卸杆机构、行走机构及除尘系统，并通过电气系统及液压系统对各机构实施拖动和控制。牙轮钻机总体结构，如图 2-3 所示。

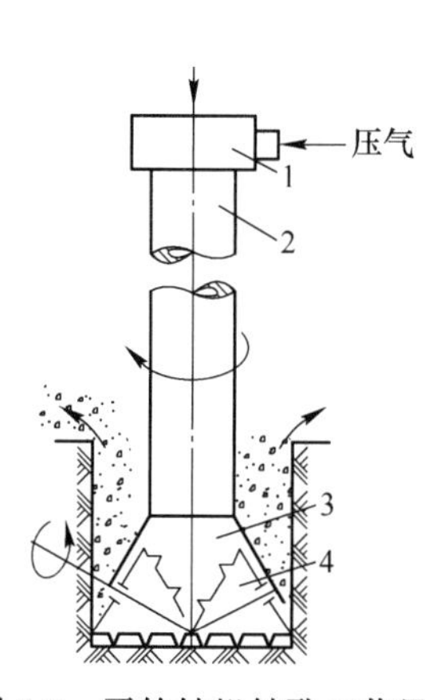

图 2-2 牙轮钻机钻孔工作原理

1—加压、回转机构；2—钻杆；3—钻头；4—牙轮

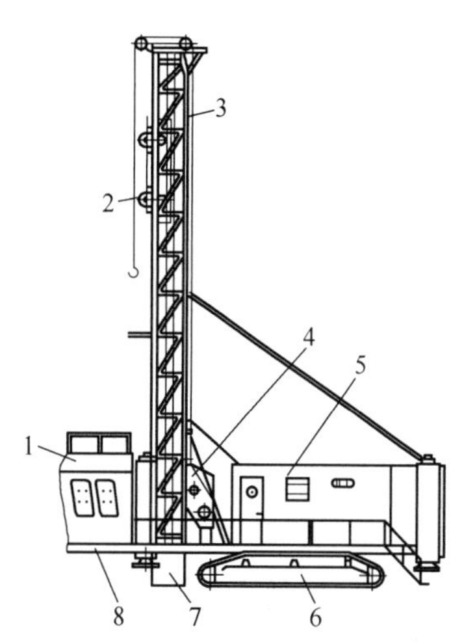

图 2-3 YZ-35 型牙轮钻机结构示意图

1—司机室；2—回转机构；3—钻架；4—主传动机构；5—机房；6—行走机构；7—捕尘装置；8—主平台

国内部分厂家生产的 YZ 系列牙轮钻机的主要技术性能参数见表 2-10，KY 系列牙轮钻机的主要技术性能参数见表 2-11。

表 2-10 YZ 系列牙轮钻机的主要技术性能参数

型号	YZ-12	YZ-35A	YZ-35B	YZ-35C	YZ-35D	YZ-55	YZ-55A
钻孔直径/mm	95~170	170~270				310~380	310~380
标准孔径/mm	150	250				310	380
一次连续钻孔深度/m	7.5（接杆 22）	18.5				16.5~19	19
钻孔方向/(°)	70~90	90				90	90
回转电动机类型	直流电动机	直流电动机或交流变频电动机				直流电动机	直流电动机
回转速度/r·min^{-1}	0~140	0~90		0~90 或 0~120		0~120	0~90;0~150
回转扭矩/kN·m	1.56	9.2		9.2		9.0	11.5
回转功率/kW	20	75		75		95	75×2
加压方式	液压马达封闭链条-齿条式						

续表 2-10

型号	YZ-12	YZ-35A	YZ-35B	YZ-35C	YZ-35D	YZ-55	YZ-55A
轴压力/kN	0~120	0~350	0~350	0~350	0~350	0~550	0~600
钻具推进速度/m · min^{-1}	0~1.82	0~1.33	0~1.33	0~1.33	0~1.33，0~2.2	0~1.98	0~3.3，0~1.98
提升速度/m · min^{-1}	0~30	0~37	0~37	0~37	0~37	0~30	0~30
行走速度/km · h^{-1}	0~1.8	0~1.38	0~1.38	0~1.5	0~1.5	0~1.1	0~1.14
爬坡能力/%	30	15，25	15，25	15，25	15，25	25	25
除尘方式	湿式除尘						
主空压机	滑片式	滑片式	螺杆式	螺杆式		螺杆式	螺杆式
排风量/m^3 · min^{-1}	18	37	30	36，40		40	40，42
排风压力/MPa	0.28	0.28	0.45	0.45~0.5		0.45	0.45~0.5
钻杆直径/mm	70~130	133~219				273~325	273~325
装机容量/kW	146	341	405	440~470		467	530，560
变压器容量/kV · A	200	400	400	500		500	500，630
钻架立起尺寸（长×宽×高）/m×m×m	8.1×4.38×13.7	11.9×6.02×26.3		13.6×5.91×26.3		14.2×6.11×27.08	14.5×6.11×28.8
钻架倒下尺寸（长×宽×高）/m×m×m	13.6×4.38×4.943	25.4×6.02×6.49		25.8×5.91×6.49		27.03×6.11×7.55	28.8×6.11×8.09
整机质量（约）/t	30	85	90	95		140	150

表 2-11　KY 系列牙轮钻机的主要技术性能参数

型　号	KY-150	KY-200	KY-200B	KY-250	KY-250A	KY-250B	KY-250D	KY-310
钻孔直径/mm	120，150	150，200	150，200	220~250	220~250	250	250	250~310
钻孔深度/m	20	16~21	17	17	17	18	17	17.5
一次连续穿孔深度/m	9.5	8~9.5	8.5	8.5	17	18	17	17.5
钻孔方向/(°)	70~90	70~90	90	90	90	90	90	90
回转动力	多速电动机	直流电动机					交流变频电动机	直流电动机
回转速度/r · min^{-1}	40，60，90	0~120	0~120	0~115	0~88	0~100	0~88	0~100
回转扭矩/kN · m	4.67，3.98，2.96	3.87	3.75	6.55	6.15	15（最大）	7.93	19.6（最大）
回转功率/kW	28	30	30	50	50	100	60	54
加压方式	滑差电动机封闭链-齿条	油缸+链条		滑差电动机		直流电动机	交流变频电动机	滑差电动机
				封闭链-齿条				
轴压力/kN	127.4	0~156.8	0~160	0~412	0~343，0~206	0~580	0~370	0~490

续表 2-11

型号		KY-150	KY-200	KY-200B	KY-250	KY-250A	KY-250B	KY-250D	KY-310
钻具推进速度/m·min^{-1}		0.17～3.4	0～3.0	0～1.2	0～1.17，0～2.34	0～0.94，0～2.1	0～2.0	0～2.1	0.098～0.98，0～4.5
提升速度/m·min^{-1}		0.8～16	0～20	0～20	0～10	0～10	0～26	0～21	0～20
行走速度/km·h^{-1}		0.85	0～1.0	0～1.0	0.72	0.73	0～1.2	0～1.0	0～0.6
爬坡能力/%		25	21	21	21	21	21	21	21
除尘方式		湿式或干式							
主空压机		螺杆空压机							螺杆 / 滑片
排风量/m^3·min^{-1}		25	18	27	30	30	36	36	40 / 37
排风压力/MPa		0.4～0.7	0.4	0.45	0.35	0.35	0.5	0.5	0.343 / 0.274
钻杆直径/mm		104，114	114，140，159，168	140，159，168	194，219	194，219	219	219	219，273
装机容量/kW		315.2	233.5		385	365.5		390	394
变压器容量/kV·A		320	250	315	400	400	500	400	500
外形尺寸（长×宽×高）/m×m×m	钻架立起	7.8×3.2×14.55	8.72×3.58×12.34	9.7×4.76×13.89	11.9×5.48×17.91	12.11×6.22×25.03	13.46×6.9×27.57	12.107×6.22×25.06	13.84×5.77×26.33
	钻架倒下	13.6×3.2×5.68	12.23×3.58×4.02	13.89×4.76×5.05	17.1×5.48×6.62	24.28×6.22×7.21	27.66×6.9×6.65	24.28×6.22×7.21	26.61×5.77×7.62
整机质量/t		41.5	40	46.3	85.9	93	105	105	150

2.1.2.4 选型计算

A 选型原则

牙轮钻机是露天采矿技术先进的钻孔设备，适用于各种硬度矿岩的钻孔作业，设计大中型矿山钻孔设备首先要考虑选用牙轮钻机；中硬以上硬度的矿岩采用牙轮钻机钻孔优于其他钻孔设备；在满足矿山年钻孔量的同时，牙轮钻机选型还要保证设计生产要求的钻孔直径、孔深、倾角及其他参数；大中型矿山一般选用电动牙轮钻机。

B 露天矿设备匹配

我国金属露天矿设备今后的发展方向是，以 16～23m^{3}挖掘机为主，配用 250～380mm 大型、特大型牙轮钻机、100～180t 自卸汽车、373～746kW 推土机、10～18m^{3}装载机等。

露天矿设备的分级主要以矿山规模为基础，矿山产量大小决定了设备等级大小。我国露天矿山主要有金属矿（铁矿、有色金属矿）、煤矿、化工原料矿、建材原料矿等，各种露天矿山的规模划分方法不同，如金属露天矿（铁矿）按年采剥总量计算，分 4 种规模。《采矿设计手册》划分的我国露天矿山规模见表 2-12。在设计和生产中，金属露天矿设备匹配可参考表 2-13 选择。有色金属采矿设计规划中规定露天矿装备水平还应符合表 2-14 要求。

表 2-12　矿山规模类型划分　（万吨/a）

矿山区分		矿山规模类型			
		特大型	大型	中型	小型
黑色冶金矿山	露天	>1000	1000~200	200~60	<60
	地下	>300	300~200	200~60	<60
有色冶金矿山	露天	>1000	1000~100	100~30	<30
	地下	>200	200~100	100~20	<20
化学矿山	磷矿		>100	100~30	<30
	硫铁矿		>100	100~20	<20
建材矿山	石灰石矿		>100	100~50	<50
	石棉矿		>1.0	1.0~0.1	<0.1
	石墨矿		>1.0	1.0~0.3	<0.3
	石膏矿		>30	30~10	<10

表 2-13　金属露天矿设备匹配方案

设备名称		小型露天矿	中型露天矿	大型露天矿	特大型露天矿
穿孔设备	潜孔钻机（孔径）/mm	≤150	150~200	150~200	
	牙轮钻机（孔径）/mm	150	250	250~310	310~380（硬岩）； 250~310（软岩）
挖掘设备	单斗挖掘机（斗容）/m^3	1~2	1~4	4~10	≥10
	前装机（斗容）/m^3	≤3	3~5	5~8	8~13
运输设备	自卸设备（载重）/t	≤15	<50	50~100	>100
	电机车（载重）/t	<14	10~20	100~150	150
	翻斗车	<4m^3	4~6m^3	60~100t	100t
	钢绳芯带式输送机（带宽）/mm	800~1000	1000~1200	1400~1600	1800~2000
辅助设备	履带推土机功率/kW	75	135~165	165~240	240~308
	轮胎推土机功率/kW			75~120	120~165
	炸药混装设备/t	8	8	12，15	15，24
	平地机功率/kW		75~135	75~150	165~240
	振动式压路机/t			14~19	14~19
	汽车吊/t	<25	25	40	100
	洒水车/t	4~8	8~10	8~10，20~30	10，20~30
	破碎机（旋回移动）/mm			1200~1500	1200~1500
	液压碎石器/N · m		$(1.5\sim3)\times10^4$	$(1.5\sim3)\times10^4$	$(1.5\sim3)\times10^4$

表 2-14 有色金属露天矿山装备水平

设备名称	采矿规模/万吨 · a^{-1}		
	>100	30~100	<30
穿孔设备	≥ϕ250mm 牙轮钻机，≥ϕ150~200mm 潜孔钻机	ϕ150~250mm 牙轮钻机，ϕ150~200mm 潜孔钻机	≤ϕ1500mm 潜孔钻机，凿岩台车，手持式凿岩机
装载设备	≥4m^3 挖掘机，≥5m^3 前装机	2~4m^3 挖掘机，3~5m^3 前装机	≤2m^3 挖掘机，≤3m^3 前装机，装岩机
运输设备	≥30t 汽车，100~150t 电机车，60~100t 矿车，带式输送机	20~30t 汽车，14~20t 电机车，6~10m^3 矿车	20t 汽车，≤14t 电机车，≤6m^3 矿车

设计和生产中，可按矿山采剥总量及开采规模与钻孔直径的关系，并结合挖掘机斗容与钻孔直径的关系选择钻机。采剥总量与钻孔直径关系见表 2-15，钻孔直径与挖掘机斗容关系见表 2-16。

表 2-15 采剥总量与钻孔直径关系

采剥总量/万吨 · a^{-1}	400~500	600~1000	1500~2000	3000~4000
钻孔直径/mm	200~250	250~310	310~380	380~450

表 2-16 钻孔直径与挖掘机斗容关系

钻孔直径/mm	150~230	200~250	250~310	310~380	380~450
挖掘机斗容/m^3	3~5	6~8	10~12	13~16	19~23
台年产量/万吨 · a^{-1}	150~180	200~500	700~900	900~1100	1500~2000

C 钻机效率

牙轮钻机的台班生产能力可按下式计算：

$$A = 0.6vT\eta \tag{2-5}$$

$$v = 3.75\frac{Pn}{9.8 \times 10^3 Df} \tag{2-6}$$

式中 A——牙轮钻机的生产能力，m/(台 · 班)；

v——牙轮钻机的钻进速度，cm/min；

T——班工作小时数，h；

η——工作时间利用系数，0.4~0.5；

P——轴压，N；

n——钻头转速，r/min；

D——钻头直径，cm；

f——岩石坚固性系数。

牙轮钻机的钻进速度设计中可按表 2-17 选取。

表 2-17　牙轮钻机钻孔速度参考值

孔径/mm	回转速度/r · min^{-1}	回转功率/kW	轴压/9.8×10^{3}N	排渣风量/m^3 · min^{-1}	钻进速度/cm · min^{-1}
220~250	0~120	40	32~36	30	0~250
250~310	0~120	50~55	40~45	40	0~200
310~380	0~120	55~75	45~50	>40	0~200

D　钻机数量的确定

牙轮钻机设备数量确定方法与潜孔钻机相似，可按式（2-4）计算。

钻机台年穿孔效率可参考表 2-18 选取。每米炮孔的爆破量可根据设计的爆破孔网参数进行计算，也可参考表 2-19 进行选取。

表 2-18　牙轮钻机效率设计参考指标

钻机型号	孔径/mm	矿岩硬度系数 f	台班效率/m	台日效率/m	台年效率/m
KY-250	250	6~12 12~18	25~50 15~35	70~150 50~100	25000~35000 20000~30000
KY-310	310	6~12 12~18	35~70 25~50	100~200 70~150	30000~45000
45R	250	8~20			30000~35000
60R	310	8~20			350000~450000

表 2-19　每米孔爆破量参考指标

炮孔直径/mm	矿岩种类	每米孔爆破量/t	炮孔直径/mm	矿岩种类	每米孔爆破量/t
250	矿石 岩石	100~140 90~130	310	矿石 岩石	120~150 100~130

E　钻头消耗量

牙轮钻头使用寿命的长短，取决于钻头结构形式、材质、加工工艺、矿岩硬度和操作水平等因素。设计中，牙轮钻头使用寿命参照表 2-20 选取。设计中，万吨矿岩的牙轮钻头消耗量在 0.25~0.35 范围内选用。

表 2-20　牙轮钻头寿命设计参考指标　　（m/个）

矿岩硬度 f	牙轮钻头直径/mm			矿岩硬度 f	牙轮钻头直径/mm			矿岩硬度 f	牙轮钻头直径/mm		
	214~220	250	310		214~220	250	310		214~220	250	310
6~8	500~1000	500~1000	1000~2000	8~12	300~500	400~600	500~600	12~20	150~300	200~300	250~300

2.1.3　穿孔作业安全

（1）钻机稳车时，应与台阶坡顶线保持足够的安全距离。千斤顶中心至台阶坡顶线的最小距离：台车为 1m，牙轮钻、潜孔钻、钢绳冲击钻机为 2.5m，松软岩体为 3.5m。千斤顶下部应垫块石，并确保台阶坡面的稳定。钻机作业时，其平台上不应有人，非操作人员不应在其周围停留。

（2）穿凿第一排孔时，钻机的纵轴线与台阶坡顶线的夹角应不小于45°。

（3）钻机与下部台阶接近坡底线的电铲不应同时作业。钻机长时间停机，应切断机上电源。

（4）钻机靠近台阶边缘行走时，应检查行走路线是否安全；台车外侧突出部分至台阶坡顶线的最小距离为2m，牙轮钻、潜孔钻和钢绳冲击式钻机外侧突出部分至台阶坡顶线的最小距离为3m。

（5）移动钻机应遵守如下规定：行走前司机应先鸣笛，确认履带前后无人；行进前方应有充分的照明；行走时应采取防倾覆措施，前方应有人引导和监护；不应在松软地面或者倾角超过15°的坡面上行走；不应90°急转弯；不应在斜坡上长时间停留。

（6）移动电缆和停、切、送电源时，应严格穿戴好高压绝缘手套和绝缘鞋，使用符合安全要求的电缆钩；跨越公路的电缆，应埋设在地下。钻机发生接地故障时，应立即停机，同时任何人均不应上、下钻机。打雷、暴雨、大雪或大风天气，不应上钻架顶作业。不应双层作业。高空作业时，应系好安全带。

（7）挖掘台阶爆堆的最后一个采掘带时，相对于挖掘机作业范围内的爆堆台阶面上、相当于第一排孔位地带，不应有钻机作业或停留。

（8）设备作业时，严禁人员上、下设备，在危及人身安全的作业范围内禁止人员停留或通过。

（9）穿孔设备供电应使用有资质的单位生产的橡胶套电缆，电气设备应设过流、过压、漏电、接地等保护装置并灵敏可靠，定期检查橡胶套电缆、绝缘防护用品和工具绝缘是否完好。设备宜采用带安全接地装置拖曳电缆的供电方式。

（10）若无防尘措施，钻孔作业点将成为产尘点，钻孔作业点扬尘不仅对钻机司机和附近工作场地人员将带来污染，同时也威胁着机电设备的安全正常运转。钻机扬尘防尘主要措施为司机室设置空气增压净化装置（正压为20~30Pa）、机械室设置空气增压净化装置（正压为10~50Pa），采用湿式除尘方式与人员个体防护相结合，杜绝粉尘污染及危害。

2.2 爆 破 工 作

在露天矿建设和生产期间，爆破作业是主要工作环节之一。爆破效果的好坏，对于装载、运输及破碎工作的效率有着重大的影响。矿山爆破费用一般占矿石总成本的15%~20%。因此爆破效果的好坏，还直接影响着矿山开采的成本。

露天矿的爆破方法主要有：（台阶）深孔爆破、（台阶）浅孔爆破和硐室爆破。在生产中大量使用的是（中）深孔爆破，在露天矿山凿岩爆破生产中普遍以中深孔爆破为主要形式。浅孔爆破主要用于小型矿山、山头或平台的局部采掘作业。硐室爆破主要用于石方工程量大、控制工期、特殊地形、机械设备不易上山施工等情况。

2.2.1 露天开采对爆破工作的要求

在露天开采时，对爆破工作的要求有以下几点：

（1）有足够的爆破贮备量。露天开采是以采装工作为中心来组织生产的。为了保证挖掘机连续工作，工作面每次爆破的矿岩量，至少能满足挖掘机 5~10 昼夜的采装需要。

（2）爆破的矿岩块度要符合要求。露天爆破后的矿岩块度，是指爆下岩块长边的尺寸。对于剥离工作面，这个尺寸要小于挖掘机铲斗容积允许的最大块度 d，按下式计算：

$$d = 0.8\sqrt{E} \tag{2-7}$$

式中　d——挖掘机铲斗容积允许的最大块度，m；

E——挖掘机铲斗容积，m^3。

矿石块度除上述要求外，还要满足破碎机入口宽度的要求，即

$$d \leqslant 0.8F \tag{2-8}$$

式中　F——破碎机入口的最大宽度，m。

超过允许块度的矿岩，就是大块。所谓大块产出率是指大块总量（按体积计算）占爆堆总量的百分数，露天矿大块率应控制在 10%以内。

（3）爆堆的形状和尺寸要符合要求。爆破后的松散矿岩堆称为爆堆。爆堆的形状和尺寸对于采装和运输工作影响很大：爆堆过高，会影响挖掘机安全作业；爆堆过低，挖掘机不易装满铲斗；若爆堆前冲过大，不仅增加挖掘机事先清理的工作量，而且运输线路也受到妨碍；前冲过小，说明矿岩碎胀不佳，破碎效果不好。因此，爆堆的高度及宽度都要适宜。

（4）爆破后台阶工作面要规整。不允许出现根底、伞岩等凹凸不平现象（见图 2-4）。此外，在新形成的台阶上部，往往由于爆破的反作用出现龟裂，称为后冲作用。后冲对下一循环的穿孔爆破工作影响极大，要尽可能避免。

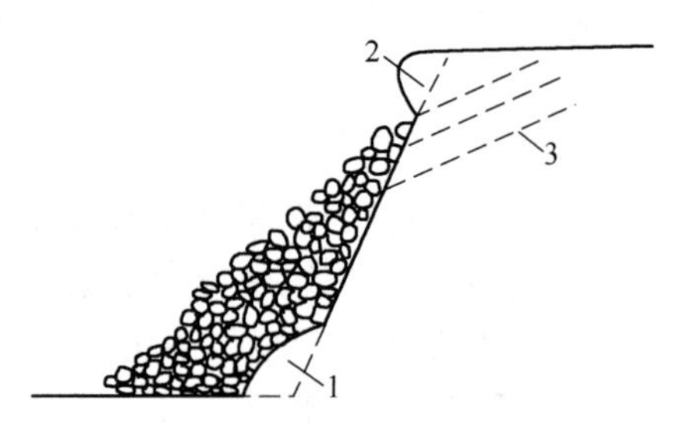

图 2-4　露天矿台阶爆破的弊病

1—根底；2—伞岩；3—后冲

（5）安全经济。爆破是一种瞬间发生的巨大能量释放现象，安全工作很重要。在开采过程中，除了要注意爆破技术操作的安全外，还要尽可能减轻爆破震动、空气冲击波及个别飞石对周围的危害。至于爆破工作的经济合理性，除了从爆破本身衡量外（如延米爆破量、单位矿岩爆破成本等），还要从铲装、破碎等总的经济效果去评价。

为了满足上述要求，近年来，国内外露天开采的爆破工作，明显地向两个方向发展：一是不断扩大爆破规模及改进爆破质量；二是控制爆破的破坏作用，以解决开采深度增加后的边坡稳定问题。

2.2.2　露天矿正常采掘爆破

近年来，随着挖掘机斗容和露天矿生产能力的急剧增大，要求每次的爆破量也越来越多。为此，国内外的露天开采中广泛使用多排孔微差爆破、多排孔微差挤压爆破以及高台阶爆破等大规模的爆破方法。目前，许多矿山每次爆破 5~10 排炮孔，孔数多达 200~300 个，每次爆破矿岩 30 万~50 万吨。

2.2.2.1　多排孔微差爆破

多排孔微差爆破，是一次爆破排数在 4~6 排或更多的微差爆破。这种爆破方法一次

爆破量大，矿岩爆破效果好，在国内外矿山中得到普遍应用。

A 孔网参数

a 底盘抵抗线

底盘抵抗线是影响深孔爆破的重要参数，其数值的大小，可用下列条件确定。

按钻机安全作业计算：

$$W = h\cot\alpha + 3 \tag{2-9}$$

按装药条件计算：

$$W = \frac{\sqrt{0.56q_1^2 + 4mqq_1hl} - 0.75q_1}{2mqh} \tag{2-10}$$

可参考的经验公式：

$$W = 0.024d + 0.85 \tag{2-11}$$

或

$$W = (0.24hK + 3.6)d/150 \tag{2-12}$$

式中 W——底盘抵抗线，m；

α——台阶坡面角，(°)；

h——台阶高度，m；

q_1——每米炮孔装药量，kg/m；

q——单位炸药消耗量，kg/m³；

m——邻近系数；

l——炮孔长度，m；

d——炮孔直径，mm；

K——与岩石坚固性有关的系数，见表 2-21。

上述式（2-9）和式（2-12）主要用于垂直孔条件下，式（2-11）用于倾斜孔条件下。

表 2-21 与岩石坚固性有关的系数 *K*

f	6	8	10	12	14	16	18	20
K	1.17	0.87	0.70	0.58	0.50	0.44	0.39	0.35

b 炮孔间距和排距

它们是根据底盘抵抗线和邻近系数计算：

$$a = mW \tag{2-13}$$

$$b = (0.9 \sim 0.95)W \tag{2-14}$$

式中 a——炮孔间距，m；

b——炮孔排距，m；

m——邻近系数，$m = 1.0 \sim 1.4$；

W——底盘抵抗线，m。

近年来，在矿山深孔爆破中，多采用大孔距爆破技术，即在保持每个钻孔担负面积 $a\times b$ 不变的前提下，减小 b 而增大 a，使邻近系数 m 达 3~8。实践证明，这种办法明显地改善了爆破质量。

c　超深

为了克服底盘抵抗线，钻孔应有超深，其值可按下式选取：

$$l' = (0.05 \sim 0.30)W \tag{2-15}$$

式中　l'——钻孔超深，m；

W——底盘抵抗线，m。

B　单位炸药消耗量和每孔装药量

单位炸药消耗量 q，可按表 2-22 选取。

表 2-22　单位炸药消耗量

岩石坚固性系数 f	0.8~2	3~4	5	6	8	10	12	14	16	20
单位炸药消耗量 $q/\mathrm{kg \cdot m^{-3}}$	0.4	0.43	0.46	0.50	0.53	0.56	0.60	0.64	0.67	0.70

增大单位炸药消耗量可以改善爆破效果、减小二次破碎工作量、提高采装、粗碎效率。但另一方面，增大单位炸药消耗量会增加爆破费用。所以，单位炸药消耗量的选取，要全面考虑。

每个炮孔的装药量可采用体积计算式计算，即

$$Q = qWah \tag{2-16}$$

式中　Q——每个炮孔的装药量，kg。

为了改善爆破质量，一些矿山采取从第二排炮孔开始增大后排炮孔的装药量。

$$Q_{\mathrm{H}} = (1.2 \sim 1.5)qwah \tag{2-17}$$

式中　Q_{H}——后排孔装药量，kg。

炮孔的装药结构可采用连续柱状装药，孔口堵塞长度为（0.7~0.8）W。

每孔装药量计算完后，应验算各炮孔装药段的容积是否能容纳计算的装药量。

C　微差间隔时间

微差间隔时间的选取，主要与矿岩性质、抵抗线、降震要求和起爆器材等因素有关，冶金露天矿山常用的微差间隔时间为25~75ms之间，坚硬矿岩取小值，软岩可选取大值。

关于微差间隔时间的计算公式很多，可供参考的公式之一是：

$$t = AW \tag{2-18}$$

式中　t——微差间隔时间，ms；

W——底盘抵抗线，m；

A——与岩石性质有关的系数，3~6。

D　起爆顺序

多排孔微差爆破的起爆顺序多种多样，常见的如图 2-5 所示。

（1）依次逐排起爆法［见图 2-5（a）］，其网路连接简单，有利于克服根底，正常采掘爆破时多用此法。

（2）斜线起爆法［见图 2-5（b）］，其网路连接较复杂，但爆破时，岩石充分碰击破碎，岩堆集中。

（3）波形起爆法［见图 2-5（c）］，它的特点是排与排之间都有微差，可加强矿岩的

碰撞和挤压，减小爆堆宽度，降低地震效应。但易残留根底，使用不普遍。

（4）中间掏槽起爆法［见图 2-5（d）］，首先用中间一排孔形成槽沟形的自由面，然后依次起爆两侧各排炮孔。掏槽孔的孔间距一般要缩小 20%，超深增加 1m，装药量增大 20%~25%。本法多用于堑沟掘进。中间掏槽起爆法还可按图 2-5（e）所示起爆顺序进行起爆，爆破的夹制作用更小，爆破效果更好。

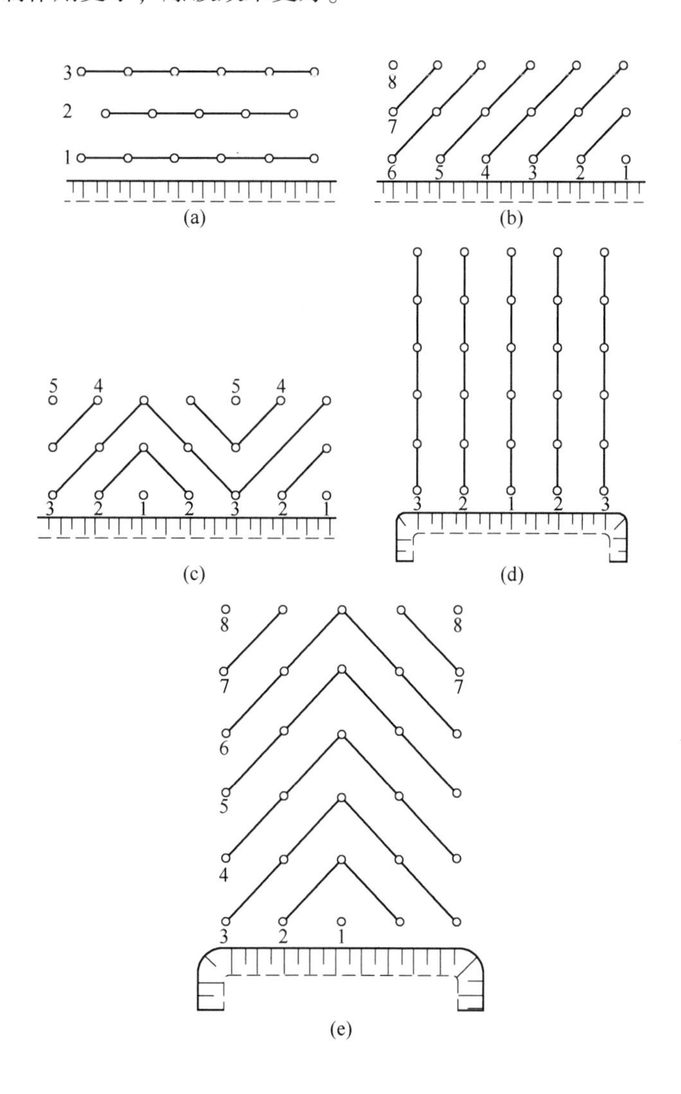

图 2-5 多排孔微差爆破的起爆顺序

1~8—起爆顺序

表 2-23 为国内一些露天矿多排孔微差爆破的参数。

E 多排孔微差爆破的优点

（1）一次爆破量大，可减少爆破次数和避炮时间，提高采场设备的利用率（提高采装、运输效率 10%~15%）。

（2）可改善矿岩的破碎质量，其大块率比单排孔爆破少 40%~50%。

表 2-23 我国露天矿多排孔微差爆破参数

参数名称	南芬铁矿	东鞍山铁矿	白云鄂博铁矿	齐大山铁矿	眼前山铁矿	大孤山铁矿	大连石灰石矿
岩石硬度系数 f	8~16	10~14	8~14	10~18	16~18	12~16	6~8
台阶高度/m	12	12	12	12	12	12	12
钻孔深度/m	14~15	14~15	14.5~15	15	14~15	14~15	14~15
钻孔直径/mm	250	250	250~310	250	250	250	250
底盘抵抗线/m	8~12	9~10	8.5~10.5	6~9	9~10	7~8	7.5~9
钻孔间距/m	5.5~7.0	6~7	9~10	5~6	5.5	5~5.5	10~12
钻孔排距/m	5.5~7.5	4.5~5.5	6~7	5~5.5	5.5	5~5.5	6~7
单位炸药消耗量/kg · t^{-1}	0.23~0.30	0.43~0.47 kg/m^3	0.23~0.26	0.7~1.0 kg/m^3	0.77 kg/m^3	0.55~0.57 kg/m^3	0.12
碴堆厚度/m	25~50	—	—	10~12	6~22	15~20	10~15
微差间隔时间/ms	—	25~50	30~55	50	50	50	25

(3) 提高穿孔效率 10%~15%，这是由于工作时间利用系数增加和穿孔设备在爆破后冲压作业次数减少所致。

图 2-6 为爆破排数对爆破效果的影响。从图中可以看出多排孔爆破具有很大的优越性。

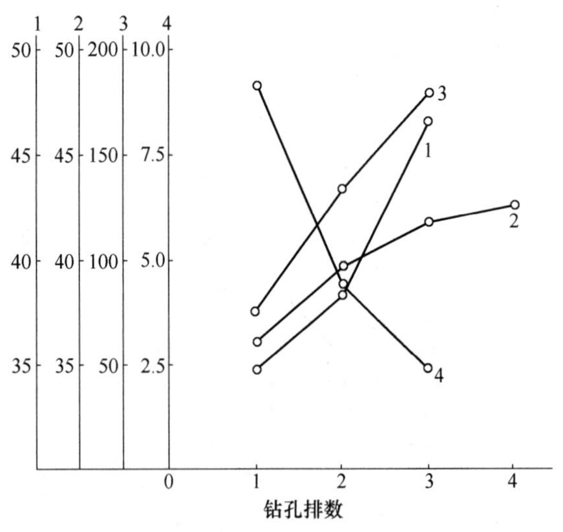

图 2-6 爆破排数对爆破效果的影响

1—挖掘机效率（m^3/h）；2—钻机效率［m/(台 · 班)］；

3—运输效率（m^3/米铁路）；4—大块率（%）

但多排孔微差爆破要求及时穿凿出足够数量的钻孔，因此必须采用高效率的穿孔设备。其次，这种爆破要求工作平盘较宽，以便容纳相应的宽爆堆。多排孔微差爆破工作集中，为了及时爆破，应使装填工作机械化。国外有些矿区成立专门的爆破管理局，配有成套的制药、装药和填药设备，承担相邻几个矿山的爆破工作。有的矿山则采用预先装药的形式。当每个钻孔穿凿完毕随即装药填塞，最后再集中联线起爆。

2.2.2.2　多排孔微差挤压爆破

多排孔微差挤压爆破，是在台阶工作面上留有爆堆情况下的多排孔微差爆破。爆堆的存在为挤压创造了条件。挤压爆破能延长爆破的有效作用时间，充分利用炸药的爆炸能，改善了爆破破碎效果，而且能控制爆堆的宽度，避免了矿岩飞散。多排孔微差挤压爆破，要注意以下问题。

A　爆堆厚度及松散系数

爆堆厚度决定了挤压爆破时刚性支持的强弱。从最大限度地利用爆炸能出发，爆堆厚度可用下式计算：

$$B = K_c W\left(\frac{1000\sqrt{20\xi qEE_0}}{\sigma} - 1\right) \tag{2-19}$$

式中　B——爆堆厚度，m；

K_c——岩石松散系数；

W——底盘抵抗线，m；

ξ——爆炸利用系数，$\xi=0.04\sim0.2$；

q——单位炸药消耗量，kg/m^3；

E——岩体弹性模量，MPa；

E_0——炸药的热能，kg·m/kg；

σ——岩体抗压强度，MPa。

对于石灰石，$B=10\sim15$m；对于铁矿石，$B=20\sim25$m。爆堆厚度还决定了下一次爆破后的爆堆宽度。随着残留爆堆厚度的增加，爆堆前冲距离减少。表 2-24 是残留爆堆厚度对下一次爆破后爆堆宽度的影响。为了保护台阶工作面的线路，可参照表 2-24 中数据选取爆堆厚度。

表 2-24　爆堆厚度对爆堆宽度的影响

岩石坚固性系数 f	单位炸药消耗量 /kg·m^{-3}	不同残留爆堆厚度时爆堆前移距离/m						
		10m	15m	20m	25m	30m	35m	40m
17~20	0.7~0.95	31	27	20	15	10	5	0
13~17	0.5~0.8	27	21	13	5	0	—	—
8~13	0.3~0.6	15	11	0	—	—	—	—

此外，挤压爆破的应力波在岩体与爆堆界面上，部分反射成拉伸波继续破坏岩体，部分呈透射波传入碴堆而被吸收。因此，在保证爆堆挤压作用的前提下，要提高反射波的比例，亦即使爆堆适当松散。根据大连石灰石矿的经验，当碴堆松散系数大于 1.5 时，爆破效果良好；当小于 1.15 时，应力波透过太多，第一排钻孔处常常出现“硬墙”。

B　单位炸药消耗量和药量分配

多排孔微差挤压爆破的单位炸药消耗量，比一般微差爆破要大 20%~30%。例如齐大山铁矿的单位炸药消耗量达 0.7~1.0kg/m^3。

对于第一排钻孔来说，由于紧贴爆堆，会产生较大的透过波损失，而且还要推压爆堆为后续的爆破创造空间，因而必须使第一排钻孔的爆炸能提高30%~40%，即这一排钻孔要加大孔深，缩小抵抗线和孔间距，增大装药量或采用高威力炸药。

最后一排孔的爆破，涉及下一循环爆破的碴堆松散系数。为了使这部分碴堆松散，最后一排钻孔也宜增大药量。为此需要：

（1）缩小钻孔间距或排距10%。

（2）增加装药量30%~40%或采用高威力炸药。

（3）延长微差间隔时间15%~20%。

C　孔网参数

多排孔微差挤压爆破的孔网参数，和前述多排孔微差爆破的原则相似；主要差别是第一排和最后一排钻孔的参数宜小一些。

D　微差间隔时间

由于挤压爆破要推压前面的压碴，因而它的起爆间隔时间要比普通微差爆破长。如果间隔时间过短，推压作用不够，爆破受到限制。不过，间隔时间过长，推压出来的空间会被破碎的矿岩填满，起不到应有的作用。实践证明，多排孔微差挤压爆破的微差间隔时间，比普通微差爆破大30%~50%为宜。我国露天矿常用50~100ms。

E　爆破排数和起爆顺序

挤压爆破的排数，应在4排以上。各排的起爆顺序有顺序起爆、波形起爆、斜线起爆、掏槽起爆及环形起爆（见图2-7）。它可使各排崩落矿岩朝一个方向挤压、位移，有利于应力叠加和补充破碎，爆破效果好。

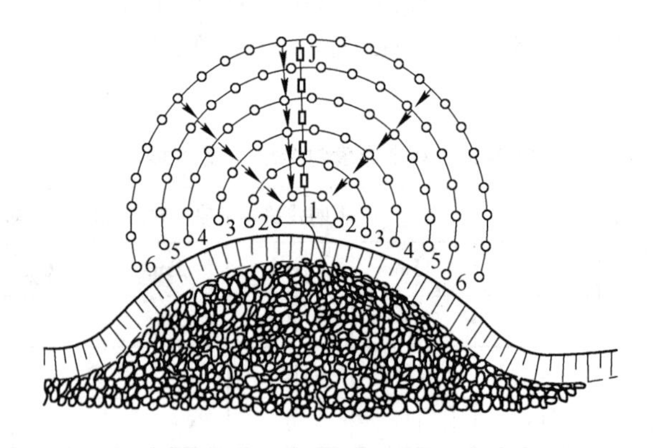

图2-7　环形起爆

J—继爆管；1~6—起爆顺序

F　多排孔微差挤压爆破的优缺点

相对于多排孔微差爆破，多排孔微差挤压爆破的优点是：

（1）矿岩破碎效果更好。这主要是由于前面的碴堆阻挡，包括第一排内的各排钻孔都可以增大装药量，并在碴堆的挤压下充分破碎。

（2）爆堆更集中。对于采用铁路运输矿山，爆破前可不拆道，从而提高了采装、运输设备的效率。

多排孔微差挤压爆破的缺点是：

(1) 炸药消耗量较大。

(2) 工作平盘要求更宽，以便容纳碴堆。

(3) 爆堆高度较大，特别是当碴堆厚度大而妨碍爆堆向前发展时，有可能影响挖掘机作业的安全。

2.2.3 露天矿临近边坡的爆破

随着露天矿向下延伸，边坡稳定问题日益突出。为了保护边坡，临近边坡的爆破要求严加控制。根据国内外的经验，此时主要采用微差爆破、预裂爆破和光面爆破。

2.2.3.1 采用微差爆破减小振动

微差爆破可以减小爆破的地震效应。为了充分发挥微差爆破的减震作用，要设法增加爆破的段数，控制微差爆破的微差间隔时间。实践中常用多段微差爆破减震。

爆破引起的质点振动，可粗略地分为 3 个阶段：即最先出现的“初始相”，它的特点是频率高、振幅小，作用时间短；随后出现的是“主震相”，它的特点是频率低、振幅大、作用时间长；最后出现的是震动的“余震相”。具有破坏作用的，主要是“主震相”。在微差爆破中，增加起爆的段数，即使不能完全分离各段爆破的振动，起码可以使各段振动的“主震相”得到某种程度的分离，从而在实际上呈现各段爆破的单独作用，使得多段微差爆破所引起的振动不取决于总药量，而取决于一段药量的大小。例如大冶铁矿用 12~15 段代替原有的 4~6 段微差爆破，使每段药量减少 46%~63%，地震效应比原来减小 17%~31.8%。该矿进一步采用 31 段雷管起爆后，地震效应减少了 60%~78%。又如凤凰山铁矿，曾用 12~15 段的微差爆破和齐发爆破进行过对比试验，其地震效应减小了 50%。因此，多段微差爆破的实质，是通过增加起爆段数来减小每一段爆破药量，从而使各段爆破独立作用以减小地震。

昆钢龙山溶剂矿采用逐孔起爆技术来减少单段药量，从而减少对最终边坡及采场周边环境的影响，其起爆方案为：孔间微差 25ms，孔底采用 400ms 延期雷管起爆，为避免前排孔起爆后影响后排孔的正常传爆，每排孔数控制在 8 个以内，以保证前排第一个起爆孔与后排最后一个起爆孔之间的微差间隔时间小于 400ms，如图 2-8 所示。

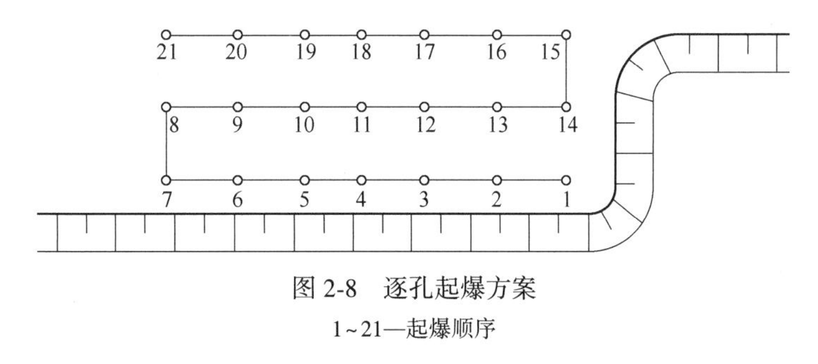

图 2-8 逐孔起爆方案

1~21—起爆顺序

2.2.3.2 采用预裂爆破隔离边坡

预裂爆破的特点是沿边坡界线钻凿一排较密集的预裂孔，在每孔内装入少量炸药，在主爆孔起爆之前先行起爆，从而获得一条有一定宽度并贯穿各钻孔的裂缝，借以吸收和反射主爆孔爆破能量，从而降低地震效应，保护边坡完整或减少边坡维护的工作量。据工程的测定表明，预裂缝可将爆破振动减少50%~80%。图2-9是南山铁矿掘进堑沟时的预裂爆破情况。

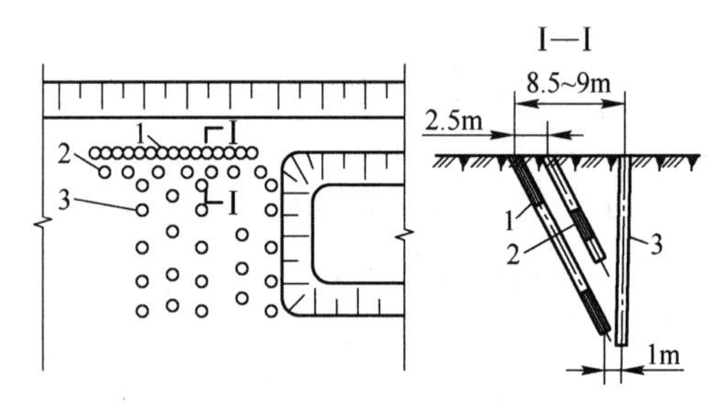

图2-9　预裂爆破的钻孔布置

1—预裂孔；2—缓冲孔；3—主爆孔

根据国内外矿山和水工建设的经验，为了使预裂爆破取得良好的效果，要注意以下几点。

A　对预裂缝的要求

预裂缝要有足够的宽度，能够充分反射采掘爆破的地震波，以便控制它们对边坡的破坏作用。通常这个宽度不应小于2cm；同时预裂壁面要比较平整，以获得整齐而稳定的边坡面。一般预裂壁面的凹凸不平整度要在±15~20cm。其次，在预裂钻孔附近的岩体没有严重的爆破裂隙，最好的情况是在预裂壁面上能完整地留下半个钻孔壁。

B　基本参数

为实现上述要求，要合理确定预裂钻孔的孔径、孔距和装药量。

（1）孔径和不耦合系数。所谓不耦合系数，就是钻孔直径和药包直径之比。在预裂钻孔中这个环形间隙的作用，主要是降低爆轰波的初始压力，保护孔壁及防止其周围的岩石出现过度的粉碎。此外，由于有这个环形间隙，还可以延长爆破作用时间，有利于预裂缝的发展。不耦合系数计算的经验公式：

$$K = 1 + 18.32 S_c^{-0.26} \tag{2-20}$$

式中　K——不耦合系数，生产实践中表明，不耦合系数要大于2，以2~5为宜；

S_c——岩石极限抗压强度，它与不耦合系数大致存在如表2-25所示的关系。

表2-25　$[S_c]$ 与 K 的关系

$[S_c]$	200	400	600	800	1200
K	5.50	4.85	4.40	4.40	3.80

预裂钻孔的直径一般宜小一些。这既是为了提高穿孔速度，也是便于缩小孔距及每孔装药量，从而提高预裂爆破的效果。在露天矿中，通常用ϕ100~200mm的潜孔钻机或ϕ60~80mm的凿岩台车来穿凿预裂钻孔。

（2）孔距。预裂爆破的孔距比较小，一般是钻孔直径的7~15倍，即

$$a = (7 \sim 15)D \tag{2-21}$$

式中　a——钻孔间距，mm；

D——钻孔直径，mm。

应该指出，最佳的钻孔间距是在一个合理的范围内变动。图2-10是马鞍山研究院在实验室得出的孔距-不耦合系数关系曲线。图2-10中1线表示可实现预裂爆破的最大孔距，2线表示实现预裂爆破的最小孔距，1、2线所夹部分就是合理的孔距范围。

(3) 药量。钻孔的装药量及药量分布，是影响预裂爆破质量的重要因素。根据330工程的经验，药量可用下式计算：

$$q = 0.1K\sigma^{\alpha}a^{\beta}b \quad (2\text{-}22)$$

式中 q——线装药密度，等于钻孔正常装药量（不包括底部增加的药量）除以装药段长度（不包括堵塞长度），kg/m；

σ——岩石抗压强度，MPa；

K，α，β——与地质构造、施工条件有关的系数，在330工程条件下，$K=0.36$、$\alpha=0.63$、$\beta=0.67$；

b——炸药换算系数，40%耐冻胶质炸药是1，2号岩石炸药是1.3。

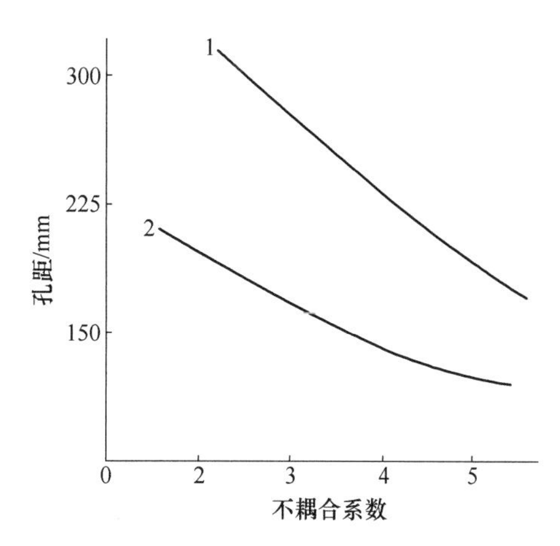

图2-10 孔距与不耦合系数的关系

这样计算出来的药量，是预裂钻孔正常的线装药密度。在钻孔底部0.5m处，由于夹制严重，其装药密度要增加，通常10m以上的钻孔增加3~5倍，5~10m的钻孔增加2~3倍。

预裂爆破的基本参数，除了取决于岩石的物理力学性质外，还与所保护边坡的重要程度有关。临近运输干线等地的边坡参数宜小些，不太重要的在段参数可大些。表2-26是马鞍山矿山研究院推荐的预裂爆破参数。

表2-26 预裂爆破的参数

普通预裂爆破				重要预裂爆破			
孔径/mm	炸药	孔距/m	线装药密度/kg·m^{-1}	孔径/mm	炸药	孔距/m	线装药密度/kg·m^{-1}
80	2号岩石或铵油炸药	0.7~1.5	0.4~1.0	32	2号岩石或铵油炸药	0.3~0.5	0.15~0.25
100	2号岩石或铵油炸药	1.0~1.8	0.7~1.4	42	2号岩石或铵油炸药	0.4~0.6	0.15~0.30
125	2号岩石或铵油炸药	1.2~2.1	0.9~1.7	50	2号岩石或铵油炸药	0.5~0.8	0.20~0.35
150	2号岩石或铵油炸药	1.5~2.5	1.1~2.0	80	2号岩石或铵油炸药	0.6~1.0	0.25~0.50
				100	2号岩石或铵油炸药	0.7~1.2	0.30~0.70

C 装药和起爆

预裂爆破用的炸药，应是低爆速、传爆性能好的炸药。国外使用专门的预裂爆破药卷，如瑞典的古特炸药等。我国一般是岩石炸药或铵油炸药。

在预裂钻孔内装填炸药时，药卷最好能固定在钻孔中心，使周围形成空隙。国外的专用炸药都有翼状套筒定位。国内由于没有专门的预裂爆破炸药卷，很难达到这种要求，通常是用竹皮或木板在侧面隔垫，使药卷不与被保护的孔壁直接接触。至于药卷结构，最好是连续柱状装药，但由于国内药卷的线密度大都超过所要求的线装药密度，所以常常采用间隔装药的形式，借纵向的间隔来达到线装药密度。

预裂钻孔的起爆，最好能用导爆索，使各钻孔中的炸药能同时起爆，保证爆破能量的充分利用。假若导爆索来源有困难，采用起爆时间相差不大的同段电雷管起爆也是可以的，但装药密度宜稍增加，以补偿各孔不能同时起爆所造成的能量损失。

D　施工技术

为了获得整齐的预裂壁面，必须确保钻孔的精确，国内外预裂爆破的实践证明，孔底的钻孔偏差不应超过 20cm。沿预裂面方向的偏差可以放松一些，但垂直于预裂面方向的偏差要严格控制，只有这样才能保证壁面平整。

预裂钻孔的下部，通常距孔底 0.7m 处仍有裂缝。假如底部也要保护，应适当减小孔深。此外，为了防止采掘爆破产生的地震波从预裂缝端部绕过去，预裂缝端部应比采掘区伸长（60~100)D（D 是钻孔直径）。

为了更好地保护边坡，临近预裂线的几排采掘钻孔，最好也适当缩小孔距、抵抗线和装药量。假如预裂孔和采掘孔一次起爆，预裂孔务须超前 100ms 以上。

总之，预裂爆破是保护露天矿边坡的有效措施，特别对于稳固性差或意义重大的边坡地段，更有必要精心使用预裂爆破。当然，相对于正常的采掘爆破来说，预裂爆破的穿孔、爆破工作量较大，费用也高，这是它的最大缺点。

2.2.3.3　采用光面爆破保护边坡

临近边坡的光面爆破，就是沿边坡线钻凿一排较密的平行钻孔，往孔内装入少量的炸药，在采掘钻孔爆破之后再进行起爆，从而沿密集钻孔形成平整的岩壁。

图 2-11 是南山铁矿采用光面爆破清理边坡的示意图。首先用 YQ-150A 型潜孔钻机沿边界线打一排密集的光面孔，孔径为 150mm，孔距 1.7~2.0m，倾角 60°，斜长 16.5m。在光面孔距离台阶坡面大于 2.5m 的地方，再适当布置一些辅助钻孔。光面钻孔排与辅助钻孔排的间距为 2~2.3m。然后往光面孔装入比孔径小的细药卷，线装药密度一般不超过 1.5kg/m，在药包与孔壁之间沿径向和轴主向方向上都留有空隙，平均装药量为 1.3kg/m，辅助孔则按 3kg/m 的线装药密度装药，并适当增加底部药量。起爆时，令辅助孔先爆，间隔 50ms 后光面孔再爆。这样，爆破后边坡壁面平整，凸凹不平度仅 10~20cm，壁面上留有半个光面孔。

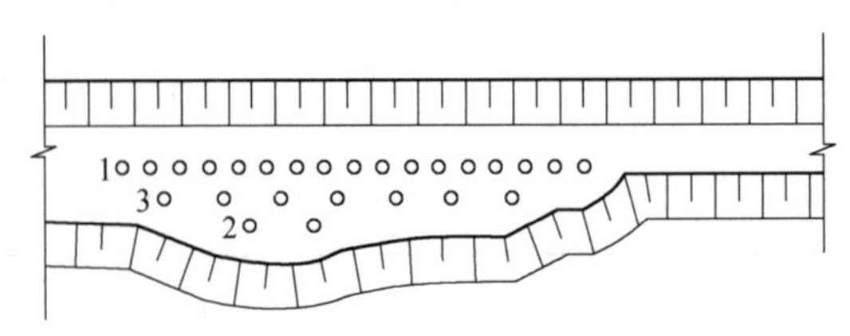

图 2-11　用光面爆破清理边坡

1—光面孔；2，3—辅助孔

光面爆破要注意以下几个问题。

A 合理选择爆破参数

光面爆破的参数选择与预裂爆破相似，不过由于前者是最后起爆，夹制作用轻于后者，故参数比较大。

光面爆破的最小抵抗线，一般是正常采掘爆破的 0.6~0.8 倍，光面钻孔间距等于最小抵抗线的 0.7~0.8 倍。即

$$W_G = (0.6 \sim 0.8)W \tag{2-23}$$

$$a_G = (0.7 \sim 0.8)W_G \tag{2-24}$$

式中 W_G——光面爆破的最小抵抗线，m；

a_G——光面爆破的孔间距，m；

W——正常采掘爆破的最小抵抗线，m。

光面爆破的孔径，一般等于正常采掘爆破的孔径，有条件时宜取小值，其不耦合系数同样要在 2~5 范围内。至于线装药密度，一般在 0.8~2kg/m。

B 妥善进行装药起爆

光面中的炸药，应具有低爆速、传爆性能好的特点。国内多用岩石炸药或铵油炸药。药卷位于钻孔中央，周围留有环形空隙，这同预裂爆破的要求。但在起爆时间上，光面钻孔的起爆时间要迟于前几排采掘钻孔，通常滞后 50~75ms。光面钻孔的起爆方式以导爆索起爆为好，可以保证同时起爆。

C 控制最后几排钻孔的爆破

光面爆破的作用主要是形成平整的壁面，它并不能反射或抑制正常采掘爆破的地震效应，因而临近边坡的最后几排钻孔的装药量、抵抗线都宜缩小。为了使最后的几排孔采掘爆破的地震效应不超过最后一排光面钻孔的爆破震动，根据震动速度的计算原理，应有下列关系式：

$$\frac{Q_J^{1/3}}{R_J} \leqslant \frac{Q_i^{1/3}}{R_i} \tag{2-25}$$

式中 Q_i，R_i——分别为任一排光面钻孔的总药量（kg）和距保护地点距离，m；

Q_J，R_J——分别为最后一排光面钻孔的总药量（kg）和距保护地点距离，m。

按照上述关系式，就要调整最后几排采掘钻孔的参数，使它们的排距和药量依次递减，亦即越靠近边坡的钻孔，其 R_i 越小，Q_i 也要少。图 2-12 是大冶铁矿按照本原则使用的光面爆破情况。他们令临近边坡的最后 3 排钻孔，不仅抵抗线递减，而且每孔装药量也递减，并称之为“缓冲爆破”。

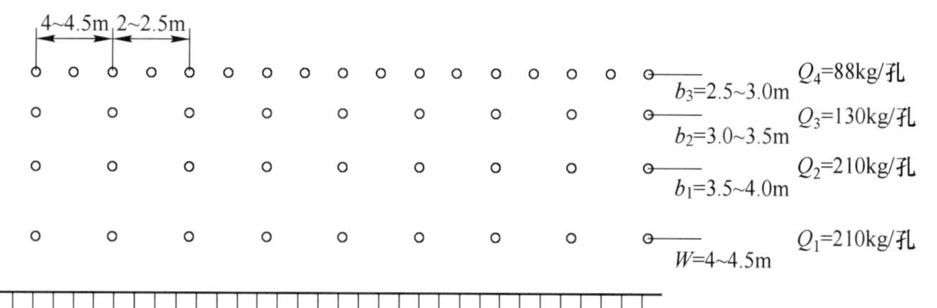

图 2-12 大冶铁矿的“缓冲爆破”

D　严格执行施工要求

光面钻孔的施工，同样要求平（钻孔平行）、正（钻孔正好在边界线上）、齐（钻孔深度一样）。尤其在边界平面的垂直方向上，钻孔偏差不许超过15~20cm。否则壁面很难平整。

总之，光面爆破和预裂爆破有许多相似的地方，其根本区别在于起爆时机上。由于光面爆破孔距较大，穿爆工作量要小一些，但其降震效果不如预裂爆破。据大冶铁矿测定表明，光面爆破比多排孔微差爆破的地震效应低18%~23%，而预裂爆破后能使之低40%~41.6%。

综上所述，临近边坡的爆破，可以概括为：微差爆破是基础、临近边坡宜“缓冲”，重要地段要“预裂”、清理边坡用“光面”。光面爆破实际参数见表2-27。

表2-27　光面爆破实际参数

名称	矿石	f	孔径/mm	孔距/m	抵抗线/m	线装药密度/kg·m^{-1}	单耗/kg·m^{-3}
张家船路堑	砂岩		150	1.5~2.0	3.0~3.5	0.31	0.12~0.18
前坪路堑	砂岩		100	1.5	2.3	0.7	0.13
马颈地路堑	石灰岩		100	1.5~1.6	1.6~1.9	0.9	0.3
休宁站场	红砂岩		150	2.0	2~3	1.2~2.7	0.3~0.4
凡洞铁矿	斑状花岗岩	3~8	150	2~2.5	2~2.5	1.0	

2.2.4　爆破作业安全

（1）露天爆破作业应遵守《爆破安全规程》（GB 6722—2014）的规定。露天爆破作业时，应建立避炮掩体，避炮掩体应设在冲击波危险范围之外；掩体结构应坚固紧密，位置和方向应能防止飞石和有害气体的危害；通到避炮掩体的道路不应有任何障碍。

（2）起爆站应设在避炮掩体内或设在警戒区外的安全地点。

（3）露天爆破时，起爆前应将机械设备撤至安全地点或采用就地保护措施。

（4）雷雨天气、多雷地区和附近有通信基站等射频源时，进行露天爆破不应采用普通电雷管起爆网路。

（5）松软岩土或砂矿床爆破后，应在爆区设置明显标识，发现空穴、陷坑时应进行安全检查，确认无危险后，方准许恢复作业。

（6）在寒冷地区的冬季实施爆破，应采用抗冻爆破器材。

（7）硐室爆破爆堆开挖作业遇到未松动地段时，应对药室中心线及标高进行标示，确认是否有硐室盲炮。

（8）当怀疑有盲炮时，应设置明显标识并对爆后挖运作业进行监督和指挥，防止挖掘机盲目作业引发爆炸事故。

（9）露天岩土爆破严禁采用裸露药包。

（10）确定爆破安全允许距离时，应考虑爆破可能诱发的滑坡、滚石、雪崩、涌浪、爆堆滑移等次生灾害的影响，适当扩大安全允许距离或针对具体情况划定附加的危险区。

（11）根据《爆破安全规程》（GB 6722—2014）的有关规定，爆炸源与人员及其他保护对象之间的安全距离，按爆破产生的地震波、冲击波和个别分散物等分别核定。

A 爆破振动安全允许距离计算

$$R = (K/v)^{1/\alpha} - Q^{1/3} \tag{2-26}$$

式中 R——爆破振动安全距离，m；

Q——炸药量（齐发爆破为总药量、延时爆破为最大单段药量），kg；

v——保护对象所在地安全允许质点振速，cm/s，可参考表 2-28 选取；

K，α——与爆破点至保护对象间的地形、地质条件有关的系数和衰减指数，应通过现场试验确定，在无试验数据的条件下，可参考表 2-29 选取。

表 2-28 爆破振动安全允许标准

序号	保护对象类别	安全允许质点振动速度 v/cm · s^{-1}		
		$f\leqslant 10$Hz	10Hz$<f\leqslant 50$Hz	$f>50$Hz
1	土窑洞、土坯房、毛石房屋	0.15~0.45	0.45~0.9	0.9~1.5
2	一般民用建筑物	1.5~2.0	2.0~2.5	2.5~3.0
3	工业和商业建筑物	2.5~3.5	3.5~4.5	4.2~5.0
4	一般古建筑与古迹	0.1~0.2	0.2~0.3	0.3~0.5
5	运行中的水电站及发电厂中心控制室设备	0.5~0.6	0.6~0.7	0.7~0.9
6	水工隧洞	7~8	8~10	10~15
7	交通隧道	10~12	12~15	15~20
8	矿山巷道	15~18	18~25	20~30
9	永久性岩石高边坡	5~9	8~12	10~15
10	新浇大体积混凝土（C20）			
	龄期：初凝~3d	1.5~2.0	2.0~2.5	2.5~3.0
	龄期：3~7d	3.0~4.0	4.0~5.0	5.0~7.0
	龄期：7~28d	7.0~8.0	8.0~10.0	10.0~12.0

注：1. 爆破振动监测应同时测定质点振动相互垂直的 3 个分量。

2. 表中质点振动速度为 3 个分量中的最大值，振动频率为主振频率。

3. 频率范围根据现场实测波形确定或按如下数据选取：硐室爆破 f 小于 20Hz，露天深孔爆破 f 在 10~60Hz 之间，露天浅孔爆破 f 在 40~100Hz 之间；地下深孔爆破 f 在 30~100Hz 之间，地下浅孔爆破 f 在 60~300Hz 之间。

表 2-29 爆区不同岩性的 K、α 值

岩性	K	α
坚硬岩石	50~150	1.3~1.5
中硬岩石	150~250	1.5~1.8
软岩石	250~350	1.8~2.0

B 爆破个别飞散物安全允许距离

（1）根据规范要求，爆破个别飞散物对人员的安全距离不应小于表 2-30 中的数据，对设备或建筑物的安全允许距离，应由设计确定。

表 2-30　爆破个别飞散物对人员的安全允许距离

爆破类型和方法		个别飞散物的最小安全允许距离/m
露天岩土爆破	浅孔爆破法破大块	300
	浅孔台阶爆破	200（复杂地质条件下或未形成台阶工作面时不小于 300）
	深孔台阶爆破	按设计，但不大于 200
	硐室爆破	按设计，但不大于 300
水下爆破	水深小于 1.5m	与露天岩土爆破相同
	水深大于 1.5m	由设计确定
破冰工程	爆破薄冰凌	50
	爆破覆冰	100
	爆破阻塞的流冰	200
	爆破厚度>2m 的冰层或爆破阻塞流冰一次用药量超过 300kg	300
金属物爆破	在露天爆破场	1500
	在装甲爆破坑中	150
	在厂区内的空场中	由设计确定
	爆破热凝结物和爆破压接	按设计，但不大于 30
	爆炸加工	由设计确定
拆除爆破、城镇浅孔爆破及复杂环境深孔爆破		由设计确定
地震勘探爆破	浅井或地表爆破	按设计，但不大于 100
	在深孔中爆破	按设计，但不大于 30

（2）抛掷爆破时，个别飞散物对人员、设备和建筑物的安全允许距离应由设计确定。

（3）硐室爆破个别飞散物安全距离，可按式（2-27）计算：

$$R_f = 20K_f n^2 W \tag{2-27}$$

式中　R_f——碎石飞散对人员的安全距离，m；

n——爆破作用系数；

W——最小抵抗线，m；

K_f——安全系数，一般取 1.0~1.5。

应逐个药包进行计算，选取最大值为个别飞散物安全距离。

复习思考题

2-1　露天矿常用穿孔设备有哪些？

2-2　如何选择露天矿穿孔设备？

2-3　露天开采对爆破工作有哪些要求？

2-4　露天矿正常采掘有哪些爆破方式？

2-5 露天矿可采用哪些爆破工艺保护边坡？

2-6 某露天石灰石矿年采剥总量400万立方米，拟采用多排孔微差爆破开采，穿孔设备拟定为KQ-150型潜孔钻机。矿岩中等稳固，$f=8\sim10$，工作台阶高度为12m，台阶坡面角70°，一次爆破工作线长度为80m左右，每次爆破5排炮孔。试设计该矿山的多排孔微差爆破工艺，并计算矿山需要穿孔设备的台数。

3 采装工作

在露天开采中，使用装载机械将矿岩从爆堆中挖取，并装入运输容器内或直接倒卸于规定地点的工作，称为采装工作。它是露天开采过程的中心环节。采装工作的好坏，直接影响到矿床的开采强度、露天矿生产能力和最终的经济效果。因此，正确选择采装设备，采用合理的工作方法，对搞好露天矿生产具有极其重要的意义。

露天矿山的主要采装设备有机械式单斗挖掘机、液压挖掘机，其次是斗轮挖掘机和索斗挖掘机，辅助作业设备有前端式装载机、铲运机等。

3.1 采装设备

3.1.1 挖掘机分类

挖掘机用于露天矿山已有近百年的历史，它的基本工作原理并无重大突破。由于单斗挖掘机具有挖掘能力大、适应性较强、作业稳定可靠、操作和维修比较方便、运营费用较低等优点，所以在国内外露天矿的装载作业中，至今仍占主要地位。

露天矿山使用的挖掘机种类很多，一般按其铲装方式、传动和动力装置、设备规格及用途不同进行分类。

按铲装方式不同，分为正铲、反铲、刨铲和拉铲（索斗铲）等机型。其中，斗容小于 $2m^3$ 为小型，斗容为 $3 \sim 8m^3$ 称中型，斗容 $10m^3$ 及以上为大型。

按传动装置不同，有机械传动式、液压传动式和混合传动式；按动力装置可分为电力驱动式、内燃驱动式和复合驱动式；按行走部分可分为履带式、迈步式、轮胎式和轨道式等。

单斗挖掘机分类如下：

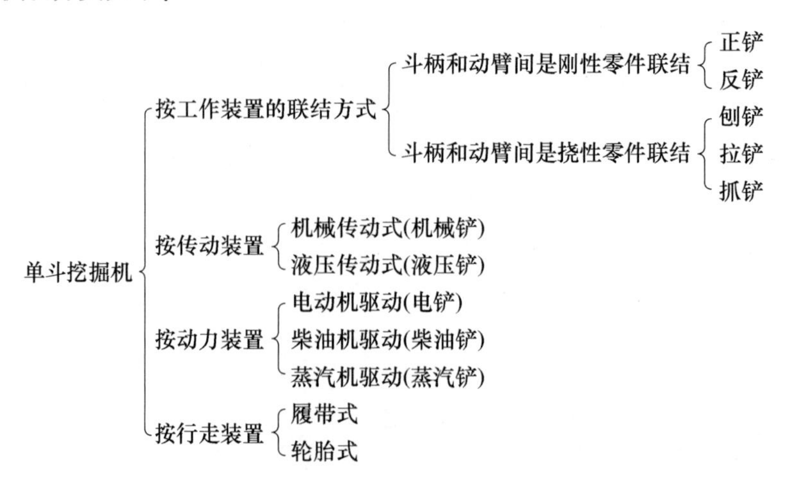

矿用挖掘机的主要类型见表3-1。

表3-1 矿用挖掘机的主要类型

类型		简图	应用范围
机械传动正铲单斗挖掘机	采矿型	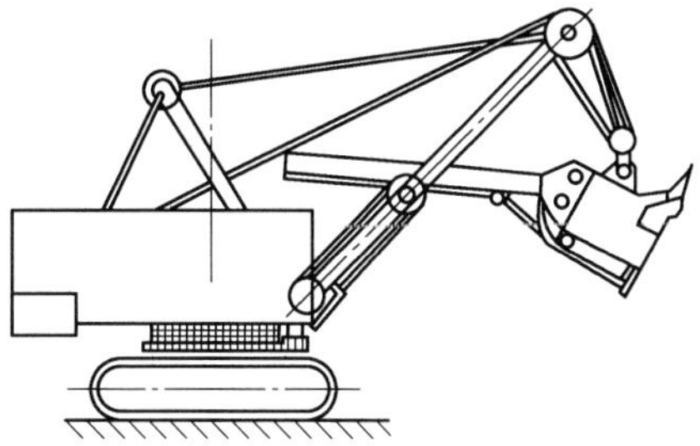	用于煤炭、金属和非金属露大矿铲装矿岩
	剥离型	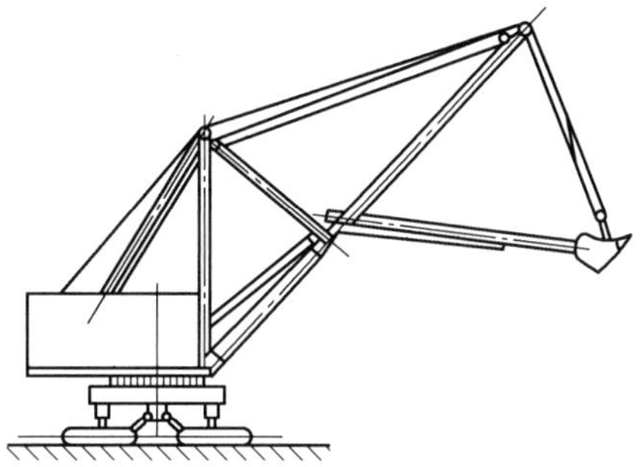	用于露天矿剥离表土
矿用单斗液压挖掘机		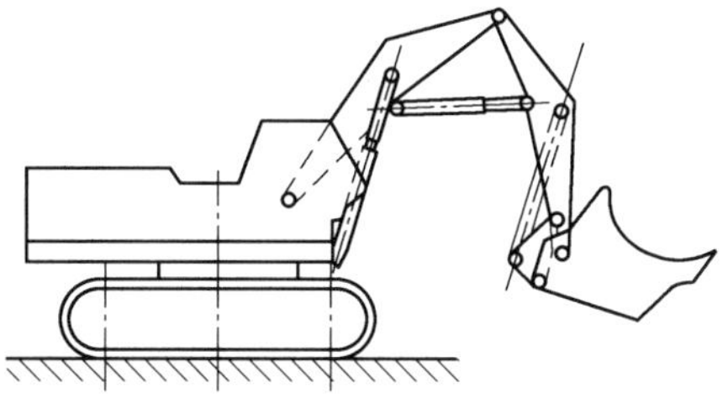	用于露天矿铲装矿岩
矿用斗轮挖掘机		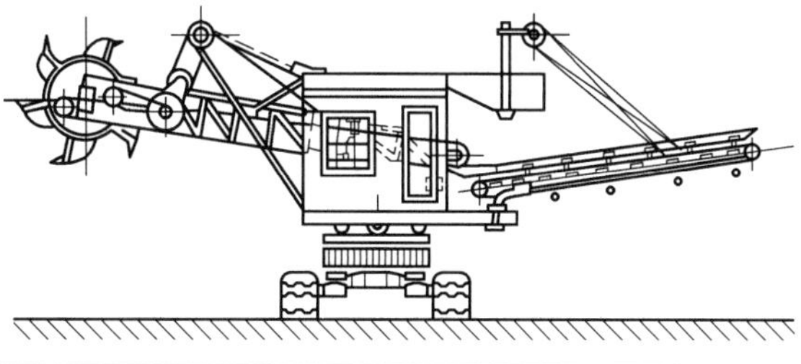	用于露天煤矿，与排土机、胶带运输机等连续运输设备配套进行表土剥离及开采
步行式索斗（拉铲）挖掘机		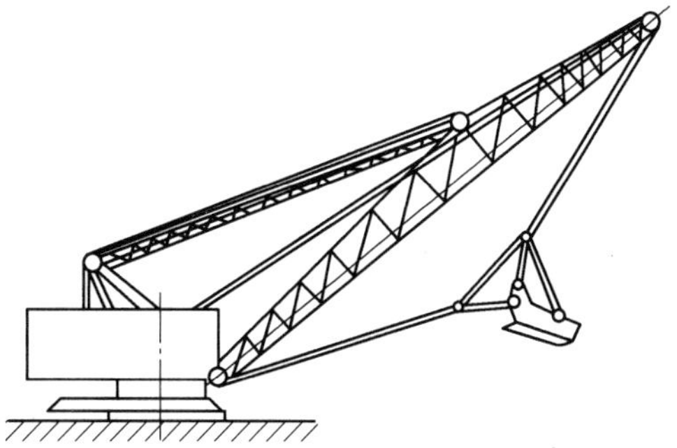	用于露天矿剥离表土、倒堆排土等，工作位置经常移动

3.1.2　各类挖掘机特点及应用范围

单斗正铲机械式履带行走电动挖掘机（简称电铲）优点很多，适于高强度作业，广泛用于金属、非金属矿及煤炭露天矿的各种土质和软硬矿岩的铲装作业，也可用于水利、建筑和修路等工程的铲装、排土和倒堆作业。此外，其工作装置稍加改装可作为吊车使用。

液压挖掘机（简称液压铲）与电铲相比，质量轻35%~40%，动作灵活，行速较快；可以比较准确地控制铲斗的插入和撬动，在需要选别回采时具有下铲准确的优点。它比前端式装载机的生产能力高，并可用于前装机达不到的高阶段工作面。因此，近十几年来液压铲得到很大发展。但由于液压系统比较复杂，矿山工作条件又比较恶劣，特别是高压系统元件寿命短，维修比较困难。因此，液压铲多数用于比较松软的煤矿、爆后采矿场和表土中作业。虽然电铲仍将是大型露天矿山的主要装载设备，但液压铲由于其机重、购价和使用寿命均可能减少50%左右，占用资金少，技术更新快，预期将以较快速度广泛应用于矿山。

索斗挖掘机大多数为迈步式，斗容多为4~30m^3。由于索斗挖掘机的工作装置是以钢丝绳牵引铲斗反向铲装物料（也称拉铲），铲取力较小，因此主要用于煤矿和松软土层的挖掘。如疏通河道、修筑河堤、露天矿表层的剥离和倒堆作业等。此外，索斗挖掘机也可较容易地改装成起重吊车使用。

斗轮挖掘机是连续作业装载设备，近年来采用数量越来越多。它与单斗挖掘机相比，具有以下主要优点：

（1）斗轮挖掘机连续进行挖掘和运输转载工作，生产效率较高。在同样功率的动力设备条件下，它的生产率比单斗挖掘机高1.5~2.5倍。

（2）由于斗轮机以轮斗连续进行挖掘，机体所受载荷较小，工作条件得到改善。所以，在相同的生产率条件下挖掘机的整体质量仅是单斗挖掘机的50%~60%。而且零件磨损减轻，延长了机器使用寿命。

（3）斗轮挖掘机的动力消耗比单斗挖掘机少，如挖掘1m^3土壤消耗的功率，单斗挖掘机为0.5~0.7kW；斗轮挖掘机为0.3~0.5kW。

但是，斗轮挖掘机的挖掘力较小，只适于挖掘土层和松软矿岩等物料。对于大块较多的矿岩堆及工作条件比较复杂的作业现场，其适应性能较差。此外，斗轮挖掘机的选用还取决于矿床埋藏条件、地质条件以及气候条件等。目前，斗轮挖掘机主要用于露天煤矿和其他大型土方工程中。

3.1.3　机械式单斗挖掘机

3.1.3.1　工作参数

正铲挖掘机主要由工作装置、回转装置和履带行走装置三大部分组成。它的作业循环为：铲装、满斗提升回转、卸载、空斗返回。正铲挖掘土壤的过程：当挖掘作业开始时，机器靠近工作面，铲斗的挖掘始点位于推压机构正下方的工作面底部，斗前面与工作面的交角为45°~50°。铲斗通过提升绳和推压机构的联合作用，使其做自下而上的弧形曲线的强制运动，使斗刃在切入土壤的过程中，把一层土壤切削下来。

挖掘机的工作范围决定于其工作参数（见图3-1）。

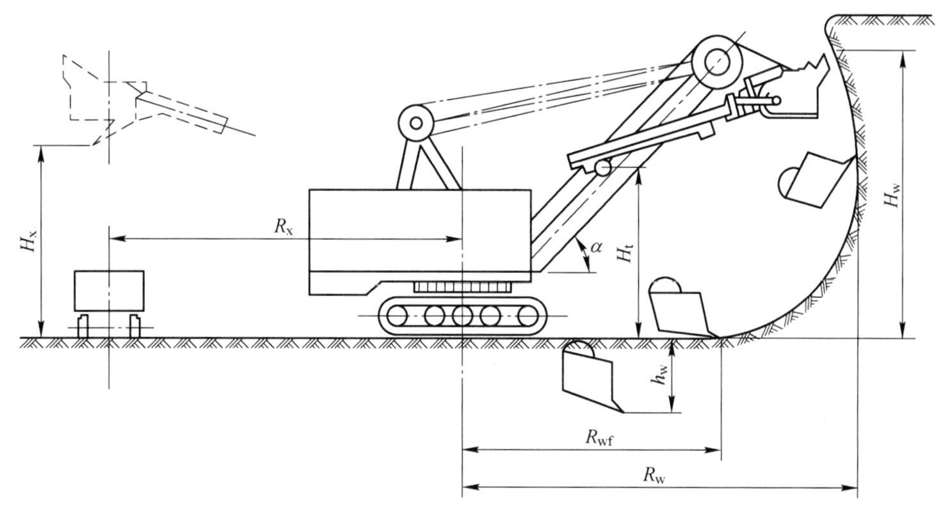

图 3-1 机械铲主要工作参数图

装载机械铲的工作参数有：

（1）挖掘半径 R_w，指挖掘时由挖掘机回转中心至铲斗齿尖的水平距离。最大挖掘半径 R_{wm}，是铲杆最大水平伸出时的挖掘半径。站立水平挖掘半径 R_{wf}，是铲斗平放在站立水平面的挖掘半径。

（2）挖掘高度 H_w，是挖掘机械铲站立水平到铲齿切割边缘的垂直距离；最大挖掘高度 H_{wm}，是铲杆最大限度伸出并提到最高位置时的垂直距离。

（3）卸载半径 R_x，是卸载时从机械铲回转中心线到铲斗中心的水平距离；最大卸载半径 R_{xm}，是铲杆最大限度水平伸出时的卸载半径。

（4）卸载高度 H_x，指卸载时从机械铲站立水平到铲斗打开的斗底下边缘的垂直距离；最大卸载高度 H_{xm}，是铲杆最大限度伸出并提至最高位置时的卸载高度。

（5）下挖深度 h_w，指在向机械铲所在水平以下挖掘时，从站立水平到铲齿切割边缘的垂直距离。

机械铲工作参数是依动臂倾角 α 而定的。动臂倾角允许有一定的改变，较陡的动臂可使挖掘高度和卸载高度加大，但挖掘半径和卸载半径则相应减小；反之，动臂较缓时，则挖掘高度和卸载高度减小，而挖掘半径和卸载半径增大。

铲斗容积是反映单斗挖掘机大小的主要指标，斗容越大则工作参数也越大。

常用机械式单斗挖掘机的主要技术参数见表 3-2。

表 3-2 常见机械式单斗挖掘机的主要型号技术参数

型　号	WK-2	WD200A	WK-4	WK-10	WD1200	WK-12	195B
铲斗容积/m^3	2	2	4	10	12	12	12.9
理论生产率/$m^3 \cdot h^{-1}$	300	280	570	1230	1290	1540	1400
最大挖掘半径/m	11.6	11.5	14.4	18.9	19.1	18.9	16.9
最大挖掘高度/m	9.5	9.0	10.1	13.6	13.5	13.6	12.7
最大挖掘深度/m	2.2	2.2	3.4	3.4	2.6	3.4	3.0
最大卸载半径/m	10.1	10.0	12.7	16.4	17.0	16.4	14.8

续表 3-2

型　号	WK-2	WD200A	WK-4	WK-10	WD1200	WK-12	195B
最大卸载高度/m	6.0	6.0	6.3	8.6	8.3	8.5	8.0
回转 90°时工作循环时间/s	24	18	25	29	28	28	25
最大提升力/kN	265	300	530	1029	1150	1029	1020
提升速度/$m \cdot s^{-1}$	0.62	0.54	0.88	1.0	1.08	1.0	1.1
最大推压力/kN	128	244	340	617	690	617	710
推压速度/$m \cdot s^{-1}$	0.51	0.42	0.53	0.65	0.69	0.65	0.70
动臂长度/m	9.0	8.6	10.5	13.0	15.3	13.0	12.7
接地比压/MPa	0.13	0.13	0.25	0.23	0.28	0.23	0.25
最大爬坡能力/(°)	15	17	12	13	20	13	16
行走速度/$km \cdot h^{-1}$	1.22	1.46	0.45	0.69	1.22	0.69	2.22
整机质量/t	84	79	190	440	465	485	334
主电动机功率/kW	150	155	250	750	760	2×800	448
主要生产厂家（公司）	杭州重型机械有限公司，抚顺挖掘机制造有限责任公司	杭州重型机械有限公司，江西采矿机械厂	太原重工股份有限公司，抚顺挖掘机制造有限责任公司	太原重工股份有限公司	抚顺挖掘机制造有限责任公司	太原重工股份有限公司	衡阳冶金机械厂，江西采矿机械厂

型　号	P&H2300XP	P&H2800XP	WK-20	WK-27	WK-35	WP-3(长)	WP-4(长)	WP-6(长)
铲斗容积/m^3	16	23	20	27	35	3	4	6
理论生产率/$m^3 \cdot h^{-1}$	1800	3200	3000	3030	4080	330	430	640
最大挖掘半径/m	20.7	23.7	21.2	23.4	24.0	17.9	24.9	24.3
最大挖掘高度/m	15.5	18.2	14.4	16.3	16.2	15.1	22.1	23.4
最大挖掘深度/m	3.5	4.0	5.5	4.6	4.5	3.35	2.9	3.6
最大卸载半径/m	18.0	20.6	18.7	21.0	20.9	16.42	23.35	21.2
最大卸载高度/m	10.3	11.3	9.1	9.9	9.4	11.4	18.3	17.7
回转 90°时工作循环时间/s	28	28	30	32	30	33	33	33
最大提升力 kN	1580	2080	2028	2150	2150	508	520	687
提升速度/$m \cdot s^{-1}$	1.0	0.95	0.96	1.23	1.6	0.88	1.39	1.12
最大推压力/kN	950	1300	1120	790	850	220	240	392
推压速度/$m \cdot s^{-1}$	0.70	0.65	0.47	0.63	0.65	0.53	0.53	0.75
动臂长度/m	15.2	17.68	15.5	17.68	17.68	15.5	23.3	22.0
接地比压/MPa	0.29	0.29	0.25	0.30	0.30	0.24	0.23	0.25
最大爬坡能力/(°)	16	16	13	12	12	10	10	12
行走速度/$km \cdot h^{-1}$	1.45	1.43	1.08	1.73	1.08	0.45	0.82	0.69
整机质量/t	621	851	731	915	1035	213	350	498
主电动机功率/kW	700	2×700	2×800	2×900	2×1000	250	560	750
主要生产厂家（公司）	太原重工股份有限公司，第一重型机器厂		太原重工股份有限公司	太原重工股份有限公司	太原重工股份有限公司	太原重工股份有限公司，抚顺挖掘机制造有限责任公司		

3.1.3.2 选型

挖掘机选型主要是根据矿山采剥总量、矿岩物理机械性质、开采工艺和设备性能等条件确定，以充分发挥矿山生产设备的效率，各工艺环节生产设备之间相互适应，设备配套合理。一般做法是，首先选择合适的铲装设备，并确定与之配套的运输设备，然后选择钻孔设备。主体设备合理配套之后，再选择确定辅助设备。

金属露天矿按矿山规模采剥总量选择设备型号可参考表2-13。

特大型露天矿一般选用斗容不小于10m^{3}的挖掘机；大型露天矿一般选用斗容为4~10m^{3}挖掘机；中型露天矿一般选用斗容为1~4m^{3}挖掘机；小型露天矿一般选用斗容为1~2m^{3}挖掘机。

采用汽车运输时，挖掘机斗容积与汽车载重量要合理匹配，一般是一车应装4~6斗。

设备选型还要与开拓运输方案统一考虑，使装载运输成本低，机动灵活，经济合理。

3.1.3.3 生产能力

单斗挖掘机台班生产能力可用下式计算：

$$Q_w = \frac{3600qT\eta K_H}{K_s t} \tag{3-1}$$

式中 Q_w——挖掘机台班生产能力（实方），立方米/(台·班)；

q——铲斗容积，m^3；

T——每班工作时间，h；

η——班工作时间利用系数；

K_H——满斗系数；

t——挖掘机工作循环时间，s；

K_s——矿岩在铲斗中的松散系数，中硬及中硬以下矿岩 $K_s=1.3 \sim 1.5$，坚硬矿岩 $K_s=1.5 \sim 1.7$。

挖掘机铲装循环周期与矿岩性质、爆破质量、设备性能、作业条件等因素有关，参考数值见表3-3。

表3-3 挖掘机工作循环时间 t 推荐值 (s)

挖掘机斗容/m^3	挖掘工作条件			
	易于挖掘	比较易于挖掘	难于挖掘	非常难于挖掘
1.0	16	18	22	26
2.0	18	20	24	27
3.0~4.0	21	24	27	33
6.0~8.0	24	26	30	35
10.0~12.0	26	28	32	37
15.0	28	30	34	39
17.0	29	31	35	40

挖掘机铲斗满斗系数和矿岩在铲斗中的松散系数与矿岩的硬度及破碎程度、铲斗形式有关，参考数值见表3-4。

表 3-4　铲斗装满系数 K_H 和物料松散系数 K_s 值

被挖掘物料性质	相当硬度系数 f	装满系数 K_H	松散系数 K_s
易于挖掘：如砂土和小块砾石等	0~5.0	0.95~1.05	1.2~1.3
比较易于挖掘：如煤、砂质黏土及土夹小砂石等	6.0~10	0.90~0.95	1.30~1.35
难于挖掘：如坚硬的砂质岩、较轻矿岩和页岩等	10~12	0.80~0.90	1.4~1.5
非常难于挖掘：如一般铜矿、铁矿岩爆堆等	12~18	0.70~0.80	1.5~1.8

挖掘机的生产能力与很多因素有关，其数值在生产过程中的变化幅度也很大。用以上计算式算出的数据，也只是近似值。在实际生产中，当选用挖掘机时还常常依据大量的矿山生产统计数据。我国金属露天矿山推荐的挖掘机选型生产能力参考指标见表 3-5。

表 3-5　每台挖掘机生产能力推荐参考指标

铲斗容积/m^3	计量单位	矿岩硬度系数 f		
		<6	8~12	12~20
1.0	m^3/班	160~180	130~160	100~130
	万立方米/a	14~17	11~15	8~12
	万吨/a	45~51	36~45	24~36
2.0	m^3/班	300~330	210~300	200~250
	万立方米/a	26~32	23~28	19~24
	万吨/a	84~96	60~84	57~72
3.0~4.0	m^3/班	600~800	530~680	470~580
	万立方米/a	60~76	50~65	45~55
	万吨/a	180~218	150~195	125~165
6.0	m^3/班	970~1015	840~880	680~790
	万立方米/a	93~100	80~85	65~75
	万吨/a	279~300	240~255	195~225
8.0	m^3/班	1489~1667	1333~1489	1222~1333
	万立方米/a	134~150	120~134	110~120
	万吨/a	400~450	360~400	330~360
10.0	m^3/班	1856~2033	1700~1856	1556~1700
	万立方米/a	167~183	153~167	140~153
	万吨/a	500~550	460~500	420~460
12.0~15.0	m^3/班	2589~2967	2222~2589	2222~2411
	万立方米/a	233~267	200~233	200~217
	万吨/a	700~800	600~700	600~650

注：表中数据按每年工作 300d、每天 3 班、每班 8h 作业计算；工作方式均为侧面装车，矿岩容重按 3t/m^3 计算；汽车运输或山坡露天矿采剥取表中上限值，铁路运输或深凹露天矿采剥取表中下限值。

当挖掘机在特殊情况下作业时，它的生产效率比表3-5的推荐值要低一些。在下列情况下可作特殊处理。

(1) 挖掘机在挖沟或采用选别开采作业时，一般采取正面装车，工作条件劣于侧面装车，致使工作效率降低。表3-6为挖掘机挖沟作业（正面装车）生产指标参考值。

(2) 在矿山基建初期，由于技术熟练程度和管理水平比正常生产时期差一些，因此设备效率也得不到充分发挥。挖掘机在某些特殊条件下作业时，生产效率降低值见表3-7。

表3-6 挖掘机挖沟作业（正面装车）生产指标参考值

铲斗容积/m^3	年台工作班数/班	电动机车运输/$m^3 \cdot a^{-1}$	自卸汽车运输/$m^3 \cdot a^{-1}$
1.0	700	105000	143500
2.0	700	294000	416000
4.0	700	366000	475000
8.0	700	500000	650000
10.0	700	800000	950000

表3-7 挖掘机在特殊条件下作业效率降低参考值

挖掘机工作条件	运输方式	作业效率降低值/%
出入沟	机车运输	30
出入沟	汽车运输	10~15
开段沟	机车运输	20~30
开段沟	汽车运输	10~20
选别开采	机车运输	10~30
选别开采	汽车运输	5~10
基建剥离	机车运输	30
基建剥离	汽车运输	20
移动干线	机车运输	10
三角工作面装车	机车运输	10

基本建设时期挖掘机逐年生产能力一般如下：第一年为设计能力的70%，第二年为设计能力的85%，第三年达到100%。

国内外挖掘机的实际生产效率统计值列于表3-8。

表3-8 国内一些露天矿挖掘机的台年生产效率

矿山名称	挖掘机斗容/m^3	运输设备类型	矿岩硬度f	运输距离/km	线路坡度/%	挖掘机综合效率/万吨·a^{-1}
南芬露天铁矿	10 4 7.6	60~100t汽车 27t汽车 120t电动轮汽车	14~18（矿） 8~12（岩）	1.3 1.5	6~8（下坡）	483.0 284.1 884.1
大孤山铁矿	10 4 7.6	80~150t 电动机车	12~16（矿） 8~12（岩）	11.6 13.5	2.0（上坡）	306.3 190.7 890.7

续表 3-8

矿山名称	挖掘机斗容/m^3	运输设备类型	矿岩硬度 f	运输距离/km	线路坡度/%	挖掘机综合效率/万吨 · a^{-1}
东鞍山铁矿	4	80t 电动机车	12~16（矿） 6~8（岩）	7 7	3.5（下坡）	246.4
眼前山铁矿	4 6.1	80~150t 电动机车 60t 汽车	12~16（矿） 8~12（岩）	2 11	2.5（下坡）	391.75 150.25
齐大山铁矿	4	20t 汽车 80t 电动机车	12~18（矿） 5~12（岩）	0.67 5.24	8（下坡） 2.2（下坡）	351.0 129.5
歪头山铁矿	4	80t 电动机车	12~15（矿） 8~10（岩）	1.0 1.3	3.7（下坡）	148.0
大宝山铁矿	4	12~15t 汽车	4~8（矿） 4~7（岩）	1.0 1.3	3.0（上坡）	76.1
白云鄂博铁矿	4 6.1	80~150t 汽车	8~16（矿） 6~16（岩）	3.0 4.0	3.5（下坡）	82.3 132.4
大石河铁矿	3 4	80t 电动机车 27t 汽车	8~16（矿） 8~10（岩）	1.0 1.6	6~8（上坡）	198.6 202.2
大冶铁矿	3 4	80~150t 电动机车 32t 汽车	10~14（矿） 8~12（岩）	1.6 1.57	8（上坡）	101.3 109.7
德兴铜矿	16.8 4	100t 汽车 27t 汽车	6~8（矿） 5~7（岩）	0.43 0.91	0（平）	1673.2 88.7
铜录山铜矿	10 4	100t 汽车 27t 汽车	6~15（矿） 4~12（岩）	2.1 3.1	6~8（上坡）	485.1 39.3
朱家包包铁矿	4	80~150t 电动机车 25t 汽车	12~14（矿） 10~14（岩）	9 8	3.5（下坡）	81.3
海城镁矿	4 1	27t 汽车 窄轨电动机车	4~8（矿） 4~6（岩）	1.4 1.4	10（下坡）	114.3 37.3
水厂铁矿	4 10	27t 汽车 80t 电动机车	12~14（矿） 8~10（岩）	1.0 1.3	7（下坡） 1.5（下坡）	173.2 491.6
柳河峪铜矿	4	27t 汽车	8~12（矿） 8~10（岩）	1.0 1.3	6~8（下坡）	294.9
兰尖铁矿	4	20~27t 汽车	12~18（矿） 10~16（岩）	1.0 1.3	8（下坡）	212.1
海南铁矿	4 3	80t 电动机车 32t 汽车	10~15（矿） 4~10（岩）	3.0 4.4	3.0（下坡）	122.6 69.7
乌龙泉石灰石矿	4 3	80t 电动机车 20t 汽车	6~10	2.6 3.5	1.2（下坡） 2.5（下坡）	135.5 124.5
北京密云铁矿	4 2	25t 汽车 15t 汽车	10~12（矿） 8~10（岩）	0.6 0.7	8（上坡）	80.0 47.5
金堆城钼矿	4 3	25t 汽车	6~10（矿） 6~8（岩）	3.0 5.0	6~8（上坡）	50.0 24.4

3.1.3.4 设备数量计算

矿山所需挖掘机台数可按下式计算：

$$N = \frac{A}{Q_{w}} \tag{3-2}$$

式中 N——挖掘机台数，台；

A——矿山年采剥总量，万立方米^3/a；

Q_{w}——挖掘机台年效率，万立方米^3/a，可通过计算或参考挖掘机实际台年生产能力选取，并要考虑效率降低因素。

3.1.3.5 主要材料消耗

挖掘机是露天矿山的主要装载设备之一，生产任务比较繁重，设备运转率较高。因此，这些设备的材料消耗及备品备件消耗也比较多，费用较高。认真搞好材料及备品备件消耗定额的科学管理，是充分发挥设备效能和降低矿石生产成本的主要因素之一。20 世纪 70 年代以来，我国许多露天矿山积累了大量有关挖掘机的材料及备品备件消耗方面的统计资料，可作为设计和计划管理工作的参考。

挖掘机台班材料消耗参考指标见表 3-9。挖掘机台年金属材料消耗参考指标见表 3-10。典型矿山挖掘机挖掘每万吨矿岩的实际材料消耗统计值见表 3-11。

表 3-9 挖掘机台班材料消耗参考指标

消耗材料项目		挖掘机铲斗容积/m^3					
		1.0	2.0	3~4	8~10	12~15	17~23
铲斗齿/个	矿岩 f=3~10	0.07	0.07	0.08	0.09	0.10	0.12
	矿岩 f=11~12	0.09	0.09	0.1	0.13	0.15	0.18
提升钢丝绳/m	提升力为 100~200kN	0.53	0.60				
	提升力为 300~400kN		1.5				
	提升力为 400~500kN			1.67			
	提升力为 800~1200kN				1.9		
	提升力为 1500~2500kN					2.1	2.3
大臂悬吊绳/m	拉力为 300~700kN	0.1	0.1	0.14			
	拉力为 800~1500kN				0.3		
	拉力为 1700~2300kN					0.4	0.5
开斗底绳/m	拉力小于 300kN	0.23	0.23	0.43	0.7		
	拉力为 400~500kN					0.8	0.9
照明灯泡/个		0.33	0.33	0.4	0.5	0.7	0.9
黄干油（润滑脂）/kg		0.7	0.7	0.8	1.1	1.3	1.5
机油/kg		0.5	0.6	0.83	1.25	1.5	1.9
透平油/kg		0.5	0.6	0.7	1.25	1.6	1.9
洗油/kg		0.02	0.03	0.05	0.15	0.17	0.19

续表 3-9

消耗材料项目	挖掘机铲斗容积/m³					
	1.0	2.0	3~4	8~10	12~15	17~23
擦拭废棉纱/kg	0.1	0.1	0.2	0.3	0.5	0.7
防锈漆/kg	0.01	0.01	0.02	0.03	0.05	0.09

表 3-10　挖掘机台年金属材料消耗参考指标

消耗金属材料项目	挖掘机铲斗容积/m³					
	1.0	2.0	3~4	8~10	12~15	17~23
铸钢	2.08	3.39	6.18	17.5	23.8	28.5
锰钢	1.5	2.6	13.6	23.7	33.1	39.2
铸铁	0.2	0.2	0.3	0.5	0.7	0.9
锻钢	0.5	1.7	4.1	6.6	8.1	10.8
有色金属	0.3	0.3	0.8	1.79	2.5	3.8
型钢	0.7	1.8	4.0	6.9	8.8	10.5
其他金属	0.03	0.03	0.05	0.09	0.15	0.23
其中加工量	0.2	0.3	14.3	32.5	41.1	63.3

表 3-11　我国矿山挖掘机挖掘每万吨矿岩的实际材料消耗统计值

消耗材料项目	挖掘机铲斗容积/m³						
	1.0	3.0	4.0	6.1	7.6	10~15	17~23
提升钢丝绳	30.0	32.8	12.0	12.0	16.3	15.1	15.8
悬吊钢丝绳	7.0	6.4	3.0	5.0	5.0	5.1	5.5
开斗钢丝绳	2.0	0.9	3.0	3.0	5.0	5.3	5.8
斗齿尖/个	1.0	0.2	0.4	0.5	0.5	0.5	0.6
灯泡/个	2.0	2.0	2.0	3.0	3.0	3.5	3.8
润滑脂	2.5	6.7	3~5	4~10	6~12	6~12	10~15
机油	1.5	4.5	3~5	4~10	10~22	10~25	25~30
洗油	0.5	0.5	1~3	5.0	3~5	5~7	8~10
硫基脂	1.0	2.1	0.5~1.0	5~6	4~6	6~8	9~11
透平油	1.0	1.0	0.5~1.0	2~3	3~5	5~7	8~9
齿轮油	3.8	4.0	5~6	8~10	10~12	10~15	15~18
汽油	0.7	1.0	3.0	3~5	3~5	5~7	7~9
压延机脂	3.0	3.0	5.0	10~14	10~14	15~17	18~20
擦拭废棉纱	0.3	0.3	0.3	0.5	0.5	0.7~0.8	0.9~1.0
柴油	1.0	1.0	0.5~1.0	5.0	3~5	5~7	8~10

3.1.4 液压挖掘机

3.1.4.1 发展概述

随着液压技术的发展和矿山开采的需求，矿用液压挖掘机（又称液压铲）也随之发展起来。长期以来，美国卡特彼勒、日本小松和日立、德国利勃海尔、瑞典阿特拉斯·科普柯、沃尔沃等著名外国公司所生产的挖掘机及装载机几乎垄断了该产品的市场。其产品不仅数量多，质量和性能也非常好。

我国研制生产液压挖掘机从20世纪60年代开始至今已有50多年历史，大致经历测绘仿制、定型、自主研发阶段，技术水平不断提升，生产数量大幅增加，但在设备质量和技术性能方面与国外先进水平差距较大。

液压挖掘机的适用范围很广，它可以配备各种不同的工作装置，进行各种形式的土方或石方铲挖工作。在露天采矿中，单斗挖掘机可用作表土的剥离、矿物的采掘和装载工作。由于它具有铲取挖掘力大、作业稳定、安全可靠和生产效率高等突出的优点，至今仍然是露天采矿工程及其他土石方工程中主要的挖掘和装载设备。

3.1.4.2 基本原理与结构特征

单斗液压挖掘机是在机械传动方式正铲挖掘机的基础上发展起来的高效率装载设备。它们都由工作装置、回转装置和运行（行走）装置三大部分组成，而且工作过程与机械式挖掘机也基本相同。两者的主要区别在于动力装置和工作装置上的不同。液压挖掘机是在动力装置与工作装置之间采用了容积式液压传动系统（即采用各种液压元件），直接控制各系统机构的运动状态，从而进行挖掘工作的。液压挖掘机分为全液压传动和非全液压传动两种。若其中的一个机构的动作采用机械传动，即称为非全液压传动。例如WY-160型、WY250型和H121型等为全液压传动；WY-60型为非全液压传动，因其行走机构采用机械传动方式。一般情况下，对液压挖掘机，其工作装置及回转装置必须是液压传动，只有行走机构可为液压传动，也可为机械传动。

液压挖掘机的动臂有铰接式和伸缩式两种。回转装置也有全回转和非全回转之分。行走装置根据结构的不同，又可分为履带式、轮胎式、汽车式和悬挂式、自行式和拖式等。

A 液压反铲挖掘机的组成和工作原理

液压挖掘机的工作原理与机械式挖掘机工作原理基本相同。液压挖掘机可带正铲、反铲、抓斗或起重等工作装置。

图3-2所示为液压反铲挖掘机结构示意图，它由工作装置、回转装置和运行装置三大部分组成。液压反铲工作装置的结构组成是：下动臂3和上动臂5铰接，用辅助油缸11来控制两者之间的夹角。依靠下动臂油缸4，使动臂绕其下支点12进行升降运动。依靠斗柄油缸6，可使斗柄8绕其与动臂上的铰接点摆动。同样，借助转斗油缸7，可使铲斗绕着它与斗柄的铰接点转动。操纵控制阀，就可使各构件在油缸的作用下，产生所需要的各种运动状态和运动轨迹。特别是可用工作装置支撑起机身前部，以便机器维修。

反铲挖掘机的工作原理如图3-3所示。工作开始时，机器转向挖掘工作面，同时，动臂油缸的连杆腔进油，动臂下降，铲斗落至工作面（见图3-3中位置Ⅲ）。然后，铲斗油缸和斗柄油缸顺序工作，两油缸的活塞腔进油，活塞的连杆外伸，进行挖掘和装载（如从位置Ⅲ到Ⅰ)。铲斗装满后（在位置Ⅱ）这两个油缸关闭，动臂油缸关闭，动臂油缸就反向进油，使动臂提升，随之反向接通回转油马达，铲斗就转至卸载地点，斗柄油缸和铲斗油缸反向进油，铲斗卸载。卸载完毕后，回转油马达正向接通，上部平台回转，工作装置转回挖掘位置，开始第二个工作循环。

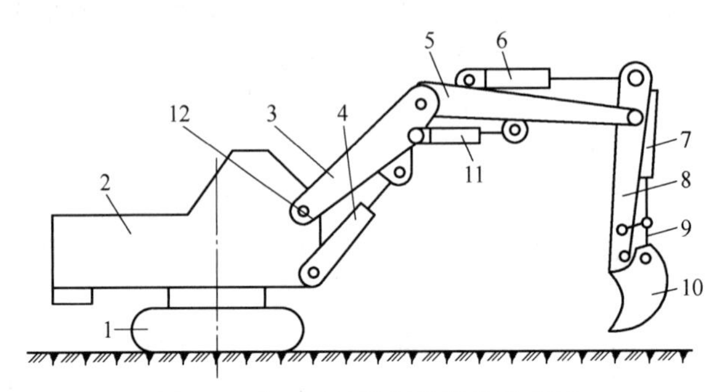

图 3-2　液压反铲挖掘机结构示意图

1—履带装置；2—上部平台；3—下动臂；4—下动臂油缸；5—上动臂；6—斗柄油缸；7—转斗油缸；8—斗柄；9—连杆；10—反铲斗；11—辅助油缸；12—下支点

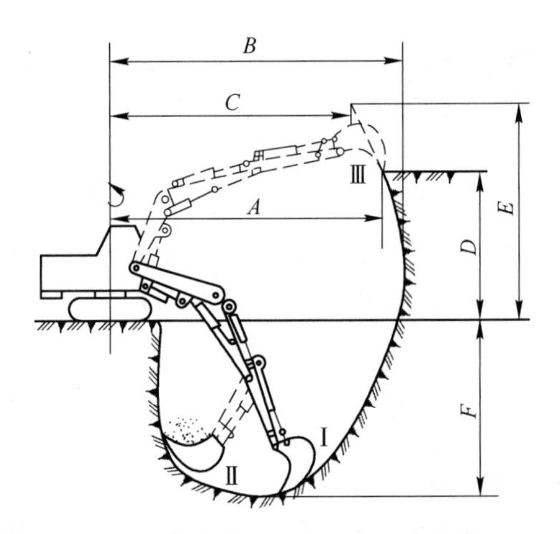

图 3-3　液压反铲装置工作示意图

A—标准挖掘高度工作半径；*B*—最大挖掘半径；*C*—最大挖掘高度工作半径；*D*—标准最大挖掘高度；*E*—最大挖掘高度；*F*—最大挖掘深度

B　液压正铲挖掘机的组成和工作原理

液压正铲挖掘机的基本组成和工作过程与反铲式挖掘机相同。在中小型液压挖掘机中，正铲装置与反铲装置往往可以通用，它们的区别仅仅在于铲斗的安装方向，正铲挖掘机用于挖掘停机面以上的土壤，故以最大挖掘半径和最大挖掘高度为主要尺寸。它的工作面较大，挖掘工作要求铲斗有一定的转角。另外，在工作时受整机的稳定性影响较大，所以正铲挖掘机常用斗柄油缸进行挖掘。正铲铲斗采用斗底开启卸土方式，用油缸实现其开闭动作，这样，可以增加卸载高度和节省卸载时间。正铲中，动臂参加运动，斗柄无推压运动，切削土壤厚度主要用转斗油缸来控制和调节。液压正铲挖掘机的结构如图 3-4 所示。

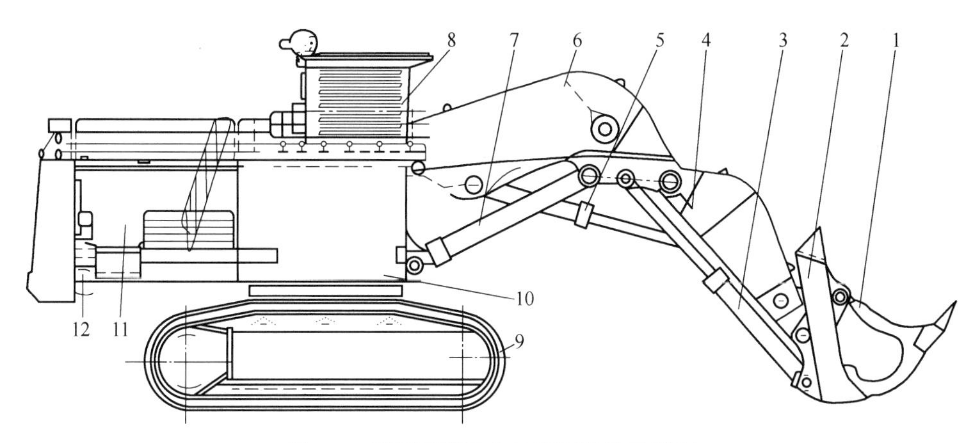

图 3-4 液压正铲单斗挖掘机结构示意图

1—铲斗；2—铲斗托架；3—转斗油缸；4—斗臂；5—斗臂油缸；6—大臂；
7—大臂油缸；8—司机室；9—履带；10—回转台；11—机棚；12—配重

3.1.5 斗轮挖掘机

斗轮挖掘机是多斗挖掘机的典型机型，它是以多个铲斗在动臂端部转轮上作圆周运动而连续挖掘岩土的多斗挖掘机，主要用于以上挖方式进行剥离和采矿作业、掘进堑沟、向排土场排卸岩土或向运输设备装载岩土。可在环境温度为-40℃的情况下挖掘较软和中硬岩土或褐煤（中硬以上矿岩需爆破预松动）；可进行选别回采。斗轮挖掘机与单斗式挖掘机比较具有以下优点：挖掘效率高 1.5~2.5 倍，动力消耗节省 30%~40%（斗轮挖掘机为 0.3~0.5kW/m^3，单斗式为 0.5~0.7kW/m^3），机器质量轻 30%~50%，但不适于挖掘坚硬矿岩，结构复杂，初期设备投资大。

斗轮挖掘机按用途分为采矿型、建筑型和取料型。按生产能力分为小型、中型、大型、特大型和巨型 5 类。小型的生产能力为 60~1000m^3/h，斗轮驱动功率和总功率分别为 60~160kW 和 145~360kW，机重为 17~150t；中型的生产能力为 1000~2500m^3/h，斗轮驱动功率和总功率分别为 160~500kW 和 360~3300kW，机重为 150~850t；大型的生产能力为 2500~5000m^3/h，斗轮驱动功率和总功率分别为 500~1000kW 和 3300~4000kW，机重为 850~2200t；特大型的生产能力为 5000~10000m^3/h，斗轮驱动功率和总功率分别为 1000~1900kW 和 4000~8500kW，机重为 2200~7500t；巨型的生产能力为 10000~20000m^3/h，斗轮驱动功率和总功率分别为 1900~9200kW 和 8500~16500kW，机重为 8000~14000t。按卸料装置分为悬臂式和连接桥式。

斗轮挖掘机由工作装置、排料输送机、回转平台、行走装置、动力和控制系统组成，如图 3-4 所示。工作装置由铲斗、斗轮、卸料板、斗轮臂架及受料带式输送机组成。铲斗有挖掘坚硬物料的封底结构和挖掘湿料的环链结构两种，斗容为 0.02~6.3m^3。一般为 6~12 个，挖掘硬岩时为 16~18 个。斗轮直径 2~21.6m，安装在臂架前端部由电动机或液压马达驱动，铲斗挖掘机的岩土从侧面或后端部卸到受料输送机上（见图 3-4）。斗轮臂架的另一端铰接在回转平台上，自身平衡，内部设有受料带式输送机，由专用提升机或液压缸驱动升降。回转平台由支撑装置、回转传动装置、平台和司机室组成。支撑装置为滚珠或滚柱轴承，平台由立式电动机经减速器小齿轮与装在行走车架上的回转盘上大齿圈啮合驱动 360°全回转。行走装置主要为履带式，有双履带和多履带结构，多履带式采用三组三支点布置，用改变履带组的运行方向实现转向。履带式行走速度为 0.3~0.5km/h。小型斗轮掘沟机有轮胎式，斗轮堆取料机多采用轨轮式。

挖掘机工作时，斗轮转动，斗轮臂架沿水平方向运动，铲斗自下向上挖掘，并向前推进实现分层挖掘；装满岩土的铲斗转到上部，岩土靠自重或惯性力卸到受料胶带输送机上，经平台上的料斗落入卸料带式运输机上，从机尾卸下。挖掘方式分端部工作面、侧向工作面、半侧向工作面 3 种。铲料切片有垂直和水平两种，挖掘高度和深度一般为斗轮直径的 0.35~0.75 倍。切片厚度一般为斗轮直径的 0.05~0.10 倍。

斗轮挖掘（取料）机主要技术性能参数见表 3-12。

表 3-12　常见斗轮式挖掘（取料）机的主要技术性能参数

型　号	DZ45	W406	WUD $\frac{400}{700}$	C3100	QLK800	QLK1500	S400	KRU150
单斗容积/m^3	0.1	0.13	0.2	0.8	0.4	0.5	0.4	0.6
铲斗个数/个	6	7	8	12	9	9	10	7
理论生产率/$m^3 \cdot h^{-1}$	150~200	300~400	400~700	3100	800	1500	500~1000	500~800
斗轮转速/$r \cdot min^{-1}$	8	12	5~7.3	60~70	60~70	60~80	60~80	35~65
最大爬坡能力/(°)	6	10	10	6	6	6	6	6
最大挖掘半径/m	5.0	11.5	13.6	19.5	31	37	14.3	11.1
最大挖掘高度/m	4.0	5.2	10	15	11	23	11.1	8.5
最大下挖深度/m	0.12	0.25	0.4	1.0	1.0	0.5	0.6	0.6
运输胶带宽度/mm	500	800	1000	1400	1200	1500	1000	1200
运输胶带速度/$m \cdot s^{-1}$	2.5	2.6	2.5	4.8	2	2	2	2
行走速度/$km \cdot h^{-1}$	1.2	0.6	0.4	0.54	0.36	0.1	0.1	0.15
平均对地比压/MPa	0.1	0.12	0.11	0.11	钢轨	钢轨	0.13	0.13
总功率/kW	68	120	340	1410	300	500	200	290
整机质量/t	22	100	155	560	250	350	195	160
主要生产厂家（公司）	长沙重型机械有限公司	哈尔滨重型机器厂	杭州重型机械有限公司	太原重工股份有限公司	长沙重型机械有限公司	大连重工股份有限公司	德国 O&K 公司	德国 KRUPP 公司

近年来，斗轮挖掘机在我国矿山逐步推广使用，它的生产效率一般较高。斗轮挖掘机的生产率，是指在单位时间内从工作面上挖掘、装载到运输工具或排土场的土壤和矿岩的总体积（按实体体积计算）。

（1）斗轮挖掘机技术生产率的计算：

$$Q_j = Q_L \frac{K_m K_w}{K_s} \tag{3-3}$$

式中　Q_j——斗轮挖掘机技术生产率，m^3/h；

Q_L——斗轮挖掘机理论生产率，m^3/h，按设计值计算；

K_m——铲斗装满系数，其值见表 3-13；

K_w——挖掘条件影响系数，其值见表 3-13；

K_s——物料的松散系数，其值见表 3-13。

（2）斗轮挖掘机实际生产率的计算：

$$Q_s = Q_j K_L \tag{3-4}$$

式中 Q_s——斗轮挖掘机实际生产率，m^3/h；

Q_j——斗轮挖掘机技术生产率，m^3/h；

K_L——斗轮挖掘机利用系数。

K_L 受工作条件、现场组织工作的完善程度等因素影响，一般取 $K_L = 0.70 \sim 0.85$。斗轮挖掘机设备台数的确定方法可参照单斗挖掘机的计算部分。

表 3-13 斗轮挖掘机的铲斗装满系数、挖掘条件影响系数及物料松散系数

被挖掘物料性质	K_m	K_w	K_s
砂、砂土、小块砾石	1.0~1.05	1.0	1.20~1.30
煤、砂质黏土、砾石	1.0~0.95	0.95	1.30~1.40
坚硬砂质黏土岩	0.90	0.80	1.40~1.50
坚硬黏土岩及页岩	0.85	0.70	1.50~1.60
一般爆破的铜、铁矿岩	0.80	0.65	1.60~1.80

3.1.6 索斗铲

索斗铲（见图 3-5）主要用于露天矿土方工程和剥离工作。索斗铲的工作装置与机械铲完全不同，它的铲斗是由一条提升钢绳吊挂在悬臂上，由牵引钢绳和提升钢绳相配合控制其铲装和卸载。挖掘时，提升和牵引钢绳松开，用抛掷的方法将铲斗降到工作面上，然后拉紧牵引钢绳，铲斗沿工作面向机身方向移动，铲取岩石，再拉紧提升钢绳，将装满货载的铲斗向悬臂顶部提起。卸载时，松开牵引钢绳和卸载钢绳，使铲斗重心移动，铲斗向前倾翻而卸载。

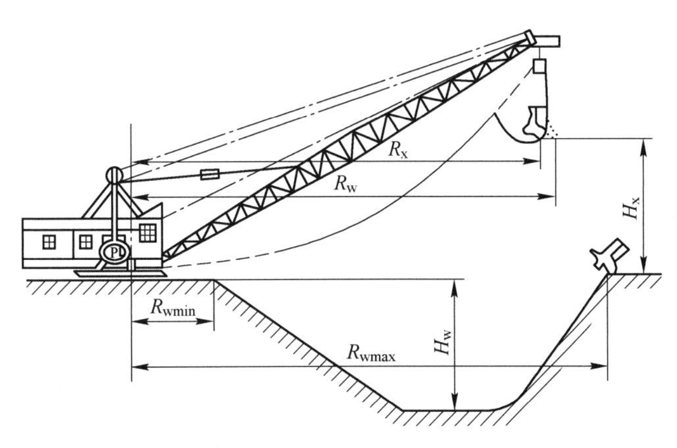

图 3-5 索斗铲主要工作参数

索斗铲通常安置在开采台阶上部平盘上，挖掘它站立水平以下的矿岩。但大型剥离索斗铲也能挖掘它站立水平以上的矿岩。大型索斗铲的工作参数和铲斗容积均较大，国外开采水平矿体时，广泛用于向采空区排弃废石的剥离工作。

中小型索斗铲也可用于装载工作，但与机械铲相比，不适于采装致密和爆破不良的矿岩，工作循环时间长，向运输车辆或受矿漏斗中卸载时对车能力差，生产能力较低。但索斗铲具有深挖的特性，而且多数采用步行式行走机构，对地的单位压力较低，适用于软质矿岩、沼泽泥土、含水砂砾岩石的开采，排土场的捣卸，也可用于窄工作面的掘沟，挖水窝、回收露天矿柱等工作。

索斗铲的主要工作参数如图 3-5 所示。

（1）挖掘半径 R_w，指挖掘时从索斗铲回转中心线到切割边缘的水平距离。它分为不抛掷铲斗的挖掘半径和抛掷铲斗的挖掘半径。抛掷值可达悬臂长度的 1/3。

（2）挖掘深度 H_w，指从索斗铲安置水平到开采坑道底的垂直距离。

（3）卸载半径 R_x，指挖掘时从索斗回转中心线到铲斗的中心线的水平距离。

（4）卸载高度 H_x，指卸载时从索斗铲安置水平到铲斗切割齿缘的垂直距离。

3.1.7　前端式装载机

前端式装载机是以铲斗在轮胎或履带自行式机体前端进行铲装和卸料的装载设备，在矿山中又称前装机。因多数为轮胎行走，一般也称为轮式装载机。在 20 世纪 60 年代，国外就已用于露天矿山。

国产各种系列前端式装载机（前装机）的型号是由拉丁拼音字母组成的。设备型号中各符号所表示的意义如下：

（1）QJ 系列是矿山机械行业标准。其中，Q 代表前端式装载机，J 代表铰接式，短横线后面的数字表示装载机铲斗的额定斗容（m^3）。例如 QJ-5 型，则表示额定斗容为 $5m^3$ 的铰接式矿用装载机。

（2）ZL 系列是工程机械行业标准。其中，Z 代表装载机，L 代表轮胎式，数字则代表其额定载重量的 10 倍（t）。例如 ZL50 型，即表示额定载重量为 5t 的轮胎式工程装载机。

轮胎式前装机有较多的优点，如：行走速度快，工作循环时间短，装载效率高；自重较轻，价格比较便宜，可以减少矿山的设备投资，缩小固定资产比例；爬坡能力强，机动灵活性好，可在挖掘机不允许的斜坡工作面上进行装载作业，尤其是在缺少电力的新建矿山工地也能正常进行工作，从而可加快矿山建设和缩短建设周期；调度方便，一机多能，在采装作业中可有效地进行铲、装、运、推、排和堆积等多项作业；在中小型矿山可取代电铲和汽车；在新开工作面、狭小工作面及其他条件较差的工作面上，也能自如地进行装载作业；爆破后能够自己清理工作面，清理中即可装载，无须其他辅助设备，因此可降低矿山生产的综合费用；轮胎式前装机比挖掘机容易操纵，因而可缩短司机培训时间，同时一台装载机仅需一名司机操作，可以节省人力、物力和财力。但是轮胎式前装机的缺点也较多，如：轮胎式前装机比挖掘机挖掘能力小，当爆破质量不好、大块较多时，其工作效率将明显降低；对于黏性较强的物料需要松动之后方能进行铲装作业和其他辅助工作；与挖掘机相比，前装机的工作机构尺寸较小。由于安全条件的限制，不宜在爆堆较高的工作面作业，台阶高度一般不得超过 12m；前装机的轮胎磨损较快，使用寿命较短。近年来虽然已有加装保护链环或采用垫式履带板等措施，可以减轻轮胎磨损，但轮胎寿命也不过在1500h左右。轮胎费用在生产费用中所占比重仍然很大（40%~50%，甚至高达60%）。

过去，在国外大型露天矿中，前装机主要是用于清理采场工作面、修筑和养护矿山道路等辅助作业，同时也用于清理边坡、混匀矿石、填塞炮孔、清除积雪和排土等，基本上属于辅助设备。但随着前装机的设计和工艺技术水平的提高，近年来前装机在国外一些中小型金属露天矿山已逐渐成为主要装载设备，或同时兼作采装设备和辅助设备。

轮胎式、履带式两种前装机各有其特点。虽然履带式前装机的牵引力和铲取力较大，越野和爬坡等性能较好，但它速度低、不灵活，转移作业地点有时需要拖车；施工成本较高。因此，露天矿山很少采用履带式前装机，世界各国矿山使用最普遍的是轮胎式装载机，所以其生产数量也很多。

图3-6为我国生产的ZL系列露天前端式装载机。它主要由柴油发动机、液力变矩器、行星变速箱、驾驶室、车架、前后桥、转向铰接装置、车轮和工作机构等部件组成。它采用了液力机械传动系统，动力从柴油机经液力变矩器、行星变速箱、前后传动轴、前后桥和轮边减速器而驱动车轮前进。

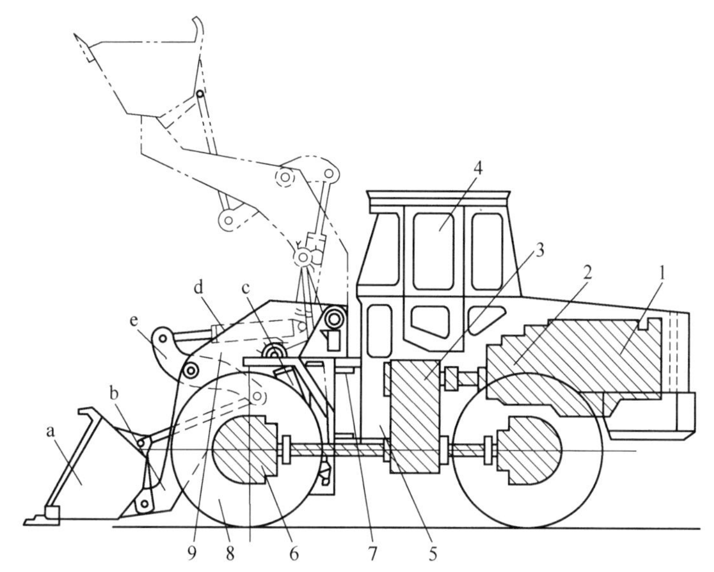

图3-6 ZL系列前端式装载机主要组成

1—柴油发动机；2—液力变矩器；3—行星变速箱；4—驾驶室；5—车架；
6—前后桥；7—转向铰接装置；8—车轮；9—工作机构；
a—铲斗；b—动臂；c—举升油缸；d—转斗油缸；e—转斗杆件

国内生产装载机的厂家较多，类型品种也很多，常见ZL系列轮胎式装载机主要技术性能参见表3-14。

表3-14 ZL系列国产轮胎式装载机的主要技术性能参数

型号	ZL50C-Ⅱ	ZL50F	ZL50C	ZL40B	ZL30G	ZL30F
额定斗容/m^3	3.0	3.0	2.7	2.0	1.7	1.7
额定载重/t	5	5	5	4	3	3

续表 3-14

型号		ZL50C-Ⅱ	ZL50F	ZL50C	ZL40B	ZL30G	ZL30F
操作质量/t		16.2	16.5	16.2	13.5	10.2	9.5
最大掘起力/kN		154	172	150	134	103	103
最大牵引力/kN		135	135	118	107.8	85	90
最大爬坡能力/(°)		25	25	25	25	25	25
铲斗提升时间/s		5.4	5.4	7	6.5	5	5.2
铲斗下降时间/s		3.43	3.3	3.6	3.8	3.34	3.48
铲斗前倾时间/s		1.2	1.2	1.3	1.3	1.54	1.61
发动机	型号	WD61567G3-28	WD61567G3-28	WD61567G3-28,6130BG27	T6130G1B	6110/125G5-14	TD226B-6
	额定功率/kW	162	162	162	125	88	92
	转速/$r \cdot min^{-1}$	2200	2200	2200	2000	2400	2300
	形式	6缸直列水冷	6缸直列水冷	6缸直列水冷	6缸直列水冷	6缸直列水冷	6缸直列水冷
传统系统	变矩器形式	单级、四元件	单级、四元件	单级、四元件	单级、四元件	单级、三元件	单级、三元件
	变速箱形式	行星式动力换挡	行星式动力换挡	行星式动力换挡	行星式动力换挡	定轴电控换挡	定轴动力换挡
	挡位	前2后1	前2后1	前2后1	前2后1	前3后3	前3后3
	最高车速/$km \cdot h^{-1}$	35	35	35	35	34.5	35
转向系统	形式	负荷传感转向	同轴流量放大	全液压转向	全液压转向	负荷传感转向优先顺序卸荷	负荷传感转向
	转向角/(°)	35	35	35	35	35	35
工作液压系统压力/MPa		16	18	16	16	16	16
行车制动		气推油钳盘	气推油钳盘	气推油钳盘	气推油钳盘	气推油钳盘	气推油钳盘
停车制动		断气操纵蹄式	断气操纵蹄式	断气操纵蹄式	断气操纵蹄式	断气操纵蹄式	机械
紧急制动		断气操纵蹄式	断气操纵蹄式	断气操纵蹄式	断气操纵蹄式	机械	机械
电压/V		24	24	24	24	24	24

3.2 装载机械铲的工作方式

装载机械铲的工作方式有如下几种：

(1) 侧面平装车，向布置在挖掘机所在水平的铁路车辆或自卸汽车装载［见图 3-7 (b) (c)］。

(2) 侧面上装车，向上水平铁路车辆或自卸汽车装载［见图 3-7 (d)］。

(3) 端工作面尽头式平装车，掘沟时，挖掘机在掘沟工作面前端向沟内车辆装载［见图 3-7 (e)］。

（4）捣堆作业，将矿岩挖掘并进行有序集堆，以便于前端式装载机铲装［见图 3-7（a）］。

运输工具与挖掘机布置在同一水平上的侧装车工作方式，采装条件好，调车方便，挖掘机生产能力较高。上装车方式，司机操作比较困难、挖掘机采装循环时间较长，生产能力较低，但对于铁路运输，用上装车掘沟运输组织简单，列车周转快。尽头式装车，装载条件差，循环时间长，生产能力低，一般用于掘沟、复杂成分矿床选择开采、不规则矿体开采及露天矿最后一个水平的开采。

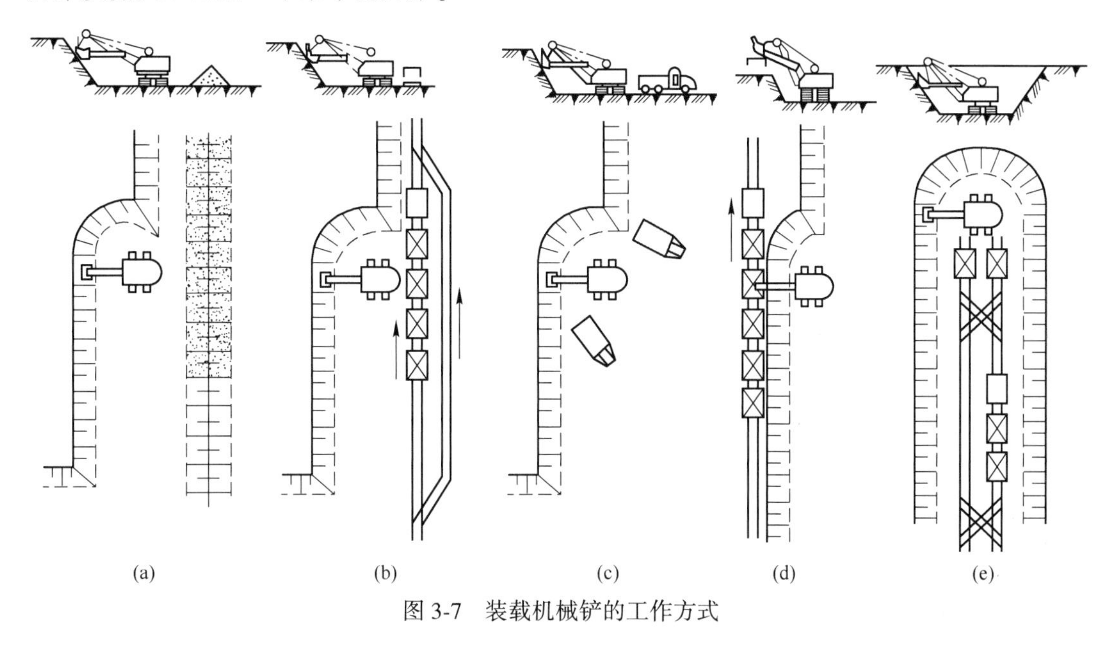

图 3-7　装载机械铲的工作方式

3.3　机械铲工作水平的采掘要素

3.3.1　台阶高度

台阶高度 h 受各种因素的制约，如挖掘机的工作参数、矿床的埋藏条件、采用的爆破方法、矿床的开采强度、运输条件等。

3.3.1.1　挖掘机的工作参数对台阶高度的影响

由于挖掘机直接在台阶下挖掘矿岩，台阶的高度既要保证作业安全，又要能提高挖掘机的工作效率。

A　平装车时的台阶高度

当挖掘不需预先爆破的矿岩时［见图 3-8（b）］，为了安全，台阶高度一般不大于机械铲的最大挖掘高度。若超过最大挖掘高度，上部悬空的矿岩突然塌落，会造成局部埋住或砸坏挖掘机，以致危及作业人员的安全。

挖掘坚硬矿岩爆堆时（见图 3-9），爆堆高度应与挖掘机工作参数相适应，爆破后的爆堆高度 H_b 不大于最大挖掘高度 H_{wm}，即

$$H_b \leqslant H_{wm} \tag{3-5}$$

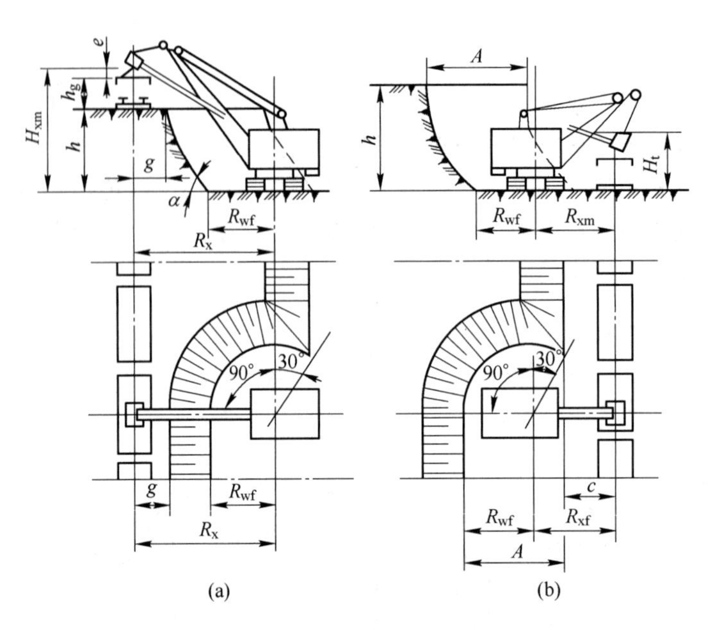

图 3-8　松软土岩的采掘工作面

（a）上装车；（b）平装车

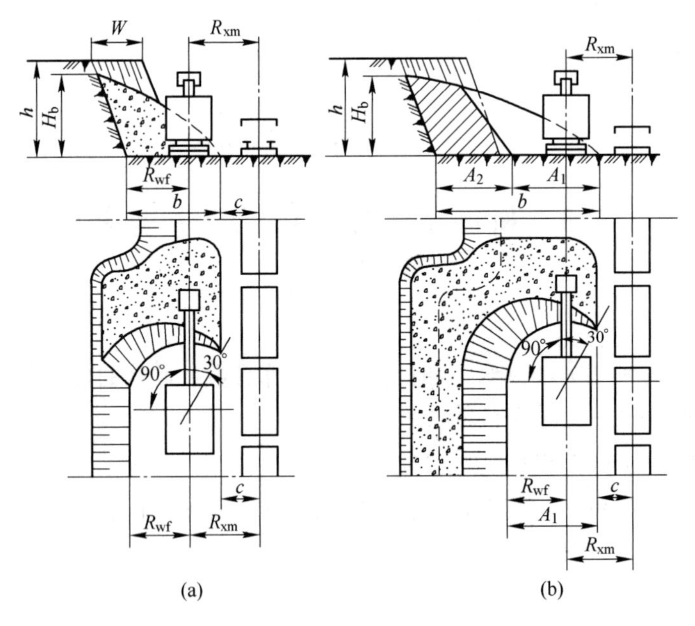

图 3-9　坚硬矿岩的采掘工作面

（a）一爆一采；（b）一爆两采

若爆破的块度不大，没有黏结性，又不需要分别采装时，爆堆高度可允许为最大挖掘高度的 1.2~1.3 倍。

台阶高度也不能过低，否则铲斗铲装不满，挖掘机效率降低，同时台阶数目增多，铁道及管线等铺设与维护工作量增大。因此，松软矿岩的台阶高度 h(m) 和坚硬矿岩的爆堆高度 H_b(m) 都不应低于挖掘机推压轴高度 H_t 的 2/3，即

$$h(\text{或}\ H_b) \geqslant 2/3H_t \tag{3-6}$$

式中 H_t——机械铲推压轴高度，即推压轴距挖掘机站立水平的垂直距离，m。

B 上装车时的台阶高度［见图 3-8 (a)］

为使矿岩能顺利装入运输设备内，台阶高度应同时满足下列两个条件：

$$h \leqslant H_{xm} - h_g - e \tag{3-7}$$

$$h \leqslant (R_x - R_{wf} - g)\tan\alpha \tag{3-8}$$

式中 H_{xm}——挖掘机最大卸载高度，m；

h_g——台阶上部水平至车辆上缘的高度，m；

e——铲斗卸载时斗底下缘至车辆上缘的间隙，一般 $e \geqslant 0.5 \sim 1.0$m；

R_x——挖掘机最大卸载高度时的卸载半径，m；

R_{wf}——挖掘机站立水平的挖掘半径，m；

g——线路中心至台阶坡顶线的间距，m；

α——台阶坡面角，(°)。

表 3-15 为我国根据挖掘机工作参数对照采用的台阶高度值。

表 3-15 台阶高度参考值

铲斗容积/m³	台阶高度/m
0.2~0.5	≤10
1~2	10~12
3~4	12~13
≥6	14~16

3.3.1.2 *矿床开采强度的影响*

矿床的开采强度与工作线的推进速度和掘沟速度有关，而工作线的推进速度和掘沟速度又受台阶高度的影响，因而台阶高度直接影响矿床的开采强度。所以，台阶高度要结合矿床的开采强度来考虑，如式 (3-9) 所示：

$$h = N_w Q_w/(Lv) \tag{3-9}$$

式中 h——台阶高度，m；

Q_w——挖掘机平均年生产能力，立方米/(台·年)；

N_w——台阶上工作的挖掘机数，台；

v——台阶工作线的推进速度，m/a；

L——台阶的工作线长度，m。

可见台阶高度增加，工作线的推进速度降低，新水平的准备推迟；同时掘沟工程量也随台阶高度的加大而显著增加，使新水平准备时间延长，影响延伸速度。在实践中为加速矿山建设，基建时期采用较小的台阶高度，正常生产时期适当增大台阶高度。

3.3.1.3 *穿爆工作的影响*

增大台阶高度能提高爆破效率，但又增加大块产出率和根底，降低挖掘机的生产能

力。同时，台阶的高度还要考虑穿爆工作的安全。当采用垂直深孔时，台阶高度与底盘抵抗线等的关系如下：

$$h \leqslant \frac{W - e}{\cot\alpha} \tag{3-10}$$

式中　h——台阶高度，m；

W——底盘抵抗线，m；

e——钻孔中心至坡顶线的安全距离，m；

α——台阶坡面角，(°)。

同时，台阶高度还要考虑装药条件。从钻孔的容药能力和所需的装药量来看，有如下关系：

$$hq + PWq - ZWq \geqslant chmW^2$$

$$h \geqslant qW(Z - P)/(q - cmW^2) \tag{3-11}$$

式中　q——每米炮孔长度的装药能力，kg/m；

Z——填塞系数，$Z=0.75 \sim 0.8$；

P——超钻系数，$P=0.1 \sim 0.25$；

c——单位炸药消耗量，kg/m^3；

W——底盘抵抗线，m；

m——深孔密集系数，$m=0.8 \sim 1.0$。

如果采用平行台阶坡面的倾斜孔时，在孔径相同的条件下，可以增大台阶高度；对多裂隙的矿岩，要适当降低台阶高度；采用硐室爆破时，台阶高度不应小于18~20m。

3.3.1.4　运输条件对台阶高度的影响

增大台阶高度，可减小露天矿场台阶总数，简化开拓运输系统，尤其采用铁路运输时，可减少铁道、管线的用量和线路移设、维修工作量。

3.3.1.5　矿石损失贫化对台阶高度的影响

开采矿岩接触带时，矿岩的混杂会增大矿石的损失贫化。在矿体倾角和工作线推进方向一定的条件下，矿岩混合开采的宽度随台阶高度的增加而增加，矿石损失贫化也随之增大，这对于开采品位较低的矿石来说，大面积的矿岩混杂，会大大降低采出矿石的品位。

图3-10是工作线从顶帮向底帮推进的矿岩混杂界限。当台阶高度由 h 增大到 h' 时，混杂宽度由 L 增加到 L'，则矿岩的混杂量增加为：

$$\Delta S = L'h' - Lh \tag{3-12}$$

式中　ΔS——矿岩混合开采的增加量，m^2。

总之，影响台阶高度的因素很多，而这些因素又是互相联系、互相矛盾的，不能片面地以某一个因素来确定台阶高度，要做全面技术经济分析来确定。但采装设备是影响台阶高度的主要因素。对于1~4m^{3}的斗容挖掘机，台阶高度一般在10~12m；机械化程度低采用小型设备的中小矿山，台阶高度小于10m。

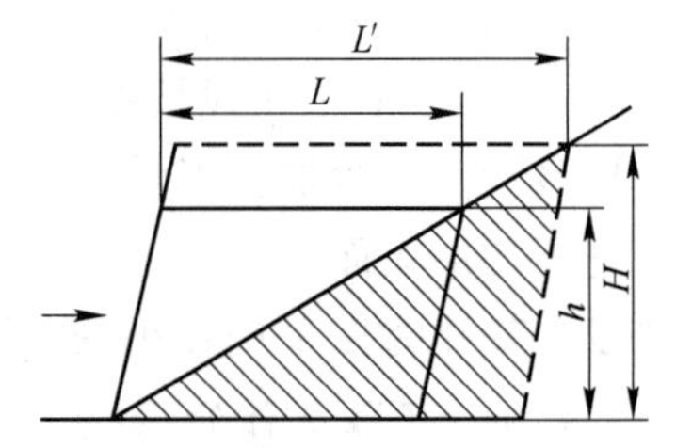

图3-10　台阶高度对矿岩混采界限的影响

3.3.2 采掘带宽度

在进行采剥时，将台阶划分为若干个具有一定宽度的条带，称为采掘带 A。挖掘不需要爆破的松软土岩时，采掘带宽度 A(m) 取决于挖掘机的工作参数（见图 3-10）。为了保证满斗挖掘，提高挖掘机工作效率，采掘带宽度应保持使挖掘机向里侧转角不大于 90°，向外侧回转不大于 30°。其变化范围为：

$$A = (1 \sim 1.5)R_{wf} \tag{3-13}$$

采掘带的宽度是一次挖掘的宽度。采掘带确定过窄，则挖掘机移动频繁，作业时间减少，挖掘机的生产能力降低，同时履带的磨损增加。采掘带确定过宽，则挖掘机的挖掘条件恶化，采掘带边缘满斗程度低，残留矿岩较多，清理工作量大，同样使挖掘机的生产能力降低。当采用铁道运输时，还要考虑装载条件。为了减少移道次数，合理的采掘带宽度为：

$$A = f(R_{wf} + R_{xm}) - c \tag{3-14}$$

式中 R_{wf}——挖掘机站立水平的挖掘半径，m；

R_{xm}——挖掘机最大卸载半径，m；

f——铲杆规格利用系数，f=0.8~0.9；

c——外侧台阶坡底线至线路中心距离，2~3m。

在开采需要爆破的坚硬矿岩时，采掘带分为实体采掘带宽度和挖掘机采掘带宽度。实体采掘带宽度就等于一次爆破的台阶面宽度，它取决于炮孔排间距及一次爆破的炮孔排数。挖掘机采掘带宽度则指挖掘机一次挖掘的爆堆宽度，为了提高挖掘机效率，要求爆堆宽度应与挖掘机工作参数相适应。因此，应合理确定爆破参数、装药量、装药结构、起爆方法等，使控制爆堆宽度为挖掘机采掘宽度的整数倍，即

$$b = \mu A \tag{3-15}$$

式中 b——爆堆宽度，m；

A——挖掘机采掘带平均宽度，m；

μ——整数，一般取 2 或 3。

当台阶为单（双）排孔爆破时，爆堆常采用两种采掘方式，即一爆一采和一爆两采，如图 3-11 所示。

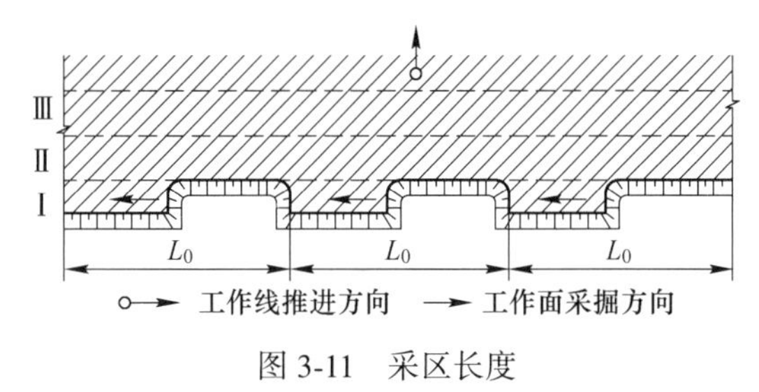

图 3-11 采区长度

若爆堆宽度符合下列条件时，可采用一爆一采的方法。

$$b \leqslant A_1 = f(R_{wf} + R_{xm}) - c \tag{3-16}$$

式中 A_1——挖掘机采掘带宽度，m。

若爆堆宽度超过上述条件时，可采用一爆两采，但爆堆宽度应控制为：

$$b \leqslant f(R_{wf} + R_{xm}) + A_2 - c \tag{3-17}$$

式中　A_2——挖掘机第二采掘带宽度，$A_2=(1\sim1.5)R_{wf}$。

在实际工作中，爆堆宽度往往大于上述公式所限制的数量。因此，爆破后常采用挖掘机或推土机清理工作面，然后进行采装。为了控制爆堆，我国一些露天矿成功应用了多排孔微差挤压爆破的方法，改善了装运条件。

3.3.3　采区长度

采区长度 L（又称挖掘机工作线长度）即划归一台挖掘机采掘的工作台阶的长度（见图 3-11）。采区的长度应根据需要和可能来确定。采区短，则每一台阶的挖掘机工作面多，但采区长度不能过短，应依据穿爆与采装的配合、各水平工作线的长度、矿岩分布及矿石品级变化、台阶的计划开采以及运输方式等条件确定。

为了使穿爆和采装工作密切配合，保证挖掘机正常作业，根据露天矿生产经验，每爆破一次应保证挖掘机有 5~10d 的采装爆破量。为此，常将采区划分为 3 个作业分区，即采装区、待爆区、穿孔区。故采区的最小长度 L_{min}（m）为：

$$L_{min} = \frac{N(5 \sim 10)Q}{q} \tag{3-18}$$

式中　N——作业分区数；

Q——挖掘机日生产能力，m^3/d；

q——单位工作线长度的爆破量，m^3/m。

有时，由于台阶长度的限制，只能分成两个作业分区或一个作业分区。此时应加强穿孔能力，以适应短采区作业的需要。

采区长度的确定，除考虑穿爆与采装工作的配合外，还应满足不同运输方式对采区长度的要求。采用铁路运输时，采区长度一般不小于列车长度 2~3 倍，以适应运输调车的需要。若工作水平只为尽头式运输时，则一个水平上同时工作的挖掘机数不得超过 2 台。若用环形运输时，则同时工作的挖掘机数不超过 3 台。汽车运输时，由于各生产工艺之间配合灵活，采区长度可以缩短，同一水平上工作的挖掘机数可为 2~4 台。

此外，对于矿石需要分采及质量需要中和的露天矿，采区长度可适当增大。中小型露天矿如果开采条件困难，需要加大开采强度时，则采区长度可适当缩短。

表 3-16 是设计部门根据我国露天矿的生产实际提出的采区长度值。

表 3-16　采区长度参考值

挖掘机铲斗容积/m^3	采区长度/m	
	铁路运输	汽车运输
0.2~2	>200	>150
4~6	>450	>300

3.3.4　工作平盘宽度

工作台阶的水平部分称为工作平盘。工作平盘是进行采掘、运输作业的场地。保持一定的工作平盘宽度，是保证上下台阶各采区之间正常进行采剥工作的必要条件。

工作平盘的宽度（B）取决于爆堆宽度、运输设备规格、设备和动力管线的配置方式以及所需的回采矿量。仅按布置采掘运输设备和正常作业必须确定的宽度，称为最小工作平盘宽度，其组成要素如图 3-12 所示。

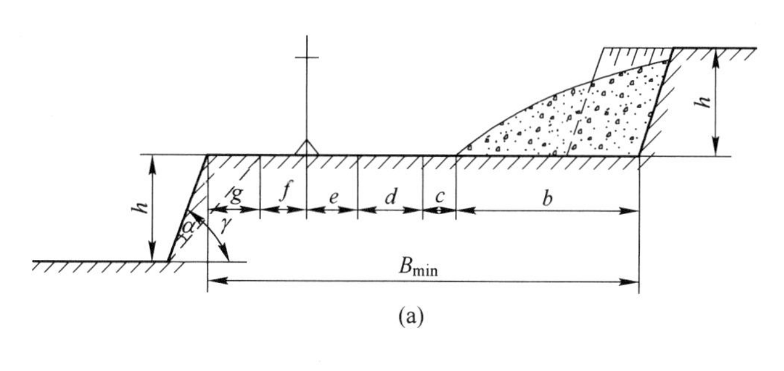

(a)

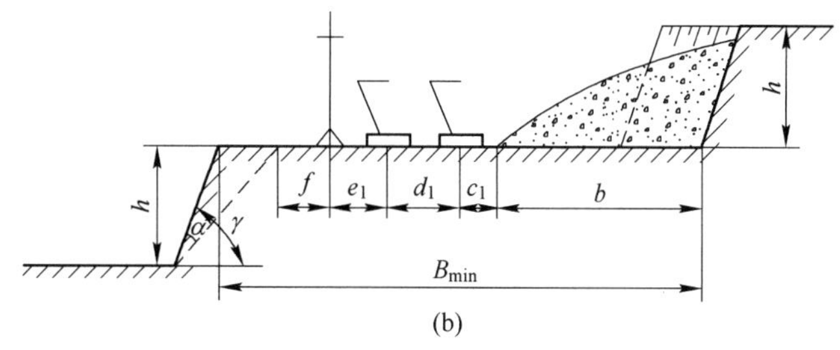

(b)

图 3-12　最小工作平盘宽度

（a）汽车运输；（b）铁路运输

汽车运输最小工作平盘宽度［见图 3-12（a）］为：

$$B_{min} = b + c + d + e + f + g \tag{3-19}$$

式中　B_{min}——最小工作平盘宽度，m；

b——爆堆宽度，m；

c——爆堆坡底线至运输线路的距离，m；

d——汽车运行宽度，与调车方式有关，m；

e——线路外侧至动力电杆的距离，m；

f——动力电杆至台阶稳定边界线的距离，$f=3\sim4$m；

g——安全宽度，m，$g=h(\cot\gamma-\cot\alpha)$；

α——台阶坡面角（°）；

γ——台阶稳定坡面角（°）。

铁路运输最小工作平盘宽度［见图 3-12（b）］等于：

$$B_{min} = b + c_1 + d_1 + e_1 + f + g \tag{3-20}$$

式中　c_1——爆堆坡底线至铁道线路中心线间距，$c_1=2\sim3$m；

d_1——铁道线路中心间距，同向架线时 $d_1 \geqslant 6.5$m，背向架线时 $d_1 \geqslant 8.5$m；

e_1——外侧线路中心至动力电杆间距，$e_1=3$m；

其他符号意义同前。

根据实践经验，最小工作平盘宽度为台阶高度的 3~4 倍（$B_{min}=3\sim4h$）。表 3-17 为我国设计部门推荐采用的单线运输最小平盘宽度值。铁路运输时取上限，汽车运输时取下限。

为了保证矿山持续正常生产，采矿台阶除应有最小工作平盘宽度外，还应有足够的回采矿量。因此，工作平盘的宽度应为最小工作平盘宽度与回采矿量所占的宽度之和。对于剥离台阶，考虑到各台阶推进的不均匀性，其平盘宽度也应大于最小宽度值。工作平盘小于允许的最小宽度时，就意味着正常生产被破坏，它将迫使下部台阶减缓或停止推进，造成矿山减产。

表 3-17　最小工作平盘宽度　　（m）

矿岩坚固性系数	台阶高度			
f	10m	12m	14m	16m
≥12	39～42	44～48	49～53	54～59
6～12	34～39	38～44	42～49	46～54
<6	29～34	32～38	35～42	38～46

3.4　提高挖掘机生产能力

挖掘机的生产能力是反映整个露天矿生产效率的主要技术经济指标。研究挖掘机的生产能力，是为了掌握其影响因素，找出提高生产能力的措施，同时为制定矿山采剥计划或进行新矿设计提供符合实际情况的先进指标。

挖掘机的生产能力是指单位时间内，从工作面采装出的矿岩实方体积（m^3）或质量（t）。根据计算时间的单位不同，可分为班、日、月、年的生产能力。

3.4.1　缩短挖掘机的工作循环时间

挖掘机的工作循环时间，指从铲斗挖掘矿岩至卸载后返回工作准备下一次挖掘所需要的时间，它是由挖掘、重斗向卸载地点回转、下放铲斗对准卸载位置、卸载、空斗转回挖掘地点、下放铲斗准备挖掘等工序组成。在生产实践中常采用部分操作合并的工作方法，即在挖掘机向卸载和挖掘地点回转的同时，完成下放铲斗对准卸载位置和下放铲斗准备挖掘，这样可以减少循环时间。表 3-18 是东鞍山铁矿挖掘循环图表。

表 3-18　东鞍山铁矿挖掘机挖掘循环图表

作业名称	持续时间/s 5　10　15　20　25　30　35　40
挖掘	
抽回铲杆	
向卸载地点转动	
铲斗对位	
卸载	
向工作面转动	
抽回铲杆	
下放铲斗	
平行作业循环时间	
不平行作业循环时间	

挖掘机工作循环时间的长短主要取决于各操作工序的速度、爆破质量、装载条件及工作面准备程度。据统计，挖掘时间占循环时间的20%~30%，两次回转时间占60%~70%，卸载时间占10%~20%。减少每一操作时间，是缩短工作循环时间的关键。

矿岩的爆破质量对挖掘时间有很大影响。图3-13为矿岩块度尺寸与挖掘机挖掘时间的关系。为了减少挖掘循环时间，必须有足够的块度均匀的爆破矿岩，工作面不留根底，不合格的大块要少。此外，应采用合理的工作面采掘顺序，即由外向内，由下向上地采掘，以便增加自由面，减少采掘阻力，加快挖掘过程。不少先进的司机都采用压碴铲取法，即每次铲取矿岩时，铲斗的前壁有20%的宽度重复前一次铲取的轨迹，80%的宽度插入矿堆中，这样就可减少20%的阻力，增加铲取力量和提升速度。

回转操作时间一般占整个循环时间的60%以上。从图3-14可见，旋转角度与回转时间成正比关系，故减少挖掘机回转角对缩短循环时间具有很大意义。汽车运输时采取适当的装车位置，铁路运输时尽量缩小铁路中心线到爆堆底边的距离，都有利于小角度回转装车。此外，利用等车时间，进行工作面的矿岩松动和捣置，把位于工作面内侧的矿岩捣至外侧堆置，也能减少挖掘机的回转角。

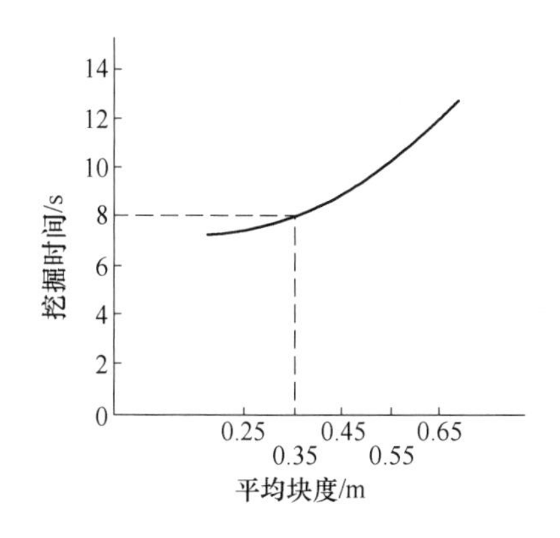

图3-13 矿岩块度尺寸与挖掘机挖掘时间的关系

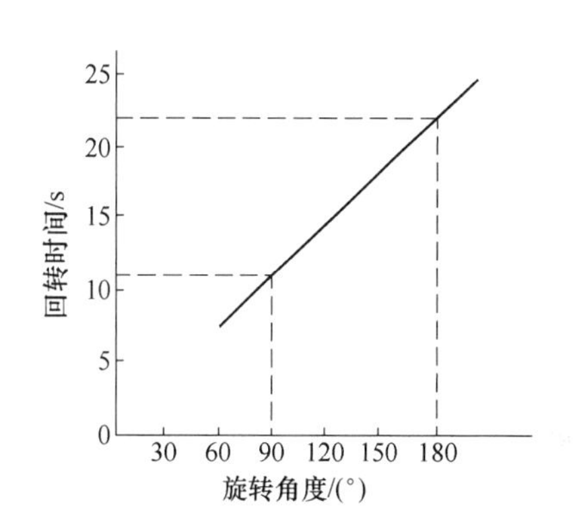

图3-14 装载回转角度与挖掘机回转时间的关系

3.4.2 提高满斗程度

满斗系数，是指铲斗挖入松散矿岩的体积与铲斗容积之比，其大小主要取决于矿岩的物理力学性质、爆破质量、工作面高度以及司机操作技术水平。为使挖掘机正常满斗，必须保证挖掘工作面有足够的高度，一般要求大于挖掘机推压轴高的2/3。还可利用等车时间进行松动，捣置矿岩，挑出不合格大块，也能提高装载时的满斗系数。

3.4.3 保证足够的采装所需的爆破量

足够的爆破量是提高挖掘机工作效率的重要因素。爆破储备量不足会形成穿孔紧张、爆破频繁，挖掘机避炮次数增加，甚至停工待爆，使挖掘机工作时间利用系数降低。因此，合理安排穿爆储量，在生产中是一项经常性的工作。在可能的情况下，可采用高效率的穿孔设备，使用多排孔微差爆破技术，这不仅可减少爆破次数，而且能改善爆破质量，使大块率、根底以及后冲明显减少，同时又能为采装工作提供足够的爆破储量。

为使穿爆和采装的生产能力相适应，需合理确定钻铲比 N_j，即

$$N_j \geqslant Q_w/(L_j P) \tag{3-21}$$

式中　Q_w——挖掘机班生产能力，立方米/(台 · 班)；

L_j——钻机班生产能力，m/(台 · 班)；

P——每米钻孔的爆破矿岩量，m^3/m。

所需钻机如非整数，可以同邻近采区共同使用，但力求减少调动频率。

3.4.4　及时供应空车，提高挖掘机工时利用率

挖掘机工作班的时间利用系数，是指纯挖掘时间与工作班延续时间的比值。纯挖掘时间是扣除了班内发生的等车、交接班、挖掘机移动、设备维护、事故处理等中断时间后的纯挖掘时间。它取决于运输方式、检修工作组织、动力供应、穿爆、采运工艺配合等多方因素。

在生产实践中，等车（即入换及欠车）时间占挖掘机非工作时间的比重很大，是影响挖掘机工作时间利用系数的主要因素。因此，工作时间利用系数可写为：

$$\eta = \eta_1 \eta_2 \tag{3-22}$$

式中　η_1——空车供应率，即因等车而引起的挖掘机工作时间利用系数；

η_2——除供车条件外，由于其他因素的影响而引起的挖掘机工作时间利用系数。

$$\eta_1 = \frac{t_z}{t_z + t_r + t_0} \tag{3-23}$$

式中　t_z——挖掘机装一汽车（或一列车）的时间，min；

t_r——汽车（列车）入换时间，min；

t_0——挖掘机欠车时间，即由于空车未能及时到达而引起挖掘机等车的时间，min。

从式（3-23）可知，要提高空车供应率，就必须缩短列车（汽车）入换时间，减少欠车时间，加大车辆载重量，增加装载时间。然而，一个露天矿的车辆载重量往往是一定的，因此，减少列（汽）车入换时间和欠车时间对提高挖掘机工作时间利用系数就具有重要意义。在汽车运输条件下，保证足够的车辆是发挥挖掘机效率的重要一环。为了不断地向挖掘机供应空车，则车铲比应为：

$$X = \frac{T_g}{T_w} \tag{3-24}$$

式中　T_g——汽车运行周期，min，$T_g = t_z + t_y + t_x + t_d$；

t_z——装车时间，min；

t_y——往返运行时间，min；

t_x——卸载时间，min；

t_d——汽车等待、停歇及入换时间，min；

T_w——挖掘机装车周期，min。

而
$$T_w = t_z + t_r + t_0$$

式中　t_z——挖掘机装一汽车（或一列车）的时间，min；

t_r——汽车（列车）入换时间，min；

t_0——挖掘机欠车时间，即由于空车未能及时到达而引起挖掘机等车的时间，min。

在生产中，汽车运输一般采用定铲配车制，故合理的车铲比应分采区分别确定。值得注意的是，式（3-24）为理论车铲比，而在生产实际中，因汽车故障较多，出勤率较低。为使挖掘机有效作业，车铲比还应考虑足够的备用量。

综上所述，合理地确定车铲比，加强运输工作组织和调度，加快列（汽）车在工作平盘上的入换，是保证较高的空车供应率，提高挖掘机工时利用系数的重要措施。

3.4.5 加强设备维修，提高设备出勤率

正确使用设备和维修设备，使设备经常保持完好状态，是提高挖掘机工作时间利用系数的一个重要方面。设备的技术状况好坏，关键在于维修。挖掘机的维护检修，包括定期的计划预防检修，日常维护和临时故障修理；平时对设备要勤检查、勤维护和勤调整；认真执行计划检修制度。

以上叙述了与提高挖掘机生产能力有关的几个主要技术问题，着重分析了穿爆、采掘及运输几个主要生产环节的影响。然而在生产实际中，还有更多方面的因素。如风、水、电线路的移设，工作面的清理及排土，卸矿能力等，均对挖掘机生产能力有效大影响。

综上所述，挖掘机生产能力是反映露天矿生产的一项综合指标，它受多方面因素的影响。在设计新矿山时，要对各影响因素做细致分析，才能确定出符合实际情况的合理指标。

3.5 采装作业安全

采装作业安全包括以下内容。

3.5.1 铲装作业安全规定

（1）铲装工作开始前应确认作业环境安全。

（2）铲装设备工作前应发出警告信号，无关人员应远离设备。

（3）铲装设备工作时其平衡装置与台阶坡底的水平距离不小于1m。

（4）铲装设备工作应遵守下列规定：悬臂和铲斗及工作面附近不应有人员停留；铲斗不应从车辆驾驶室上方通过；人员不应在司机室踏板上或有落石危险的地方停留；不应调整电铲起重臂。

（5）多台铲装设备在同一平台上作业时，铲装设备间距应符合下列规定：汽车运输不小于设备最大工作半径的3倍，且不小于50m；铁路运输不小于2列车的长度。

（6）上、下台阶同时作业时，上部台阶的铲装设备应超前下部台阶铲装设备；超前距离不小于铲装设备最大工作半径的3倍，且不小于50m。

（7）铲装时铲斗不应压、碰运输设备；铲斗卸载时，铲斗下沿与运输设备上沿高差不大于0.5m；不应用铲斗处理车厢黏结物。

（8）发现悬浮岩块或崩塌征兆时，应立即停止铲装作业，并将设备转移至安全地带。

（9）铲装设备穿过铁路、电缆线路或者风水管路时，应采取安全防护措施保护电缆、风水管和铁路设施。

（10）铲装设备行走应遵守下列规定：应在作业平台的稳定范围内行走；上、下坡时铲斗应下放并与地面保持适当距离。

3.5.2　液压挖掘机行走和升降段推荐遵守下列规定

（1）行走前应检查行走机构及制动系统。

（2）应根据不同的台阶高度、坡面角，使挖掘机的行走路线与坡底线和坡顶线保持一定的安全距离。

（3）液压挖掘机应在平整、坚实的台阶上行走，当道路松软或含水有沉陷危险时，必须采取安全措施。

（4）液压挖掘机从一个台阶移动到另一个台阶或行走距离超过300m时，必须设专人指挥；行走时主动轴应在后，悬臂对正行走中心，及时调整方向，严禁原地大角度扭车。

（5）液压挖掘机从一个台阶移动到另一个台阶之前应预先采取防止下滑的措施。爬坡时，液压挖掘机不得超过其规定的最大允许坡度。

3.5.3　其他安全规定

（1）暴雨期间，遇有水淹和片帮时，应及时将液压挖掘机开到安全地带，并向矿调度室报告。

（2）采场铲装矿石和废石时，若无防尘措施，铲装作业的粉尘浓度为10～40mg/m^3，对铲装作业过程中扬尘最有效的防尘措施为喷雾洒水，其次为密闭司机室或采用专门的捕尘装置，采场配活动软管喷洒装置对爆堆进行喷雾洒水抑尘。

（3）岗位操作人员需佩戴防护耳罩、耳塞等防护用具，以减轻噪声对人体的危害。

复习思考题

3-1　露天矿常用采装设备有哪些？

3-2　如何确定露天矿采装设备的类型及数量？

3-3　机械铲工作水平的采掘要素有哪些？

3-4　如何确定台阶高度？

3-5　采掘带宽度怎样确定？

3-6　采区长度怎样确定？

3-7　工作平盘宽度是怎样确定的？

3-8　提高挖掘机生产能力的措施有哪些？

3-9　某露天铁矿拟采用WP-4（长）挖掘机采装矿岩，设计工作台阶坡面角为70°，使用铁路机车运输，车辆高度3.4m，采用上装车，线路中心至台阶坡顶线的间距为3.5m，挖掘机在最大卸载高度时的卸载半径为16.8m，挖掘机站立水平的挖掘半径为8m。试计算合理的台阶高度。

3-10　已知某石灰岩露天开采矿山，矿岩中等稳固，f=8～10。设计矿石生产规模为600万吨/a，矿石密度2.7t/m^3，废石剥离量极少。采场内可同时生产3个台阶，工作线总长可达1600～1800m。拟采用中深孔爆破落矿，挖掘机铲装矿石，自卸汽车运输（工作台阶坡面角拟定为65°～70°）。

（1）确定矿山挖掘机及穿孔设备型号；

（2）确定矿山挖掘机、穿孔设备台套；

（3）确定工作面采掘参数；

（4）绘制开采工艺（工作面布置）平、剖面图。

4 露天矿运输

运输是露天矿生产过程的主要环节。露天矿运输工作的任务是将采场采出的矿石运送至选矿厂、破碎站或贮矿场；把剥离的土岩运送到排土场；将生产过程中所需的人员、设备和材料运送到作业地点。完成上述任务的运输网络，构成露天矿运输系统。

运输工作在露天矿各生产环节中起着“动脉”和“纽带”作用。露天矿运输的基建投资、运输成本在矿山总投资和矿石总成本中，都占有很大比重。在倾斜和急倾斜矿床开采中，深部开采的运输条件显著恶化，运输成本急剧增加。据国外有关矿山的统计资料，采深每增加100m，运输费用增加50%~100%。因此，正确选择运输方式，合理组织运输工作，对提高矿山生产能力、降低矿石成本、提高劳动生产率都有重大意义。

大中型露天矿采用的运输方式有：自卸汽车运输、铁路运输、带式运输机运输、提升机运输、自重运输、联合运输（汽车-铁路、汽车-胶带、汽车-提升机等）。我国冶金矿山目前广泛应用的运输方式有自卸汽车运输、铁路运输、重力运输等。联合运输在我国的一些大型深露天矿中即将有较大的发展，如大孤山铁矿的深部开采已采用了汽车-胶带的联合运输方式。

自卸汽车运输在国内外获得了广泛的应用，并有继续发展的趋势。西方国家90%以上的金属矿山采用了自卸汽车运输。当前，我国汽车运输的比重也在日益增长。有色金属矿山基本上都采用了自卸汽车运输（如白银厂、德兴、铜录山等矿山）。露天铁矿自卸汽车运输已占铁矿石产量的30%左右，如南芬、水厂南采、大宝山、大冶西采等均用了这种运输方式。

铁路运输在我国仍占有很大的比重，短时还难以被其他运输方式取代。

4.1 自卸汽车运输

20世纪50年代以来，自卸汽车运输在露天开采中得到了日益广泛的应用。它既可作为单一运输方式，又可与其他运输设备组成联合运输方式。汽车运输的优点有：

（1）机动灵活，调运方便，特别适于复杂地形条件和多种矿山的分采；在矿山工程发展上，可优先开采矿体的有利部分和采用组合台阶，加速矿山工程的延伸和推进；便于采用近距离分散排土场以缩短运距和减少排土场占地。

（2）矿床资源许可时，采用重型汽车，可建设年生产能力达 1000×10^4 ~ 2000×10^4t 矿石，甚至更大规模的露天矿山。

（3）爬坡能力强，在高差相同的条件下，汽车运距较铁路短，基建工程量少，建设速度快。

（4）运输组织简单，可简化开采工艺和提高挖掘机效率。

（5）露天矿深度较大时，易于向其他运输方式过渡。

（6）可实行高阶段排土。

自卸汽车运输的缺点有：

（1）吨公里费用高，运距受限，一般运距不超过 2.5~3.0km。

（2）自卸汽车的保养和维修比较复杂，需要设置装备良好的保养、修理基地。

（3）受气候影响较大，在雨季、大雾和冰雪条件下，行车困难。

（4）深凹露天矿采用汽车运输时，会造成坑内的空气污染。

因此，当地形复杂，山高坡陡，走向长度短小，矿体分散和不规则，矿石需分采以及要求加速矿山建设和加大矿山规模条件下，采用自卸汽车是适宜的。

4.1.1　公路构造及其技术要素

露天矿的汽车公路与一般公路及工厂道路不同，它的特点是运距短，行车密度大，传至路面的轴压力大。因此汽车公路应保证：（1）道路坚固，能承受较大荷载；（2）路面平坦而不滑，保证与轮胎有足够的黏着力；（3）不因降雨、冰冻而改变质量；（4）有合理的坡度和曲线半径，以保证行车安全。

露天矿道路按生产性质可分为：固定公路、半固定公路和临时公路。固定公路按行车密度和行车速度可分为三级，对各级公路有不同的技术要求，见表 4-1。

表 4-1　公路线路技术参数

项　　目		单位	公路等级		
			Ⅰ	Ⅱ	Ⅲ
单向行车密度		车/h	>85	85~25	<25
设计行车速度		km/h	40	30	20
最大纵向坡度		%	7	8	9
最大纵坡时的坡段限制长度		m	≤800	≤350	≤250
不同纵坡时的限制坡长	4%~5%	m	700		
	5%~6%		500	600	
	6%~7%		300	400	500
	7%~8%			250（300）	350（400）
	8%~9%			150（170）	200（250）
	9%~10%				100（150）
最小竖曲线半径	凸型	m	750	500	250
	凹型	m	250	200	100
最小平曲线半径	一般自卸汽车，轴距≤4.0m	m	35	20	15
	一般自卸汽车，轴距≤4.8m	m	35	25	20
	100t 电动车自卸汽车	m	50	35	20
最小视距	停车	m	40	30	20
	会车	m	80	60	40
缓和坡段最小长度		m	80	60	40

4.1.1.1 公路的结构

公路的基本结构是路基和路面。它们共同承受行车的作用。路基是路面的基础。行车条件的好坏，不仅取决于路面的质量而且也取决于路基的强度和稳定性。若路基强度不够，会引起路面沉陷而被破坏，从而影响行车速度和汽车磨损。

路基的布置随地形而异，其横断面的基本形式如图 4-1 所示。由图 4-1 可知，路基横断面设计的主要参数有路基宽度、横坡及边坡等，其中路基宽度应包括路面和路肩两部分宽度。

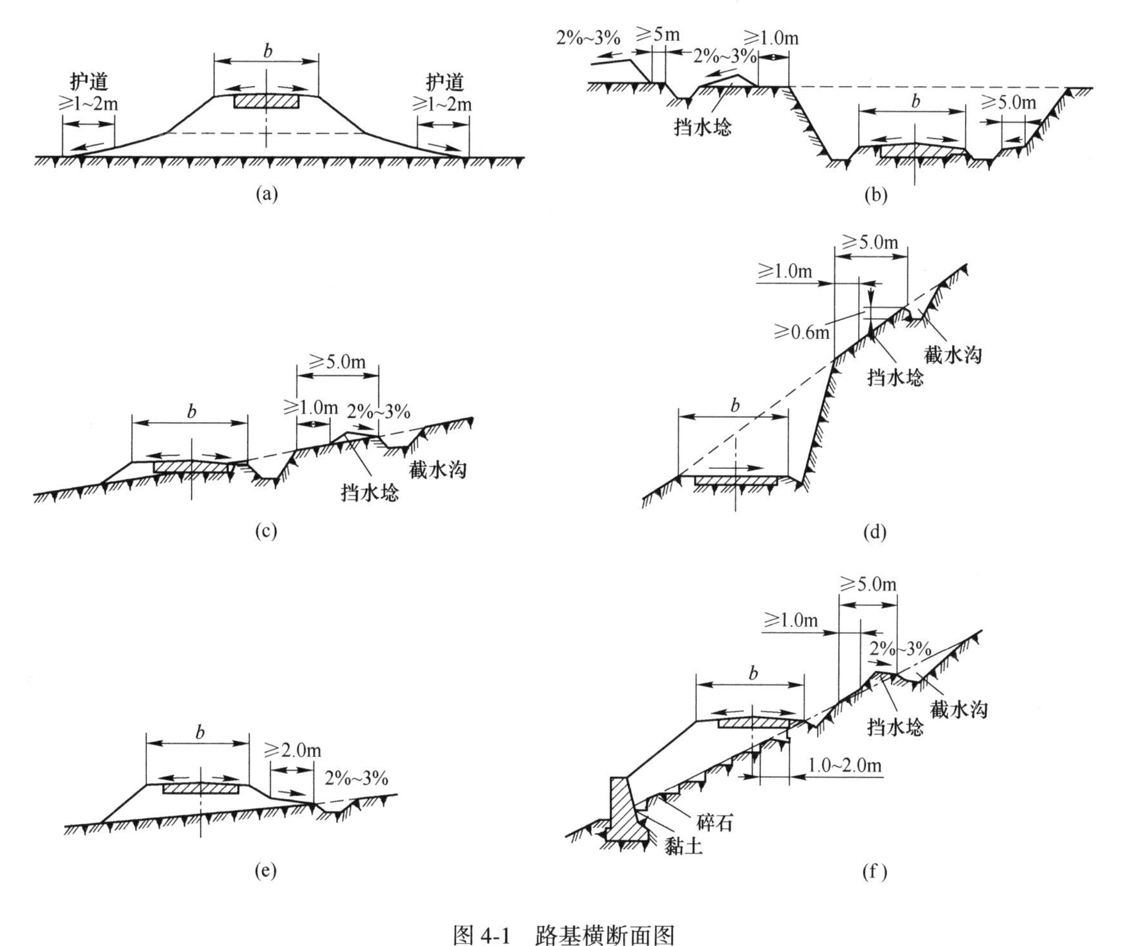

图 4-1 路基横断面图

(a) 填方路基；(b) 挖方路基；(c) 半填半挖山坡路基；(d) 挖方山坡路基；(e) 缓坡路堤；(f) 陡坡路堤

路面宽度取决于汽车宽度、行车密度以及行车速度等，可用公式计算，也可参考表 4-2 选取。

$$b = xA + (x - 1)C + 2n \tag{4-1}$$

式中 b——路面宽度，m；

x——行车线数；

A——汽车宽度，m；

C——两汽车之间互错距离，一般为 0.7~1.7m；

n——后轮外缘距路面边缘的距离 m，一般采用 0.4~1.0m。

表 4-2　露天矿山道路路面宽度　　(m)

车宽类别		一	二	三	四	五	六	七
计算车宽/m		2.3	2.5	3	3.5	4.0	5.0	6.0
双车道	一级	7.0	7.5	9.5	11.0	13.0	15.5	19.0
	二级	6.5	7.0	9.0	10.5	12.0	14.5	18.0
	三级	6.0	6.5	8.0	9.5	11.0	13.5	17.0
单车道	一、二级	4.0	4.5	5.0	6.0	7.0	8.5	10.5
	三级	3.5	4.0	4.5	5.5	6.0	7.5	9.5

注：当实际车宽与计算车宽的差值大于 15cm 时，应按内插法，以 0.5m 为加宽量单位，调整路面的设计宽度。

露天采场内运输平台宽度，应大于表 4-3 中的规定。

表 4-3　采场内运输平台宽度　　(m)

车宽类别		一	二	三	四	五	六	七
运输平台宽度	单线	7.5	8.0	8.5	9.5	11.5	13.5	15.0
	双线	10.0	11.0	12.0	13.5	16.5	19.6	22.5

为便于排水，行车部分表面通常修筑成路拱，路面和路肩都应有一定的横坡。路面横坡一般为 1.0%~4.0%，路肩一般比路面横坡大 1%~2%，在少雨地区可减至 0.5%或与路面横坡相同。

路基边坡坡度取决于土壤种类和填挖高度，必要时应进行边坡稳定性计算。当路堤很高（大于 6m）时，下部路基的边坡应减缓为 1∶1.75。为使路基稳固，还应有排水设施。路面是路基上用坚硬材料铺成的结构层，用以加固行车部分，为汽车通行提供坚固而平整的表面。路面条件的好坏直接影响轮胎的磨损、燃料和润滑材料的消耗、行车安全以及汽车的寿命。

路面一般是由面层、基层和垫层构成。面层又称磨耗层，是路面直接承受车轮和大气因素作用的部分，一般是用强度较高的石料和含有结合料的混合料（如沥青混合料）做成。基层又称承重层，主要承受行车载荷，此层用石料或用结合料处置的土壤铺筑而成。垫层又称辅助基层，其作用是防止或减少不均匀冻胀以及溶冻时发生翻浆和不均匀沿陷，该层是用砾石、砂、炉渣等铺筑，如图 4-2 所示。

路面材料一般应本着就地取材的原则选用。路面的级别应根据矿山规模、汽车类型及道路的使用年限决定。

4.1.1.2　公路设计的技术要素

公路设计包括平面设计和纵断面设计两部分，用平面及纵断面来表示道路在空间的位置。平面是道路中心线在水平面上的投影；纵断面是沿道路中心线所做的铅垂断面。

A　道路平面

道路平面的形状是由直线和曲线组成的。道路平面设计要素有：平曲线、超高、超高

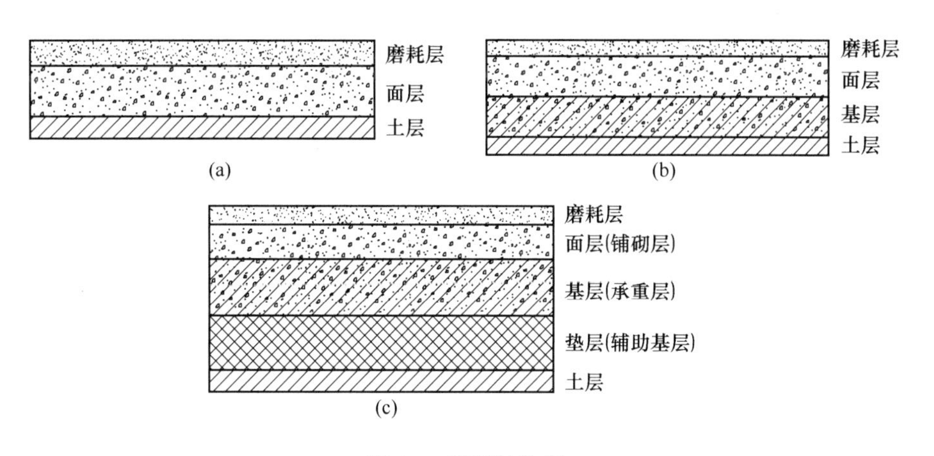

图 4-2　路面结构图

（a）单层式路面；（b）双层式路面；（c）多层式路面

缓和长度、曲线加宽、平面视距、两相邻平曲线的连接错车道等。

各级公路的平曲线半径依据车型、行车速度、路面类型而定，原则上采用较大的半径，当受地形或其他条件限制时，方可采用允许的最小半径。各级公路的平曲线最小半径见表 4-1。

为了克服汽车在曲线上运行时的横向离心力，公路曲线段在半径小于 100m 时，一般要设超高。由于直线行车道部分为双斜坡断面，欲要设置超高，就要求从邻近曲线的直线外侧开始逐渐升高，使双面坡过渡到超高所要求的单向坡面，该坡面称为超高横坡，用以表示曲线超高值。超高横坡按设计车速、曲线半径、路面种类及气候条件等因素考虑，一般规定在 2%~6%之间，最大不超过 10%，如图 4-3 所示。

当汽车沿曲线行驶时，其车轮所占路面的宽度比直线段时增大，增大部分称为加宽，加宽值可按下式计算：

$$e = \frac{L^2}{R} + \frac{0.1v}{\sqrt{R}} \tag{4-2}$$

式中　e——双车道曲线段的加宽值，m；

L——自卸汽车后轴至前保险杠的距离，m；

R——平曲线半径，m；

v——计算行车速度，km/h。

当平曲线半径≤200m 时，为保证行车视距，路面应在曲线内侧加宽（见图 4-4）。加宽应从直线部分或缓和曲线段上逐渐增大至圆曲线。

直线与曲线连接处应设缓和曲线。缓和曲线设置超高时，其加宽缓和长度等于超高缓和长度；不设超高时，其加宽缓和长度为 10m。

两相邻同向平曲线均不设置超高或超高相同时，可直接连接；当所设超高值不同时，两曲线间需按超高横坡差设置超高缓和长度，其长度应插入较大半径的平曲线之内。两相邻反向曲线均不设超高时，中间宜设不小于汽车长度的直线段；在困难条件下可不设，但必须减速运行。

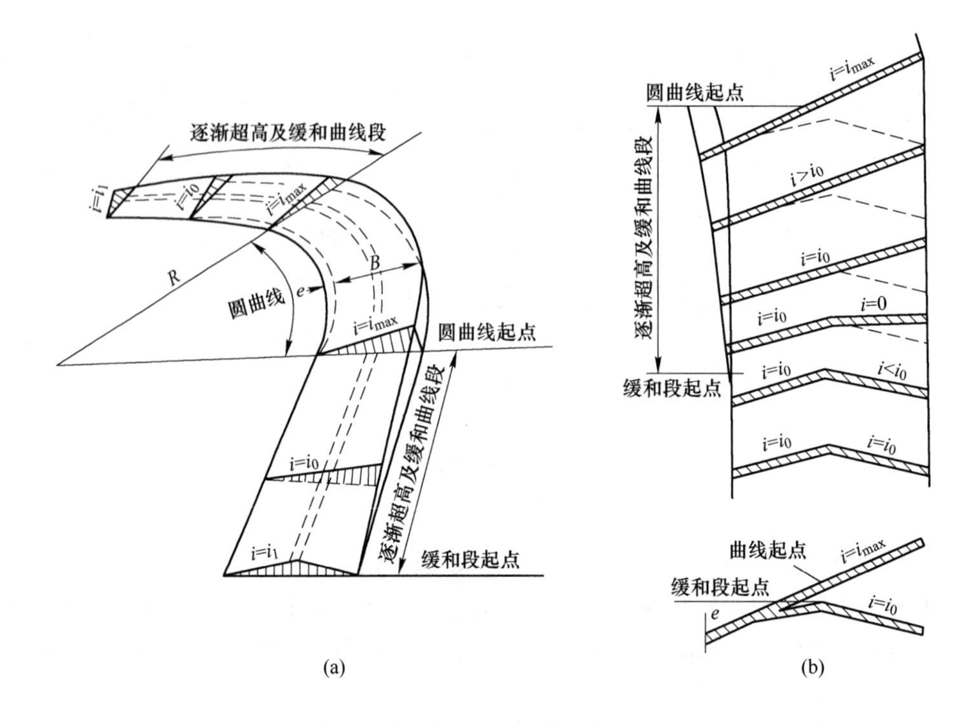

图 4-3　线路超高缓和段的横坡过渡示意图

（a）超高缓和段透视图；（b）超高缓和段上的各横断面

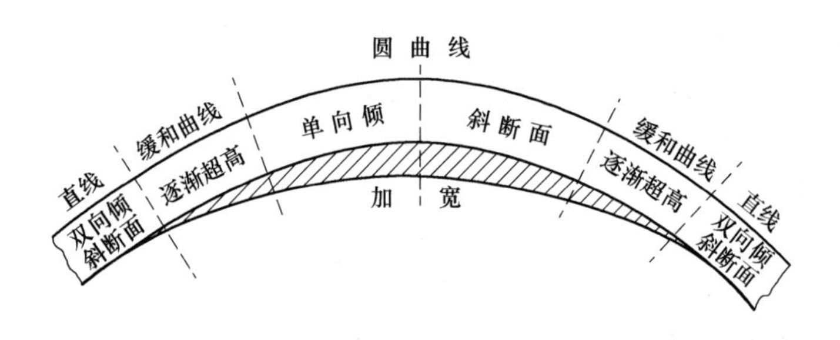

图 4-4　平曲线加宽

B　道路纵断面

道路纵断面是由上坡段、下坡段和平道所组成。为了使道路在垂直面上平滑，不同坡段的交点（换坡点）处用竖曲线连接起来。道路纵断面的主要要素包括最大纵向坡度、竖曲线半径和坡道的限制长度等。

露天矿道路最大允许纵坡，应根据采掘工艺要求、地形条件、道路等级、汽车类型以及空重车运行方向等因素合理确定。在条件允许时，应尽量采用较缓坡度。干线长度超过1km 时，其平均坡度一般不宜大于 5.5%。各级公路最大允许纵坡见表 4-1。

当坡度位于平曲线处时，该坡段的最大纵坡应按平曲线半径之大小进行折减。露天矿道路的平曲线半径，一般在 50m 以下才折减，折减值可参阅有关资料。

为了防止汽车在长大坡段上运行时发动机过热，对坡长应有所限制（见表 4-1）。当坡长超过限制坡长时，应在限制坡段间，插入坡度不大于3%的缓和坡段，其最小长度不应小于40m。

为了使汽车在通过变坡点时减少冲击震动，当公路相邻坡度代数差 Δi 大于和等于2%（凸形变坡点）或3%（凹形变坡点）时，应设置圆形竖曲线。其最小半径不应小于表4-1所列数值。

C 视距

为了行车安全，汽车司机应能看到前方相当距离的道路，以便能及时采取措施，防止撞上前方的车辆或障碍物。汽车在遮蔽地段的弯道上或在坡线急剧转折处时，常会发生视距障碍。因此，在设计线路时，必须有视距要求。视距即汽车司机能看到前方道路或道路上障碍物的最短距离。确定视距的条件是以设计车速运行的汽车能在到达障碍物以前完全停住或绕过障碍物。

视距的组成包括反应距离、制动距离及安全距离。反应距离是从司机看到障碍物到开始刹车经过的反应时间内汽车所运行的距离。制动距离是从汽车开始刹车到完全停止所经过的距离。安全距离是为防止汽车万一到达障碍物前不能停住而考虑的距离。根据上述三段距离的计算，可得到行车视距值。露天矿常用的行车视距为停车视距和会车视距，其最小规定值见表4-1。

D 回头曲线

如图4-5（a）所示，它由主曲线 AB、两条直线 AE 及 BC 和两条辅助曲线 CD 和 EF 组成；在个别情况下，主辅曲线间可不插入直线。若两条辅助曲线的半径和插入直线段的长度相等时，称对称回头曲线［见图4-5（a）(b)］，否则称非对称回头曲线［见图4-5(c)(d)］，其形状可根据地形条件选用。

设计回头曲线时，首先确定各要素：主曲线半径 R、线路转角 α、辅助曲线半径 r 及插入直线长 l。

回头曲线间最窄处的距离 L，即高处和低处路基中心线的最短距离，可根据边坡的实际情况和路基要求决定（见图4-6）。有以下两种情况：

不设挡土墙时［见图4-6（a）］

$$L_1 = b + m + \frac{h}{i_0} \tag{4-3}$$

中间设挡土墙时［见图4-6（b）］

$$L_2 = b + m + a \tag{4-4}$$

式中 L_1，L_2——回头曲线间最窄处的距离，m；

b——公路路基宽度，m；

m——排水沟宽度，m；

h——高处和低处的路面高差，m；

i_0——路基边坡的坡度值，%；

a——挡土墙的厚度，m。

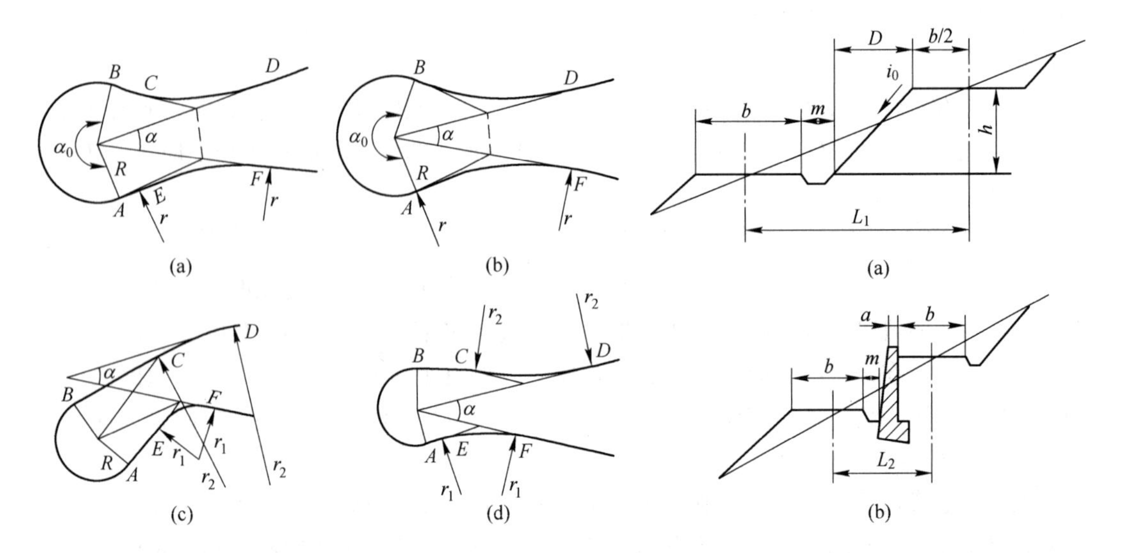

图 4-5　回头曲线平面布置图

(a) 有插入直线段对称回头曲线；(b) 无插入直线段对称回头曲线；(c)(d) 不对称回头曲线

图 4-6　回头曲线最窄处距离 L 计算图

(a) 不设挡土墙时；(b) 中间设挡土墙时

回头曲线的技术要求见表 4-4。

表 4-4　回头曲线技术参数

项　　目		道路等级		
		Ⅰ	Ⅱ	Ⅲ
设计行车速度/km·h^{-1}		25	20	15
主曲线最小半径/m		20	15	15
超高横坡/%		6	6	6
超高缓和长度/m		25	20	15
最大纵坡/%		3.5	4.0	4.5
停车视距/m		25	20	15
会车视距/m		50	40	30
竖曲线最小半径	凸形	400	300	300
	凹形	350	300	250
双车道路面加宽值/m	轴距加前悬/m			
	≤5	2.5	3.0	3.0
	>5~6	3.0	3.5	3.5
	>6~7	3.5	4.0	4.0

4.1.2　矿用自卸汽车

按倾卸方式不同，露天矿山使用的自卸汽车分为后卸式汽车、底卸式汽车和自卸式汽车列车。矿山广泛使用后卸式汽车。

（1）后卸式汽车。后卸式汽车是矿山普遍采用的汽车类型，有双轴式和三轴式两种结构形式（见图4-7）。双轴汽车可以四轮驱动，但通常为后桥驱动，前桥转向。三轴式汽车由两个后桥驱动，它用于特重型汽车或比较小的铰接式汽车。本节主要论述后卸式汽车（以下简称自卸汽车）。

（2）底卸式汽车。可分为双轴式和三轴式两种结构形式。可以采用整体车架，也可采用铰接车架。底卸式汽车使用很少。

（3）自卸式汽车列车。由一个人驾驶两节或两节以上的挂车组。自卸式汽车列车主要由鞍式牵引车和单轴挂车组成。由于它的装卸部分可以分离，所以无需整套的备用设备。美国还生产双挂式和多挂式汽车列车，主车后带多个挂车，每个挂车上都装有独立操纵的发动机和一根驱动轴。重型货车多采用列车形式，运输效率较高。

目前广泛应用的是后卸式自卸汽车，因为后卸式汽车具有高度的灵活性，爬坡能力大，运行速度快，卸载简单而迅速。

矿用自卸汽车根据用途不同，采用不同形式的传动系统。根据传动系统，分为机械传动式、液力机械传动式、静液压传动式和电传动式汽车（又称为电动轮汽车）。

露天矿山使用的自卸汽车，一般为双轴式或三轴式结构（见图4-7）。双轴式可分为单轴驱动和双轴驱动，常用车型多为后轴驱动，前轴转向。三轴式自卸汽车由两个后轴驱动，一般为大型自卸汽车所采用。从其外形看，矿用自卸汽车与一般载重汽车的不同点是驾驶室上面有一个保护棚，它与车厢焊接成一体，可以保护驾驶室和司机不被散落的矿岩砸伤。

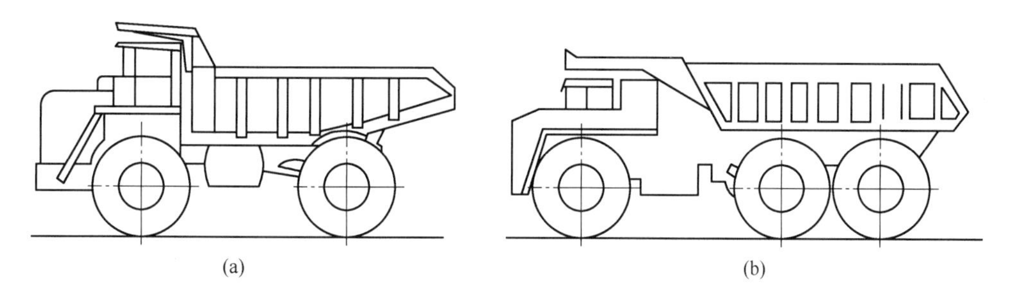

图4-7　自卸载重汽车轴布置示意图
（a）双轴式；（b）三轴式

普通载重自卸汽车的外形结构如图4-8所示，730E型电动轮卡车外形尺寸示意图如图4-9所示。

4.1.2.1　普通矿用自卸汽车

普通自卸汽车是由车厢、内燃发动机和底盘三部分组成。底盘包括传动装置、行走部分、操纵机构和卸载机构等。

汽车传动系统的作用主要是把发动机所发出的扭矩传递给主动轮。目前国内外自卸汽车的传动方式有机械传动、液力传动和电力传动3种。国产15~60t自卸汽车都采用机械传动系统。机械传动系统的工作原理为发动机发出的扭矩经离合器、变速器、万向传动装置、主减速器、差速器和半轴传到主动轮。

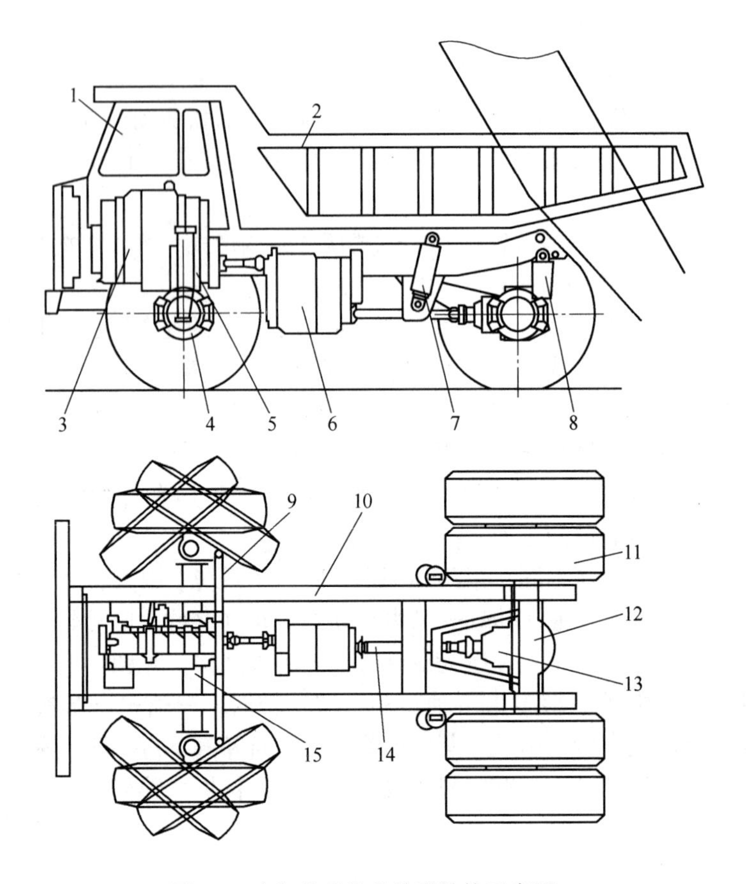

图 4-8　自卸载重汽车外形结构示意图

1—驾驶室；2—货箱；3—发动机；4—制动系统；5—前悬挂；6—传动系统；7—举升缸；8—后悬挂；9—转向系统；10—车架；11—车轮；12—后桥（驱动桥）；13—差速器；14—转动轴；15—前桥（转向桥）

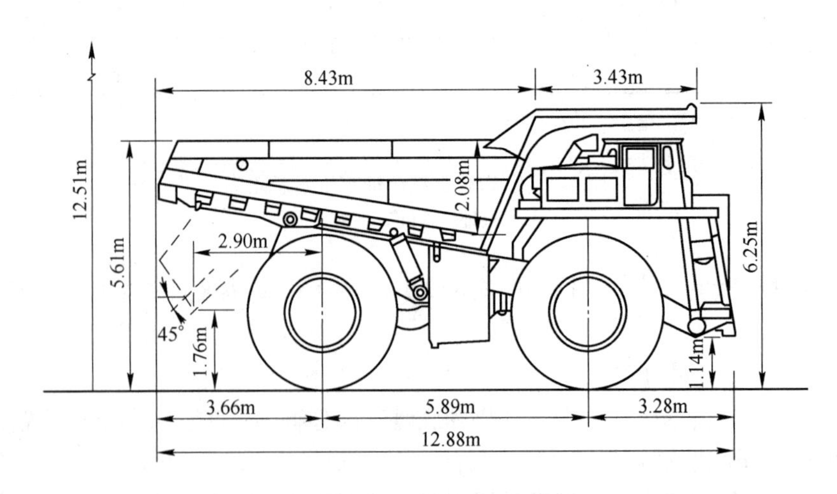

图 4-9　730E 型电动轮卡车外形尺寸示意图

近年来，我国矿用自卸汽车制造业有了较大的发展，已能成批生产 15～154t 自卸汽车和电动轮汽车，但数量还远远满足不了矿山生产的需要，尚需依靠国外进口。

表 4-5 是我国目前冶金矿山使用的部分矿用自卸汽车的技术性能。

表 4-5 部分国产自卸汽车主要技术性能参数

型号		BZQ31470	BZQ31120	BZQ3950	BZQ3770
额定载重量/t		86.2	68	55	45
自重/t		61.22	54.5	40.34	32
发动机	型号	康明斯 KT38-C	康明斯 VTA-28C	康明斯 KTTA-19C	康明斯 KTA-19C
	功率/kW	690		503.6	386
变速箱		Allison DP-8963	Allison DP-8963	AllisonM6600AR	AllisonM5600AR
最大转向角/(°)		39	39	39	39
驱动桥速比（主减/轮边）		3.38/5.53	3.06/5.40	3.06/5.40	
制动器		前后蹄式	蹄式制动气顶油施加	液压控制钳盘式，气控油式	钳盘式，液控
缓行		液力缓行器	变速箱-液力缓行器	液力缓行器	
停车制动		BENDIX 式杠杆操作，压缩空气解除	蹄式制动，弹簧施加，液压解除	制动变速器后端，弹簧制动，液压解除	
车斗容积（2：1 堆装）/m^3		51.3	43.6	23.8	21.0
前轮距/mm		4170	3660	3480	
后轮距/mm		3450	3300	2920	
轴距/mm		4700	4060	4060	
最大爬坡度/%					
最高车速/$km \cdot h^{-1}$		61.5	70.31	56.7	57.3
外形尺寸（长×宽×高）/mm×mm×mm		11.34×5.38×5.26	9.60×4.79×4.78	9.09×4.17×4.36	8.68×3.97×4.28
型号		BZQ3720	BZQ3630	BZQ3390	BZQ3371
额定载重量/t		42	35	25	22
自重/t		30	31.38	22.6	15.6
发动机	型号	康明斯 KTA19-C600	康明斯 KTA-19C	康明斯 NT855-C250	康明斯 NT855-C250
	功率/kW		361.8		183
变速箱		液力机械变速箱	AllisonM5600AR	机械常啮合式	机械常啮合式
最大转向角/(°)		39	39	39	39
驱动桥速比（主减/轮边）		3.416/6.0	—	3.08/4.5	3.08/4.5
制动器		蹄式制动器	前轮干钳盘式，后轮油冷全盘式	鼓式制动	内胀蹄片式
缓行		变速箱-液力缓行器	—	—	—

续表 4-5

型　　号	BZQ3720	BZQ3630	BZQ3390	BZQ3371
停车制动	蹄式制动		双气室放气弹簧作用式	
车斗容积（2∶1 堆装）/m^3	22.5	16.4	13.9	10.7
前轮距/mm	2800		2350	
后轮距/mm	2540		2070	
轴距/mm	4200		3600	
最大爬坡度/%				38
最高车速/km · h^{-1}		57.3		37.52
外形尺寸（长×宽×高）/mm×mm×mm		8.1×3.63×3.94		7.61×2.9×3.14

4.1.2.2　电动轮自卸汽车

采矿工业技术的发展，需要载重大，爬坡能力强、机动灵活、性能完好的运输设备。电动轮自卸汽车就是适应这种要求而发展起来的。当前国外大型露天矿几乎全部采用这种汽车运输，常用的载重量为 100~120t。载重 150t、170t、200t 级的电动轮汽车的应用，也在逐渐增多。我国已试制成功 100t、154t 电动轮汽车。

电动轮汽车即发动机电机传动汽车。电动轮就是安装有直流牵引电动机的驱动轮，其中有一套行星齿轮，构成车轮减速器。其工作原理是：由作为动力源的高速柴油发电机，经挠性连轴器直接驱动一台交流主发电机，将机械能转变为电能，然后经硅整流系统把交流电整流为直流电，再经电控系统控制的电磁接触器馈送至安装在电动轮内的牵引电动机，将电能变成机械能，并通过太阳轮、行星轮、内齿圈组成的轮边减速齿轮系带动车轮运转。汽车利用直流电动机的固有特性变换扭矩（电流）和调节车速（电压），低速时，电动机产生高扭矩；当电动机扭矩减少时速度提高，从而在一定的负荷和坡度下，汽车能自动调速，并在下坡时，能通过动力制动或电阻制动产生很好的制动效果。

电动轮汽车与普通自卸汽车相比有以下主要优点：（1）电动轮汽车采用电传动，结构比较简单，因而维修量较少；（2）牵引性能好，爬坡能力强，速度快，运输效率高；（3）可实现无级调速，因而操作比较简单而且平稳，可以减少发动机、电力传动系统和底盘的震动，从而延长部件寿命，减少维修费用，提高汽车的完好率；（4）可以利用电力反馈的方法进行制动，通过控制发电机转速达到限制发动机超速的目的（而机械传动的汽车在制动时容易使发动机过热、损坏）。这样，既保护发动机，延长大修间隔期，又可使汽车比较安全可靠，特别是在长大坡上行驾时，可减少制动器的负荷，延长制动器的寿命。

此外，电动轮自卸汽车的技术经济效果也比较好，特别是在深凹露天矿中使用更为优越。如美国的伯克利露天铜矿使用 85t 电动轮汽车和 65t 普通自卸汽车相比，设备利用率提高了 18%，运输效率提高了 39%，而运输成本则降低了 38%。

近年来我国也研制了 SF-3100 型 100t、LN-3100 型 108t、MK-36 型 154t 大型电动轮汽车。表 4-6 所示为部分电动轮汽车的技术性能参数。

表 4-6 部分电动轮汽车的技术性能参数

<table>
<tr><td colspan="2">型 号</td><td>MT5500B</td><td>MT4400</td><td>MT3700</td><td>MT3600</td><td>MT3300</td></tr>
<tr><td colspan="2">额定载重/t</td><td>326</td><td>236</td><td>172</td><td>154</td><td>136</td></tr>
<tr><td colspan="2">平/堆装容积/m³</td><td>158/218</td><td>100/144</td><td>101/146</td><td>81/128</td><td>63/87</td></tr>
<tr><td rowspan="4">发动机</td><td>型号</td><td>MTU/DDV4000
QSK60（78）</td><td>QSK60
MTU/DDV4000</td><td>QSK45
MTU/DDV4000</td><td>QSK45
MTU/DDV4000</td><td>QSK45
MTU/DDV4000</td></tr>
<tr><td>冲程</td><td>4</td><td>4</td><td>4</td><td>4</td><td>4</td></tr>
<tr><td>缸数/个</td><td>16，18，20</td><td>16</td><td>12，16</td><td>12，16</td><td>12，16</td></tr>
<tr><td>额定功率/kW</td><td>2014，2723，2445</td><td>1865</td><td>1193，1342</td><td>1193，1342</td><td>1007，1119</td></tr>
<tr><td rowspan="4">制动系统</td><td>前轮</td><td>四钳盘制动/轮</td><td>四钳盘制动/轮</td><td>单盘-三卡钳</td><td>单盘-三卡钳</td><td>单盘-三卡钳</td></tr>
<tr><td>盘直径/mm</td><td>1308</td><td>1168</td><td>1118</td><td>991</td><td>990</td></tr>
<tr><td>后轮</td><td>双钳盘制动/轮</td><td>双钳盘制动/轮</td><td>双盘-一卡钳盘</td><td>双盘-一卡钳盘</td><td>双盘-一卡钳盘</td></tr>
<tr><td>盘直径/mm</td><td>787</td><td>635</td><td>635</td><td>511</td><td>511</td></tr>
<tr><td rowspan="3">悬挂装置</td><td>前悬挂冲击行程/mm</td><td>305</td><td>305</td><td>355</td><td>355</td><td>304</td></tr>
<tr><td>后悬挂冲击行程/mm</td><td>184</td><td>184</td><td>275</td><td>275</td><td>184</td></tr>
<tr><td>后桥摆动度/(°)</td><td>±5.3</td><td>±5.7</td><td>±10</td><td>±10</td><td>±6.5</td></tr>
<tr><td colspan="2">最小转弯半径/m</td><td>16.2</td><td>15.2</td><td>13.6</td><td>13.39</td><td>12.2</td></tr>
<tr><td colspan="2">轮胎型号</td><td>55/80R63 子午胎</td><td>46/90R57 子午胎</td><td>39.00R57 子午胎</td><td>36.00R51 子午胎</td><td>33.00R51 子午胎</td></tr>
<tr><td colspan="2">轮辋规格</td><td>29.00×57</td><td>29.00×57</td><td>27.00×57</td><td>26.00×51</td><td>24.00×51</td></tr>
<tr><td rowspan="4">电传动系统</td><td>主发电机型号</td><td>无电刷交流发电机</td><td>GEGTA26</td><td>GEGTA22</td><td>GEGTA22</td><td>GEGTA25</td></tr>
<tr><td>驱动马达</td><td>AC 轮马达</td><td>GET87</td><td>EG776</td><td>EG776</td><td>EG791</td></tr>
<tr><td>轮边减速器速比</td><td>32：1~42：1</td><td>31.8：1</td><td>28.8：1</td><td>28.8：1</td><td>28.8：1</td></tr>
<tr><td>速度/km·h⁻¹</td><td>40</td><td>30</td><td>34</td><td>34</td><td>33</td></tr>
</table>

4.1.3 汽车选型原则及计算

汽车运输的主要技术参数是汽车载重量和道路的最大纵向坡度，它们对露天矿汽车运输的经济效果有着重要的影响。因此设计时必须充分考虑各方面的因素，进行综合分析加以确定。

4.1.3.1 汽车载重量的确定

影响露天矿自卸汽车选型的因素较多，其中最主要的是矿岩年产量、运距及挖掘机规格。为了充分发挥汽车与挖掘机的综合效率，汽车车厢容量与挖掘机斗容量之比，一般为4~6，最大不超过8。为了充分发挥汽车运输的经济效益，对于年产量大、运距短的矿山，一般应选择载重量大的汽车；反之应选择载重量小的汽车。表 4-7 是露天矿常用自卸汽车适用的年运量范围。表 4-8 是自卸汽车载重量与挖掘机斗容配比表。

表 4-7　常用自卸汽车适用的年运量范围

车宽类型	一	二	三	四	五	六	七	八
计算车宽/m	2.4	2.5	3.0	3.5	4.0	5.0	6.0	7.0
车　型	EQ340	QD351	BJ371	Б540 SH380 35D	50B	W392	SF3100 W3101 120C	MK-36 (常州 154) 170C
载重/t	4.5	7	20	27～32	45	68	100～108	154
年运量/$t \cdot a^{-1}$	$<45\times10^4$	45×10^4～180×10^4	80×10^4～500×10^4	170×10^4～900×10^4	250×10^4～1200×10^4	450×10^4～1800×10^4	750×10^4～3000×10^4	$>3000\times10^4$

表 4-8　自卸汽车载重量与挖掘机斗容配比

汽车载重吨级/t		7	15	20	32	45	60	100	150
挖掘机斗容/m^3		1	2.5	2.5	4	6	6	10	16
装车斗数/斗	物料松散密度 2.2t/m^3	4	3	4	4	4	5	5	5
	物料松散密度 1.8t/m^3	5	4	5	5	5	6	6	6

此外，露天矿自卸汽车设备的选择，还应考虑汽车本身工作可靠、结构合理、技术先进、质量稳定、能耗低等条件以及确保备品备件的供应。当有多种车型可选择时，应综合分析比较，推出最优车型。一个露天矿应尽可能选择同一型号的汽车。

4.1.3.2　运输参数计算

A　载重利用系数 η_1

露天矿自卸汽车载重利用系数一般取 0.9～1.05。当矿岩容重小于 2.7t/m^3 时，可适当减少汽车载重量。

B　每车装载斗数 Z_d

每车装载铲斗次数应以不使自卸汽车的装运量大于它的额定载重量 G_0 为原则，每车装载铲斗次数应符合下式关系：

$$\frac{G_0}{W} \geqslant Z_d \geqslant \frac{V_c}{E_w} \tag{4-5}$$

式中　Z_d——每车装载斗数，个；

G_0——额定载重量，t；

W——铲斗内矿岩质量，t；

V_c——自卸汽车车厢容积，m^3；

E_w——铲斗内矿岩的松散体积，m^3。

铲斗内矿岩质量的计算：

$$W = V_d \frac{K_z}{K_1}\gamma \tag{4-6}$$

式中　V_d——铲斗容积，m^3；

K_z——铲斗装满系数，见表4-9和表4-10；
K_1——矿岩松散系数，见表4-9；
γ——矿岩的实体容重，t/m^3。

表4-9 K_z、K_1 系数值

挖掘机铲斗容积/m^3	系数名称	岩性					
		$f<0.6$	$f=0.8$		$f=1\sim2$		$f=3$
			一般的	黏性的	一般的	黏性的	坚硬岩石
1.0	K_z	1.0	1.1	0.85	1.0	0.85	0.7
	K_1	1.2	1.3	1.3	1.4	1.4	1.5
2.0	K_z	1.0	1.1	1.1	1.1	0.85	0.75
	K_1	1.2	1.3	1.3	1.4	1.4	1.5
4.0	K_z	1.0	1.1	1.1	1.1	0.9	0.8
	K_1	1.2	1.3	1.3	1.4	1.4	1.5

表4-10 挖掘机、装载机和索斗铲的 K_z 值

物料状态	挖掘机	装载机	索斗铲
易于挖掘	0.95~1.0	0.95~1.0	0.95~1.0
中等易于挖掘	0.90~0.95	0.90~0.95	0.90~0.95
难于挖掘	0.80~0.90	0.50~0.55	0.75~0.90
非常难于挖掘	0.70~0.80	不可能	0.60~0.70

铲斗内矿岩松散体积 E_w 的计算：

$$E_w = V_d K_z K_3 \tag{4-7}$$

式中 E_w——铲斗内矿岩的松散体积，m^3；
K_3——松散矿岩在装入自卸汽车过程中被压实的系数，其值等于自卸汽车厢内岩石松散系数与挖掘机铲斗内岩石松散系数之比，软质岩土取0.94，中硬岩石取0.87，硬岩取0.79；
其余符号意义同前。

C 自卸汽车一次装运量 Q(t/次) 的计算

$$Q = Z_d W = ZdV_d K_2 K_2 \gamma \tag{4-8}$$

D 运输循环时间 t 的计算

露天矿自卸汽车运输循环系统是指从工作面到卸矿点（废石场或受矿仓）卸载后再返回工作面的全部过程及途径。

循环时间 t(min) 的计算：

$$t = t_1 + t_2 + t_3 + t_4 \tag{4-9}$$

式中 t_1——装车时间（见表4-11），min；

t_2——卸载时间，min；

t_3——往返运行时间，min；

t_4——汽车等待、停歇及入换时间，min。

t_1 按下式计算：

$$t_1 = \frac{1}{60}(t_w + t_0) \tag{4-10}$$

式中　t_w——挖掘机的作业循环时间，s，见表 4-12；

t_0——汽车在工作面的入换时间，s，当距离为 10～15m 时，人换时间为 5～15s。

表 4-11　时间 t_1 参考值　(s)

铲斗容积/m³	自卸汽车载重量/t								
	3.5	5	7	10	15	20	25	32	40
0.5	$\frac{3.0}{3.5}$	$\frac{4.0}{4.5}$							
1.0	$\frac{1.5}{1.5}$	$\frac{2.0}{2.0}$	$\frac{3.0}{3.5}$	$\frac{3.5}{4.0}$					
2.0		$\frac{1.5}{1.5}$	$\frac{1.5}{1.5}$	$\frac{2.0}{2.0}$	$\frac{3.0}{3.0}$	$\frac{4.0}{4.5}$			
3.0				$\frac{1.5}{1.5}$	$\frac{2.0}{2.0}$	$\frac{2.5}{3.0}$	$\frac{3.0}{3.5}$	$\frac{3.5}{4.5}$	
4.0					$\frac{1.5}{1.5}$	$\frac{2.0}{2.0}$	$\frac{2.5}{3.0}$	$\frac{3.0}{3.5}$	$\frac{3.5}{4.5}$

表 4-12　时间 t_w 参考值　(s)

铲斗规格/m³	易于挖掘		中等易于挖掘		难于挖掘		非常难于挖掘
	电铲	索斗铲	电铲	索斗铲	电铲	索斗铲	电铲
0.5	15	22	17	25	21	36	25
1.5	16	23	18	26	22	37	26
2.0	17	25	19	25	23	37	26
2.5	18	27	20	30	24	39	27
3.5	20	29	23	32	26	41	30
4.0	20	30	23	33	27	41	31
6.0	22	34	24	37	28	43	33
8.0	24	36	26	39	30	45	35
10	26	40	28	44	32	50	37
12	30	50	32	54	36	60	42

又有：

$$t_2 = \frac{1}{60}(t_{21} + t_{22} + t_{23} + t_{24}) \tag{4-11}$$

式中 t_{21}——汽车驶进卸载点所消耗的时间，取 10~15s；

t_{22}——车厢举升时间，s，查阅汽车性能参数表选取；

t_{23}——车厢降落时间，s；

t_{24}——汽车从卸载点驶出时间，取 4~10s。

汽车往返时间 t_3，可按平均运距和平均速度计算：

$$t_3 = \frac{60 \times 2L_p}{v} \tag{4-12}$$

式中 L_p——平均运距，km；

v——平均速度，km/h，可参考表 4-13 选取。

表 4-13 汽车运行平均速度 v 参考值 (km/h)

道路等级	汽车载重量/t		
	≤7	10~20	≥25
Ⅰ	22~25	18~20	15~18
Ⅱ	20~22	16~18	12~15
Ⅲ	16~18	14~16	10~12
移动线	12	10	8

汽车等待、停歇及入换时间 t_4 一般取 4~6min。

E 出车率

自卸汽车出车率是出车台班数与总车班数之比，是反映汽车实际利用程度的指标，柴油驱动运矿汽车出车率为 50%~70%；100t 以上电动轮汽车出车率为 70%~80%。

F 台班生产能力

自卸汽车台班生产能力 Q_b［t/(台·班)］按下式计算：

$$Q_b = \frac{60G_0T}{t}\eta_1 K \tag{4-13}$$

式中 T——班工作时间，h；

K——自卸汽车班工作时间利用系数，三班制取 0.75，二班制取 0.8，一班制取 0.9；

其他符号意义同前。

G 台年生产能力

台年生产能力 Q_n［t/(台·a)］按下式计算：

$$Q_n = Q_b Zpm \tag{4-14}$$

式中 Q_b——自卸汽车台班生产能力，t/(台·班)；

Z——日工作班数；

p——出车率，%；

m——全年工作天数。

H 自卸汽车数量计算

(1) 按班产量计算自卸汽车的需要量：

$$M_b = \frac{A_b C}{Q_b} \tag{4-15}$$

式中　M_b——工作汽车台数；

A_b——露天矿班产量，t/班；

C——运输不均衡系数，一般取1.1~1.15。

（2）按挖掘机生产能力计算汽车需要量：

$$N_w = \frac{W_b C}{Q_b} \tag{4-16}$$

式中　N_w——一台挖掘机配车台数；

W_b——挖掘机平均台班产量，t；

其他符号意义同前。

（3）自卸汽车工作总台数应为各挖掘机工作面的配车数之和。在册自卸汽车总台数还应考虑出车率、检修、调度不善等因素而需增加的自卸汽车台数，即

$$N = \frac{M_b m}{365p} \tag{4-17}$$

式中　N——在册自卸汽车总台数；

m——露天矿年工作日数；

365——年日历天数；

其他符号意义同前。

I　行车密度计算

露天矿山生产车辆行车密度N_h(台/s）的计算：

$$N_h = \frac{Q_y C}{24mKGp} \tag{4-18}$$

式中　G——汽车实际载重量，t；

p——出车率,%；

Q_y——通过运输路段的年运量，t；

其他符号意义同前。

据计算选取的行车密度应符合安全规程要求，即在保证安全的前提下，运输道路允许通过的最大汽车数量。

4.1.3.3　道路最大纵坡的验算

道路纵坡确定的合理与否，直接影响到汽车的使用寿命、运行安全、道路的使用质量、工程投资和运输成本。公路道路的最大纵向坡度主要受运行速度和最恶劣的气候条件下的路面与轮胎间的黏着条件限制。坡度过大，运输速度将显著降低，从而使运输能力下降。根据运行条件，我国露天矿重车上坡的最大纵坡一般不超过8%~9%。但是往往由于开采水平的要求和地形条件的限制，需要采用大于设计技术条件中规定的最大纵坡，这就需要按牵引条件进行验算。

牵引力驱动汽车运动的必要充分条件是：发动机转矩作用于驱动轮轴牵引力F_k大于或等于运行阻力W，而等于或小于由车轮与路面的黏着条件所决定的黏着牵引力F_n，即

$W \leqslant F_k \leqslant F_n$。

普通汽车的功率，是指汽车发动机在单位时间内所产生并传给驱动轮的功。发动机轴上的功率 N(W) 为：

$$N = \frac{2.724F_k v}{\eta_k} \tag{4-19}$$

轮周牵引力 F_k(N) 为：

$$F_k = \frac{\eta_k N}{2.724v} \tag{4-20}$$

式中 N——发动机功率，W；

v——汽车运行速度，km/h；

η_k——传动效率，露天矿自卸汽车一般为 0.75~0.85。

黏着牵引力与汽车的黏重和车轮与路面间的黏着系数成正比，即

$$F_n = 1000gp\varphi \tag{4-21}$$

式中 p——汽车的黏着质量，t，对于前后轴均为主动轴的汽车 $p=G$，对于单主动轴的自卸汽车 $p=0.7\sim0.85G$；

G——汽车总重，t；

φ——车轮与路面间之黏着系数；

g——重力加速度，9.8m/s^2。

黏着系数取决于路面类型及状况、运行速度及其他有关因素。可参考有关资料选取。

汽车运行阻力包括滚动阻力、空气阻力及坡道阻力，因此单位运行阻力 w（N/t）为：

$$w = W_0 + W_i + \frac{W_b}{G} \tag{4-22}$$

式中 W_0——在平道上的单位滚动阻力，N/t；

W_i——单位坡道阻力，N/t，其值为道路的坡度值（‰）乘以 g(g=9.8m/s^2)；

W_b——空气阻力，N。

当汽车运行速度在 10km/h 以下时，可不考虑空气阻力；若运行速度大于 10km/h 时，空气阻力可按下式计算：

$$W_b = \frac{KSv^2 g}{3.6^2} \tag{4-23}$$

式中 K——空气阻力系数，决定于汽车运行速度，一般 K=0.06~0.075；

S——汽车垂直于行驶方向的面积，自卸汽车一般 S=6~12m^2；

v——汽车运行速度，km/h。

汽车在牵引时，作用在汽车单位质量上的全力 j(N/t) 为单位牵引力与单位运行阻力之差，即

$$j = \frac{F_k}{G} - \left(W_0 + W_i + \frac{W_b}{G}\right) \tag{4-24}$$

式（4-24）中单位滚动阻力 W_0 和坡道阻力 W_i是不随速度大小变化的，而牵引力 F_k和空气阻力 W_b则都是运动速度的函数。$F_k - W_b$称作克服空气阻力的剩余牵引力。汽车单位

质量的剩余牵引力称为动力因素 D(N/t)，即

$$D=\frac{F_k-W_b}{G} \tag{4-25}$$

所以：

$$j=D-W_0-W_i \tag{4-26}$$

在验算最大纵向坡度时，要求汽车在最大纵坡做等速运行，即 $j=0$，则按主动轮牵引力计算的最大坡度 i_{max}（‰）为：

$$i_{max}=(D_{max}-W_0)K_1/9.8 \tag{4-27}$$

式中　K_1——修正系数，0.8~0.9。

D_{max}——可按上述各公式计算，也可根据汽车的动力特性曲线，确定出最低级变速时所产生的最大 D 值。

按路面黏着可靠条件验算的最大坡度为：

$$i_{max}=\frac{1000Pg\varphi-W_b}{Gg}-\frac{W_0}{g} \tag{4-28}$$

根据汽车运行的必要条件 $D_{max}\leqslant\frac{1000Pg\varphi}{G}$，因此，露天矿汽车道路的实际最大纵向上坡坡度应同时小于式（4-11）和式（4-12）的计算值。至于露天矿道路的最大下坡则受制动要求的限制。

4.1.3.4　实例及指标

A　运输效率指标

国内露天矿山应用自卸汽车运输效率指标见表 4-14。

表 4-14　国内部分露天矿自卸汽车运输效率指标

矿山名称	车型载重量	运距/km	单位	2000 年	2001 年	2002 年	2003 年	2004 年	2005 年
南芬铁矿	玛斯-25	1~1.32	万吨/(台·a)	19.35	13.62	20.16	19.82	20.17	21.65
			t/(台·班)①	279.9	246.7	324.8	284.9	296.8	310.1
			t/(台·班)②	218.8	289.5	286.7	264.7	276.9	298.9
	贝拉斯-27	1~1.32	万吨/(台·a)①	38.39	24.83	33.1	38.09	39.01	40.1
			t/(台·班)②	508.1	524.6	518.3	497.8	556.8	568.0
			t/(台·班)①	472.9	452.5	472.4	464.6	478.3	489.1
	120C/(190t)	1~1.32	万吨/(台·a)	80.01	83.43	80.37	91.69	98.5	101.5
			t/(台·d)①	3310	3305	3412	3316	3385	3397
			t/(台·d)②	1140	1141	1041	1302	1318	1376
大冶铁矿	T-20（32t）	1.0~1.2	万吨/(台·a)	10.7613	10.1916	11.1123	11.4617	11.1346	11.385
			万吨·km/(台·a)	16.5765	17.1016	17.1756	10.3955	15.1615	17.1073
金堆城钼矿	T-20（32t）	1.2~1.5	万吨/(台·a)	4.8926	4.6250	6.2058	7.2992	8.4142	8.7816
			t·km/(台·班)	30.1	26.5	29.3	30.7	30.4	33.6

续表 4-14

矿山名称	车型载重量	运距/km	单位	2000 年	2001 年	2002 年	2003 年	2004 年	2005 年
邯邢矿山局	20t	1.0~1.2	万吨·km/(台·a)	8.91	28.52	21.64	25.15	16.03	18.10
	15t		万吨/(台·a)	5.76	4.93	7.04	5.17	4.12	5.13
雅满苏铁	32t	1.2~1.5	万吨·km/(台·a)	17.8967	20.1617	17.3849	21.769	15.775	19.6966
兰尖铁矿	T-20（25t）	1.0~1.3	万吨/(台·a)	18.7	14.7	18.94	29.38	26.58	21.81
			万吨·km/(台·a)	4.88	5.14	9.85	15.23	14.8	18.26
			万吨/(台·a)	16.8	18.4	18.81	19.77	25.58	22.98
泸沽铁矿	贝利特 15t	1.0~1.5	万吨·km/(台·a)	5.8798	4.8363	6.7746	3.8397	6.8598	5.922
歌乐山石灰石矿	15t	0.5~1.0	万吨·km/(台·a)	2.8967	3.1012	2.2618	3.9848	3.2388	4.8496
本钢石灰石矿	15t	1.0~1.3	万吨/(台·a)	5.883	3.881	4.722	5.685	5.671	4.661
			万吨·km/(台·a)	6.8587	5.2444	6.2818	7.7327	7.7251	10.397

①运矿石效率；②运岩石效率。

B 油料消耗及轮胎消耗指标

矿用汽车的燃油消耗参考指标见表 4-15 和表 4-16。矿用汽车的轮胎寿命参考指标见表 4-17。

表 4-15 矿用自卸汽车的燃油消耗参考指标

车型吨位/t	3.5	5	7	10	15	25	27	45	60
百公里柴油机消耗/kg	25	35	35~40	60~80	90~100	120~150	135~170	220~280	250~320

表 4-16 电动轮汽车柴油消耗参考指标

车型	80C	100C	120C	170C	3200B
油耗	58.3	76.8	88.7	109.3	108.3

表 4-17 电动轮汽车轮胎寿命参考指标

车型	85C	100C	120C	170C	M-200
轮胎规格	24.00~49	27.00~49	30.00~51	36.00~51	40.00~51
轮胎寿命/h	2752	2585	3430	4409	5392

注：该表是在 10%的坡度、滚动阻力为 2%、限制速度为 40km/h 条件下的平均指标。

4.2 铁 路 运 输

铁路运输是露天矿开采的主要运输方式之一，20 世纪 50 年代以前，铁路运输在国内外各种类型露天矿曾起过主要作用。60 年代以来，由于采矿科学技术的发展和重型自卸汽车、电动轮自卸汽车等运输设备的发展，铁路运输占有比重明显下降。

铁路运输适用于储量大、面积广、运距长（超过5km）、地形坡度在30°以下、比高在200m以下时的露天矿和矿山专用线路。

它的主要优缺点是：(1) 运输能力大，能满足大、中型矿山运输要求；(2) 受矿体埋藏条件及地形条件影响较大，对线路坡度、平曲线半径要求严格，灵活性差；(3) 线路系统和运输组织工作复杂；(4) 随着露天开采深度的增加，运输效率显著下降；(5) 露天开采的年下降速度比其他运输方式低。

目前，铁路运输发展的主要趋势是：采用黏重150t的电机车和100～200t的自翻车；采用电压超过1000V的交流电机车和3000V/1500A的直流电机车；采用电动轮自翻车牵引机组；内燃机车用燃气轮机代替柴油机；线路工程全盘机械化；实现机车遥控和运输系统自动化。

4.2.1　铁路的分类及技术等级

4.2.1.1　线路分类

采矿作业位置随工程和时间的推移不断变化，占线路总量40%～50%的工作面采掘线与排土场翻土线经常处于移动状态。这部分线路由于定期和非定期移设，在线路构造、技术标准、施工、运营、养护等方面与固定线路有较大差别。根据露天矿生产工艺过程的特点：露天矿铁路线路分为固定线路、半固定线路和移动线路3类：

(1) 固定线路，它是连接露天采场、排土场、贮矿场、选矿厂或破碎站以及工业场地之间的干线铁路，服务年限在3a以上。

(2) 半固定线路，是指采矿场的移动干线、平盘联络线以及使用年限在3a以下的其他线路。

(3) 移动线，采掘工作面的装运线路和排土场的翻车线路等均属此类。

上述各类铁路线路，按轨距可分为标准轨距（1435mm）和窄轨轨距（分别为600mm、750mm或762mm、900mm）。

一般情况下，大型露天矿多采用标准轨，小型露天矿采用窄轨，中型露天矿则依其具体情况而定。

4.2.1.2　技术等级

固定线路是按单线重车方向的年运量来划分技术等级确定技术标准，见表4-18和表4-19。

表4-18　准轨铁路线路等级

线路类别	铁路等级	单线重车方向年运量/万吨	作业性质	使用年限/a
固定或半固定线	Ⅰ	>700	干线，支线	>3
	Ⅱ	300～700	干线，支线	>3
	Ⅲ	100～300	干线，支线	>3
	Ⅳ	<100	支线，辅助线	
移动线	不分运量大小及使用年限			

表 4-19 窄轨铁路线路等级

类别	线路等级	单线重车方向最大年运量/万吨		
		铁路轨距/mm		
		600	762	900
固定线	Ⅰ	>250	—	—
	Ⅱ	150~250	>150	—
	Ⅲ	50~150	50~150	>50
	Ⅳ	—	<50	≤30
移动线	不分等级和运量大小			

4.2.2 铁路线路建筑

铁路线路是机车车辆运行所不可缺少的工程结构体。为确保机车车辆在规定的最大速度下运行安全、平稳和不中断，铁路线路所有部分应有足够的坚固性、稳定性和良好的技术状态。

无论是准轨或窄轨，铁路线路均由上部建筑和下部建筑组成。上部建筑包括钢轨、轨枕、道床、钢轨连接零件、防爬器、道岔等；下部建筑包括路基、桥涵、隧道、挡土墙等。

4.2.2.1 钢轨

钢轨的功用是支持和引导机车车辆两侧的车轮，并直接承受来自车轮的压力传之于轨枕。它的型号用每米长重量表示。国产钢轨型号有 50kg、43kg、38kg、24kg、18kg 和 15kg 等多种，其标准长度一般为 12.5m 和 25m。

钢轨类型的选择一般可依机车车辆的轴荷重来确定。大型露天矿准轨机车运输时，一般采用轴荷重为 25t 的机车车辆，可选用实际重量为 43kg/m 以上的钢轨。中、小型露天矿采用窄轨机车运输时，依其最大允许轴重按表 4-20 所列数值选用。在选择范围内，可依其行车速度和年货运量来决定钢轨类型。

表 4-20 窄轨铁路的钢轨类型

轨距/mm	最大允许轴重/t	钢轨类型/kg · m^{-1}	道岔型号
900	15	18、24	1/6、1/7、1/8
762	10	15、18、24	1/5、1/6、1/8
600	5	15	1/3、1/4、1/6

4.2.2.2 钢轨连接零件

钢轨的连接零件按其功用可分为两类：中间连接零件和钢轨接头连接零件。中间连接零件包括道钉和垫板。垫板的功用是把钢轨传来的压力传递到较大的轨枕支撑面上，使行车平稳，并把轨道两侧的道钉连为一体的增强道钉以抵抗钢轨横向移动力。

钢轨接头零件有鱼尾板、螺栓及弹簧垫圈等。

4.2.2.3　轨枕

轨枕是钢轨的支座，其功用是承受来自钢轨通过中间连接零件传来的竖直力和纵横水平力，并将其分布于道床，保持钢轨位置、方向和轨距，以及起弹性缓冲动荷载的作用。

4.2.2.4　道床

道床是轨枕与路基间传递压力的媒介，其功用是传递并均布压力于路基基面，作缓和冲力的缓冲层；排泄基面地表水；固定轨枕位置。故要求道碴材料是坚硬、稳定、利于排水的材料。

道床的断面如图 4-10 所示，是由顶面宽、厚度和边坡 3 个要素组成。它们的尺寸依道碴材料、上部建筑类型、线路平面（直线或曲线）、路基土壤性质和线路等级而定。一般准轨道床顶面宽为 2.7～2.9m，厚度 0.15～0.35m；窄轨道床顶面宽为 1.4～1.9m，厚度 0.10～0.25m。轨枕应埋入道碴内，其表面一般高出道碴表面 3cm。

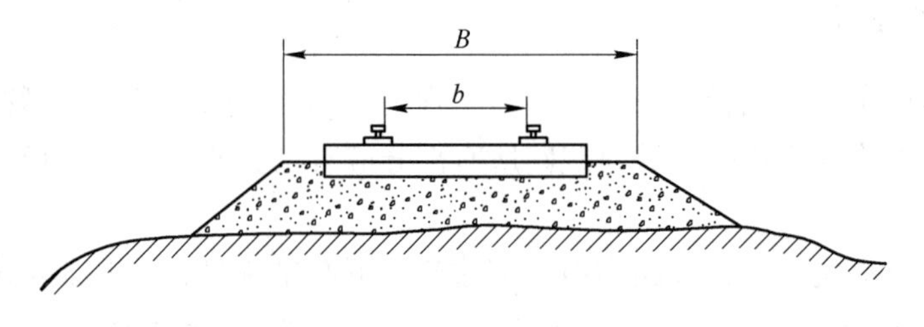

图 4-10　道床断面图

4.2.2.5　线路防爬及加强设备

列车运行时，由于多种因素的影响，如轮轨之间的摩擦阻力，车辆对轨缝的冲击，列车制动时在轨面上的滑动等，都对钢轨产生一种纵向作用力，该力能使钢轨产生纵向移动，这就是所谓的线路爬行。

防止线路爬行的根本措施是加强整个线路的上部建筑，如加强中间连接零件，采用碎石道床，增加轨枕数目，安设防爬设备等。

线路防爬设备主要包括防爬器和防爬撑。每节钢轨安装防爬器组数一般为 2～4 对。

线路的加强设备有轨距杆和护轮轨。在固定线路曲线半径小于 300m 的区段以及移动线路上，均应装设轨距杆，以维持轨距不变。在曲线半径小于 120～150m 的地段和反向曲线端点间距小于 25m 地段的内侧，均设护轮轨，以保证行车安全。

4.2.2.6　道岔

连接两条线路或自一条线路转入另一条线路时的连接设备称道岔。道岔的种类很多，露天矿大量而普遍采用普通单开道岔，其结构和表示方法如图 4-11 所示。

单开道岔由转辙器、导轨、辙叉三部分组成。转辙器包括一对基本轨、一对尖轨、连接杆和整套转辙机械。辙叉由辙叉心（角 α 为辙叉角）、翼轨和护轮轨组成，连接部分是 2 根直轨和曲导轨，它将转辙器和辙叉连成一组完整的道岔。在设计和绘制平面图时，道岔多采用单线表示法，即以线路中心线表示，如图 4-11 所示。

道岔的号码 M 是以辙叉角其半角余切值的 1/2 表示，即

$$M = \frac{1}{2}\cot\frac{\alpha}{2} \tag{4-29}$$

道岔号码 M 越大，α 越小，道岔曲率半径和长度就较大，车辆通过时就越平稳；反之，平稳性就差。露天矿常用的道岔为7、8、9号。各种道岔的各部结构尺寸可参阅有关资料。

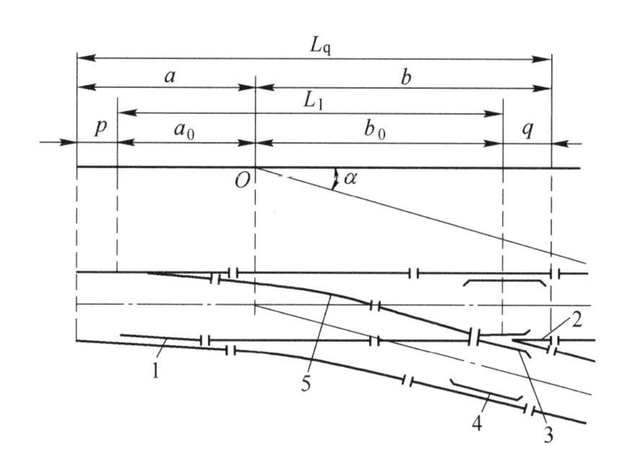

图4-11 单式道岔构造的表示方法

1—尖轨；2—辙叉心；3—翼轨；4—护轮轨；5—曲导轨

4.2.2.7 路基

路基是铁路线路的下部建筑，它承受线路上部建筑的重量及机车车辆的荷重，是铁路的基础。它的技术状态如何及完整与否，关系到整个线路的质量。因此建筑路基时应当保证坚固、稳定、可靠而耐久，要有排水和防水设施，以免受水的危害；建筑费用要低、维修要简单。

路基的横断面形式与公路类同。

路基上铺设线路上部建筑的部分称为路基顶面，路基顶面两侧没有道碴的部分称为路肩。路基顶面和两旁边坡相交的边线称为路肩边缘。路基顶面包括路拱和路肩。单线路拱高为0.15m，呈梯形；双线路拱为0.2m高的等腰三角形，以利于排泄雨水。路肩宽度一般不小于0.6m，最小不得小于0.4m。路基顶面宽度可根据路基土质、路基形式、线路等级等因素查阅有关资料确定。

为保证路基边坡稳定，必须使路基的土体以及接近路基的地基和路堑边坡处于密实干燥状态，故路堑基面两侧需设侧沟用以排泄路堑中的雨水。侧沟的坡度一般与路堑纵坡相同，但不小于2‰。路堤两侧无取土坑时，需在路堤地形较高的一侧修纵向排水沟。当地形横坡不明显，路堤高小于2m时，两侧均设纵向排水沟。纵沟与路堤间留不小于2m的护道。排水沟沟底最小宽度不小于0.4m，深度不小于0.6m。

4.2.3 区间线路及站场的技术条件

4.2.3.1 区间线路的平面及纵断面

线路的平面形状是由曲线和直线组成的。线路由一个方向转向另一个方向时，相邻两直线间交成的夹角称为转向角，这两相邻直线间应以一定半径的圆曲线相连接。圆曲线的要素包括：转向角 α、曲线半径 R、切线长 T、曲线长 K 和外矢矩 E，其相互关系为（见图4-12）：

$$T = R\tan\frac{\alpha}{2} \tag{4-30}$$

$$K = \frac{\pi R\alpha}{180^\circ} \tag{4-31}$$

$$E = R\left(\sec\frac{\alpha}{2} - 1\right) \tag{4-32}$$

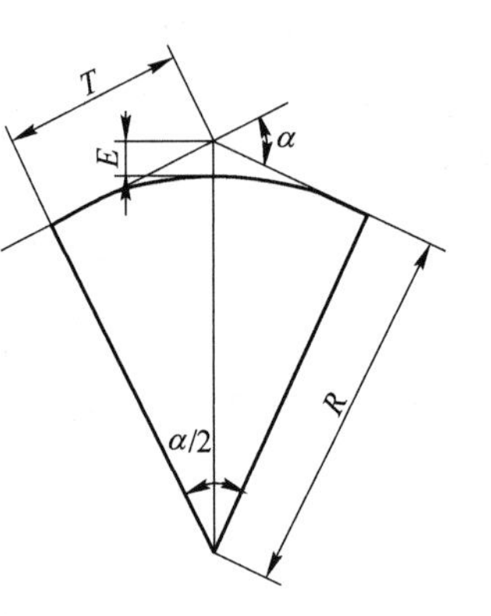

图 4-12　圆曲线要素图

圆曲线的基本要素是转向角 α 及曲线半径 R。已知 α 及 R 值，其他要素可由曲线表中查出。

曲线半径的选择是线路平面设计的关键。大曲线半径可以提高行车速度改善行车条件，而曲线半径过小则会增大运动阻力和轮轨磨损，由于露天矿山铁路的行车速度不高，特别是受地理条件的限制，都使用较小的曲线半径，其允许的最小曲线半径见表 4-21。

表 4-21　最小曲线半径　　(m)

<table>
<tr><td colspan="2" rowspan="5">线路名称及等级</td><td colspan="5">轨距：1435mm</td><td colspan="3">轨距：900mm、762mm</td><td>轨距：600mm</td></tr>
<tr><td colspan="4">电机车重</td><td rowspan="3">蒸汽机车固定轴距</td><td colspan="2" rowspan="2">电力、内燃机车</td><td rowspan="2">蒸汽机车</td><td rowspan="3">电力、内燃机车固定轴距</td></tr>
<tr><td>80t</td><td>100t</td><td colspan="2">150t</td></tr>
<tr><td colspan="4">矿车</td><td colspan="3">固定轴距</td></tr>
<tr><td>60~70t</td><td>100t</td><td>60~70t</td><td>100t</td><td><4. 5m</td><td>2. 1~3m</td><td>≤2. 0m</td><td>≤2. 3m</td><td>≤2. 0m</td></tr>
<tr><td rowspan="3">固定及半固定线</td><td>Ⅰ、Ⅱ</td><td>150</td><td>150</td><td>160</td><td>180</td><td>200</td><td>100</td><td>80</td><td>100</td><td>—</td></tr>
<tr><td>Ⅲ</td><td>120</td><td>150</td><td>150</td><td>160</td><td>180</td><td>80</td><td>65</td><td>80</td><td>50</td></tr>
<tr><td>Ⅳ</td><td>100</td><td>120</td><td>120</td><td>150</td><td>160</td><td>60</td><td>50</td><td>60</td><td>40</td></tr>
<tr><td rowspan="3">移动线</td><td>装车线</td><td>80</td><td>120</td><td>120</td><td>120</td><td>150</td><td>60</td><td>50</td><td>60</td><td>40</td></tr>
<tr><td>卸车线</td><td colspan="5">150</td><td colspan="4">—</td></tr>
<tr><td>内卸车线</td><td colspan="5">200</td><td colspan="4">—</td></tr>
</table>

线路平面上两相邻曲线连接时，还必须在相邻直线间设置直线段，称为夹直线。夹直线的长度依线路的等级不同，一般在同向曲线之间不小于 40m，反向曲线之间不小于 30m。

线路的纵断面是由平道和坡道组成。铁路线路与水平面夹角之正切称为线路坡度，亦即坡道两端点的标高差与水平距离之比，通常以千分数（‰）表示。

确定列车牵引质量的坡度叫限制坡度。露天矿列车质量是根据在这种坡道上以最小计算速度作等速运行的条件下确定出来的。限制坡度是露天矿铁路运输的重要参数之一，对露天矿的基建费和生产费有很大的影响。最大限制坡度主要取决于牵引设备类型。准轨电机车的最大限制坡度不大于 40‰；蒸汽机车的最大限制坡度不大于 30‰。

在纵断面上线路坡度改变的地点称为换（变）坡点，两相邻变坡点间的距离称为坡段长度，坡段长度最好不要小于一个列车长度，在地形复杂的山区可以适当缩短些，但准轨最小坡度长不应小于 80m；窄轨不小于列车长度的一半。为列车在变坡点处运行平稳安全，需要在变坡点上设置竖曲线。竖曲线的形式一般采用圆曲线。

4.2.3.2 站场设计的技术要求

为了保证行车安全和必要的通过能力，露天矿铁路线必须适当地划分为若干段落，每个段落称为一个区间，以隔离运行列车。区间和区间的分界地点称为分界点。

分界点分无配线和有配线两种。无配线的分界点包括自动闭塞区段内的通过色灯信号机和非自动闭塞区段的线路所。有配线分界点指各种车站。两个分界点之间的距离称为区间长度。为了行车安全，一个区间（分区）只能由一列列车占用。从行车方面来看，区间长越小，则通过能力越大，但最小长度不能小于列车全制动距离，一般为 800~1000m 之间。

露天矿车站按其用途不同可分为矿山站、排土站、破碎站和工业广场站等。矿山站一般应设在露天采场附近，为运送矿石和废石服务。破碎站和工业广场站分别设在破碎车间和工业场地旁边。这些车站除起配车、控制车流作用外，还可以办理入换作业和其他技术作用，如列车检查、上砂、上油等。

露天矿坑内的车站和山坡采场中的车站，多作会让和列车转向用，故称会让站和折返站。它们只进行会让、折返和向工作面配车等作业。

露天矿车站站场设计的技术要求主要包括：车站股道数目、站线长度、股道间距、道岔配列以及车站的平面及纵断面等。

车站的配线应根据本站车流的特点和技术作业性质确定。一般车站除越行线（正线）外，还要根据需要配置其他站线及特别用途线，如到发线、调车线、牵出线、装卸线、日检线、杂作业车停留线以及工业广场和车库联络线等。

为了车站工作组织管理工作的便利，车站内每一股道和道岔都应有各自的规定编号。在单线车站上，包括正线和站线，应由靠近站房的股道为起点，顺序编号。其中正线用罗马数字，站线用阿拉伯数字。在复线车站上，应从正线起顺序编号，上行为偶数，下行为奇数。露天矿的行车方向是以列车去采场为上行，离开采场为下行。道岔也用阿拉伯数字编号，一般以站房中心线来分，上行一端用偶数，下行一端用奇数。车站股道与道岔的编号如图 4-13 所示。

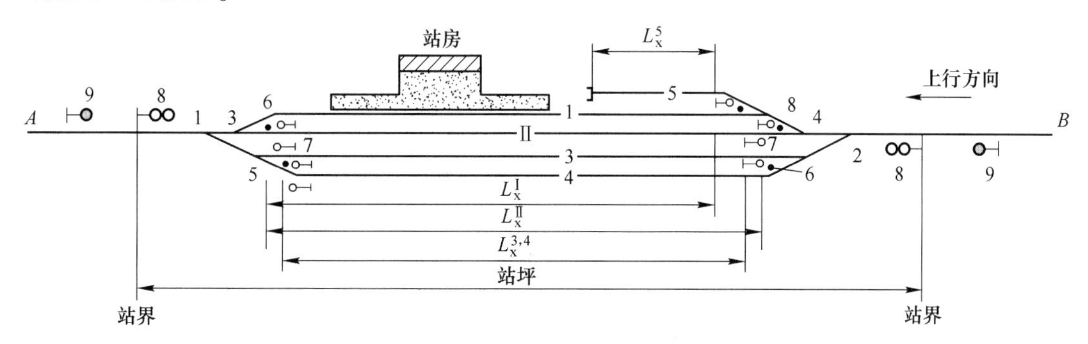

图 4-13 车站

$L_x^Ⅰ$，$L_x^Ⅱ$，$L_x^{3,4}$，L_x^5—分别为Ⅰ、Ⅱ、3、4、5 各股道的有效长度；

Ⅱ道—正线；1，3，4 道—到发线；6—警冲标；7—出站信号机；8—进站信号机；9—预告信号机；

其余 1，3，5，2，4，8—分别表示道岔

露天矿车站站线数目主要是计算到发线的数目，其余站线按需要进行配置。到发线数量应根据接发车的车流量和每列列车所占用的时间确定。

站线长度可分为全长和有效长度。站线全长是指股道两端道岔的基本轨接头间的距离，如为尽头线则为道岔的基本轨接头到车挡的距离。有效长度是指股道全长范围内可以停留列车而不妨碍邻线作业的部分长度，其限制因素为警冲标、出站或调车信号机等。

站内直线相邻站线间的中心距视机车车辆类型而定。对于准轨一般站线为 5.0m，次要站线为 4.6m；窄轨线路间距一般为 4.0m。其他技术作业线间距根据工作需要来确定。车站处在曲线地段时，站线间的距离应加宽。

根据运转作业的要求，车站应设在直线上。但由于矿山地形复杂，线路寿命不长，为减少基建工程量和满足矿山开拓的要求，在困难条件下，也可将站线设计为曲线，但必须满足一定曲线半径的要求。如露天矿开拓坑线的折返站有时需要设置在曲线上。

到发线的有效长度范围，一般应设计在平道上。在困难的条件下，车站才设在坡道上，但其纵断面必须保证列车在最不利的位置时能够启动。上述车站设计的技术数据，均可在有关技术手册中查得。

4.3 带式运输机运输

带式运输机是一种连续式运输设备。这种运输方式的主要优点是生产能力高，爬坡能力大，劳动条件好，易于实现自动控制，经济效果好。

我国大中型冶金露天矿山的开拓运输方式主要是以汽车或铁路为主。据统计，目前我国大型深凹露天矿的矿山成本中，运输费用占 40%～60%；随着开采深度增加，运输距离加大，导致矿石运输成本不断加大，矿山经济效益降低。因此，推广应用高强度胶带输送机对于我国露天矿山的发展具有十分重要的意义。

带式运输机运输坡度一般可达到 18°～20°，而高倾角带式运输机的坡度可达 35°～40°，因而可减少线路长度和工程量。当露天矿采到一定深度时，如果采用胶带运输机运输，其运距比汽车运输缩短 70%，比铁路运输缩短 80%，对于矿岩运量很大的露天矿，胶带运输是经济的。若以使用 2m 宽的钢绳芯带式运输机为例，当带速为 3m/s 时，每小时可以输送 1 万吨矿石。

近年来，随着露天矿深度的增加和规模日趋加大，为尽可能地少增加运输设备数量和简化管理工作，带式运输机在采场内常作为联合运输的一部分与汽车运输组成的间断-连续运输工艺系统（电铲–自卸汽车-半固定破碎机–带式运输机），也可作为露天矿的单一运输方式，将矿岩直接从工作面运至选矿厂或排土场，形成连续运输工艺。在此情况下，如采用单斗挖掘机装载时，必须有带装载漏斗的移动破碎机和移动式皮带运输机与之相配合。带式运输机可布置在露天矿场的边坡上，也可布置在斜井内。

当前，世界上已有几十个露天矿采用间断-连续运输工艺系统。我国近几年也重视了这方面的设计研究工作，司家营铁矿和大孤山铁矿深部开采，都使用了带式运输机运输；东鞍山铁矿及石人沟铁矿使用了带式运输机排岩。可以预料，带式运输机金属露天矿的应用，将随着大型移动式破碎机的进一步发展而得到迅速的推广。

4.3.1 带式运输机的主要类型

矿（岩）石运输距离较长、运量较大，当采用带式输送机时，均选用高强度胶带输送机、钢绳芯胶带输送机或钢绳牵引胶带输送机。这种高强度胶带输送机为新型的连续运输设备，具有运输能力大、运输距离长、运行可靠、操作简单、易于实现自动化、经济效益显著等优点，因而得到日益广泛的应用和发展。大功率、高速度和自动化是高强度输送机的发展方向。特别是深凹露天矿的运输，更适合采用高强度胶带输送机。

高强度胶带输送机也可制成移动式，用于采场内部，它与其他装载、破碎、运输设备联合使用，可组成半连续运输、连续运输系统，这也是露天矿开拓运输发展方向之一。

矿用带式运输机按外形分为如下几种：

（1）平形和槽形带式输送机。我国现行标准是 DT-Ⅱ和 DT-75 型带式输送机，有固定式和移动式两大类。

（2）夹带式输送机。该机实际上是两个槽形链式输送机相扣在一起，即在普通槽型带式输送机再加一条压带，各有一套驱动装置驱动，或者共用一套。压带可使用泡沫塑料带、绳带和橡胶输送带。一般可达到大倾角和垂直 90°提升的需要。

（3）波纹挡边斗式输送机。在平形橡胶链的两边再冷黏或硫化上波纹挡边，中间隔一段用橡胶隔板分开成斗形。在转弯处用压轮压住波纹挡边外缘，它能垂直提升，适用于散料干料，如料湿便会卸不干净，故机头处装有振打器。

（4）波纹挡边式输送机。实际上是用许多橡胶袋串联在一起，袋口向内翻，外形如波纹挡边输送机。

（5）吊装式蛋管形带式输送机。物料装入输送带后，输送带两边合拢成立式椭圆形，将输送带两边吊挂于小滑车上，滑车装在工字纵梁上，用钢丝绳牵引滑车拖动输送带运动，在机头和机尾处均设有大转盘，使输送带打开或合拢，如上山缆车装置。驱动装置也装在机头。由于使用滑车和工字钢，造价昂贵，沿途还要设置立柱以便吊挂工字钢纵梁。

吊装式蛋管形带式输送机的缺点是滑车间距太长，输送带会合不拢，一般间距在 1m 左右。驱动装置也过于复杂。输送带边缘带有凸缘，有平行合拢和上下错开合拢两种结构。合拢后输送带成蛋圆形。采用吊挂式的缺点是爬坡小于 30°，物料同输送带的摩擦系数越小，爬坡度越低；而且装料不能超过 50%，运输量较低。

（6）固定式圆管形带式输送机。该机输送带卷成圆管型运料，可在托辊上运行，也可在磁辊上运行，所以称为固定式。托辊呈六角形安装，有的用 6 个，有的用 4 个、3 个，而我国一般只用 2 个托辊承载。

将物料装入带中，输送带逐渐被卷成圆管形，犹如一根管线，它可以水平转弯、垂直转弯和做三维方向路线变化。当卸料时，输送带又打开成平形，卸完料又卷成圆形返回机尾。

4.3.2 带式运输机的优缺点及适用范围

4.3.2.1 带式运输机的优点

（1）带式输送机实现了运输的连续化。具有输送能力大，爬坡性能强，操作简单，安全可靠，自动化程度高，设备维护检修容易，与汽车、铁路运输相比，可缩短运距，降低成本，减少能耗等优点。在开采深度大，运输距离长，矿岩运量大的矿山，采用高强度带式输送机是一种较理想的运输工具。

（2）高强度胶带输送机与汽车或铁路运输配合，一般通过破碎转载站，形成一个联合运输系统，为采场至选厂、采场至排土场等输送矿石（岩石）服务。破碎转载站，可分为固定、半固定及移动3种类型。一般由矿仓、给料、破碎和卸料等装置组成。其联合运输的工艺流程是将采场的矿石（岩石）由汽车或铁路运至破碎矿仓，经破碎机后排出合格的块度，由胶带输送机运往选厂和排土场。这种联合运输是国内外先进的运输方式。

（3）运输能力大，效率高。运量每小时可达几千吨，而且是连续不断地运送，这是机车、汽车运输望尘莫及的。如钢绳芯胶带是单层式结构，它里面的钢丝绳很柔软，且沿纵向排列，横向没有大刚度的芯体，放置在槽形托辊上时，成槽性好，钢绳芯胶带单位面积上运输的货载量大，运输能力大。又如钢绳牵引胶带输送机的牵引和承载分别由钢丝绳和胶带完成。两条钢丝绳作动力牵引，胶带中间夹横向方钢条，以增加承载矿岩的能力。

（4）运距长。钢绳芯胶带输送机运送距离主要取决于胶带的抗张强度，如GX4000的钢绳芯胶带输送机，胶带每厘米宽度上有4kN的张力，以带宽2000mm计，就有784kN的抗拉力，而普通型橡胶带的芯布单层抗拉强度≥0.55kN/cm；相比之下钢绳芯胶带更适用于大运量、长距离、角度较陡条件下及坚硬矿石的运输。单机长度十几公里一条，在国外已十分普及，中间无任何转载点，德国单机60km一条已经出现。

（5）结构及维护简单。钢绳芯胶带输送机拉紧装置紧凑、简单；传动机构也较简单，所以它故障频度低，维修工作量也较小。整个胶带输送机系统可以实现中央控制室一人控制，控制室内须设电话和无线电通信设备与整个胶带机系统以及企业的其他部门保持联络，还应有安全装置：1）事故拉线开关（整条胶带机）；2）超速检测器（整条胶带机）；3）胶带打滑检测器；4）胶带防撕裂检测器；5）溜槽堵塞检测器；6）胶带防跑偏检测器；7）制动事故检测器；8）胶带过紧检测器；9）胶带速度异常检测器；10）电机过负荷保护。

（6）钢绳芯胶带输送机与载重汽车、铁路运输和索道运输相比，长距离采用胶带运输方式是最安全、经济的，特别重载向上运输时更为经济可靠。而且，自动化程度高，劳动强度低。工作条件好，噪声低，环境污染小。

经过实际对比表明，水平运距在10km以下时，虽然胶带输送机的设备投资大于汽车运输的设备投资，但转运费用，不论运距长短，都比汽车运输低26%~46%。

4.3.2.2 带式运输机的缺点

胶带接头比较困难和复杂：一般采用硫化接头，需要能源和较多的设备，而且笨重，硫化机几百千克到几吨不等，硫化接头和接头工艺都比较复杂；接头施工要求有较大的空间。这些都给现场处理接头时带来一定困难，比较费时费工。

4.3.2.3 带式运输机的适用范围

（1）适用范围广。如用于露天采场工作面矿石、废石运输；增设有关装置和保护措施后，还可用于运送人员。适用于凹凸不平的各种地形条件。

（2）适用于距离长、运量大、倾角大的矿岩及其他物料的运输。

（3）钢绳芯胶带输送机是高强度胶带输送机的一种，它是由细钢丝绳作带芯外加覆盖胶而成。由于其具有强度大、使用寿命长等优点，矿山应优先采用钢绳芯胶带输送机。

（4）高强度胶带输送机适用于水平和倾斜运输，倾斜的角度依矿岩等物料性质不同和输送带表面形状不同而异，与普通型相比高强度胶带输送机适用于各种硬度的小块矿岩。各种矿岩物料所允许的输送机最大倾角见表4-22。

表4-22 带式输送机的最大倾角

物料名称	0~120mm矿石	0~60mm矿石	40~80mm油母页岩	干松泥土	0~25mm焦炭	0~30mm焦炭	0~350mm焦炭
最大倾角①/(°)	18	20	18	20	16	18	20

物料名称	块煤	原煤	谷物	水泥	块状干黏土	粉状干黏土	干矿	湿沙	盐	湿精矿	干精矿	筛分后石灰石
最大倾角①/(°)	18	20	18	20	15~18	22	15	23	20	20	18	12

①表中给出的最大倾角是物料向上运输时的倾角，向下运输时最大倾角要减小。

4.3.3 带式运输机工作原理与主要结构

4.3.3.1 钢绳芯胶带输送机

钢绳芯胶带输送机的工作原理与普通带式输送机DT型胶带机相同，都是通过传动滚筒与胶带之间摩擦力来传递牵引力的。

钢绳芯胶带输送机代号DX型，主要由驱动装置、改向滚筒、托辊支架、拉紧装置、胶带和保护装置等组成。钢绳芯胶带输送机总体布置如图4-14所示。其工作原理示意图如图4-15所示。

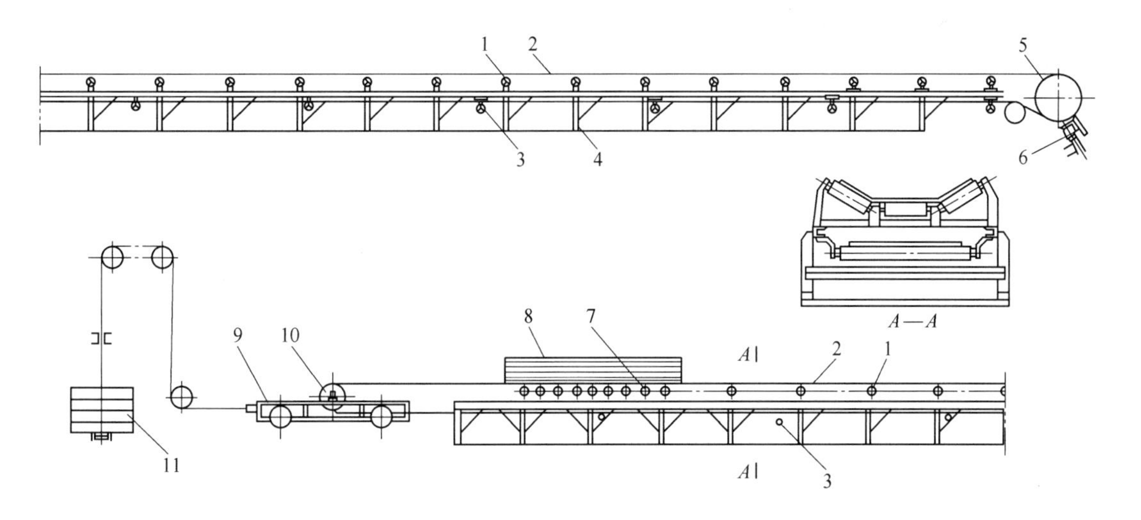

图4-14 钢绳芯胶带输送机总体布置图

1—槽型托辊；2—胶带；3—平托辊（或双托辊、槽型托辊）；4—支架；5—驱动滚筒；6—清扫器；7—缓冲托辊；8—导料拦板；9—改向滚筒；10—张紧车；11—重锤

胶带1绕经主动滚筒2和机尾换向滚筒3形成一个无极的环形带，上下两股胶带都支撑在托辊4上。拉紧装置5给胶带以正常运转所需的张紧力。工作时，主动滚筒通过它和

胶带之间的摩擦力带动胶带运行，货载在胶带上和胶带一起运行。胶带运输机横断面如图4-15（b）所示。上段胶带利用槽形托辊支撑，以增加装载面积。下半段为平形。托滚内两端装有轴承，运行阻力较小。

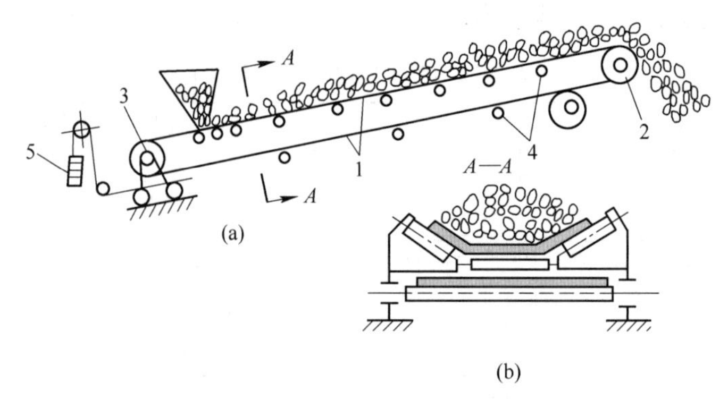

图 4-15　胶带运输机工作原理图

（a）侧视图；（b）剖面图

1—胶带；2—主动滚筒；3—机尾换向滚筒；4—托辊；5—拉紧装置

胶带既是承载构件又是引构件。它是由好几层棉织物、麻织物或化纤织物构成的垫布，用天然橡胶黏在一起，并在带表面上覆盖橡胶层。带的表面叫覆面。覆面橡胶层是用来抗磨和抗腐蚀的，衬垫则用来承受带的纵向拉伸力以及物料对带的冲击力。

驱动滚筒（也叫主动滚筒）是由一套驱动装置带动的。传递驱动力的大小主要决定于胶带与驱动滚筒间的摩擦系数及胶带在驱动滚筒上的包角大小。驱动装置是由电动机、传动装置、驱动滚筒三部分组成的。

拉紧装置是用来保证作为牵引构件的胶带具有足够的张力，以使胶带和滚筒间产生必要的摩擦力，并限制胶带在各滚柱支承间的垂度。

胶带运输机采用普通胶带时，由于胶带强度的限制，其单机长度一般不超过 300～400m。露天矿常采用钢绳芯胶带。这种胶带运输机是 20 世纪 50 年代兴起的，其工作原理与普通胶带运输机相同，但胶带是用钢丝绳代替帆布层作芯体，外加橡胶覆盖层制成。所以它有很高的强度，能够实现单机长距离运输，使运输系统简单化。

我国 1966 年开始设计和生产钢绳芯胶带运输机，并在 1970 年在凤凰山铁矿成功投入使用，以后相继在平顶山矿和白芨沟煤矿投产了两条，现已投产使用的有十几条之多。

4.3.3.2　钢绳牵引胶带运输机

它是由两条牵引钢绳、胶带、驱动装置、卸载装置、拉紧装置、托轮与支架、装载装置等组成（见图 4-16）。胶带承载物料，而钢绳为牵引构件，胶带借助于与两条钢丝绳的摩擦而被拖动运行。

这种运输机的胶带结构与普通胶带不同，为加强胶带的横向刚度，每隔 50～120mm 的间距放置方形弹簧钢条。钢条之间一般用橡胶充填，弹簧钢条的两面垫以帆布衬层，帆布层的外面包覆一层橡胶保护层，其厚度视矿岩的磨蚀性不同而不同。运输磨蚀性强的矿岩厚度要大一些，上层比下层要厚一些，胶带借两侧的梯形绳长自由地安放在牵引钢绳上，由钢绳带动胶带运转，胶带只起承载作用，所以运输机长度不受胶带强度的限制，而只受钢绳直径的限制。胶带的接头多用钢条穿接。国产胶带规格有 3 种，即带宽为800mm、

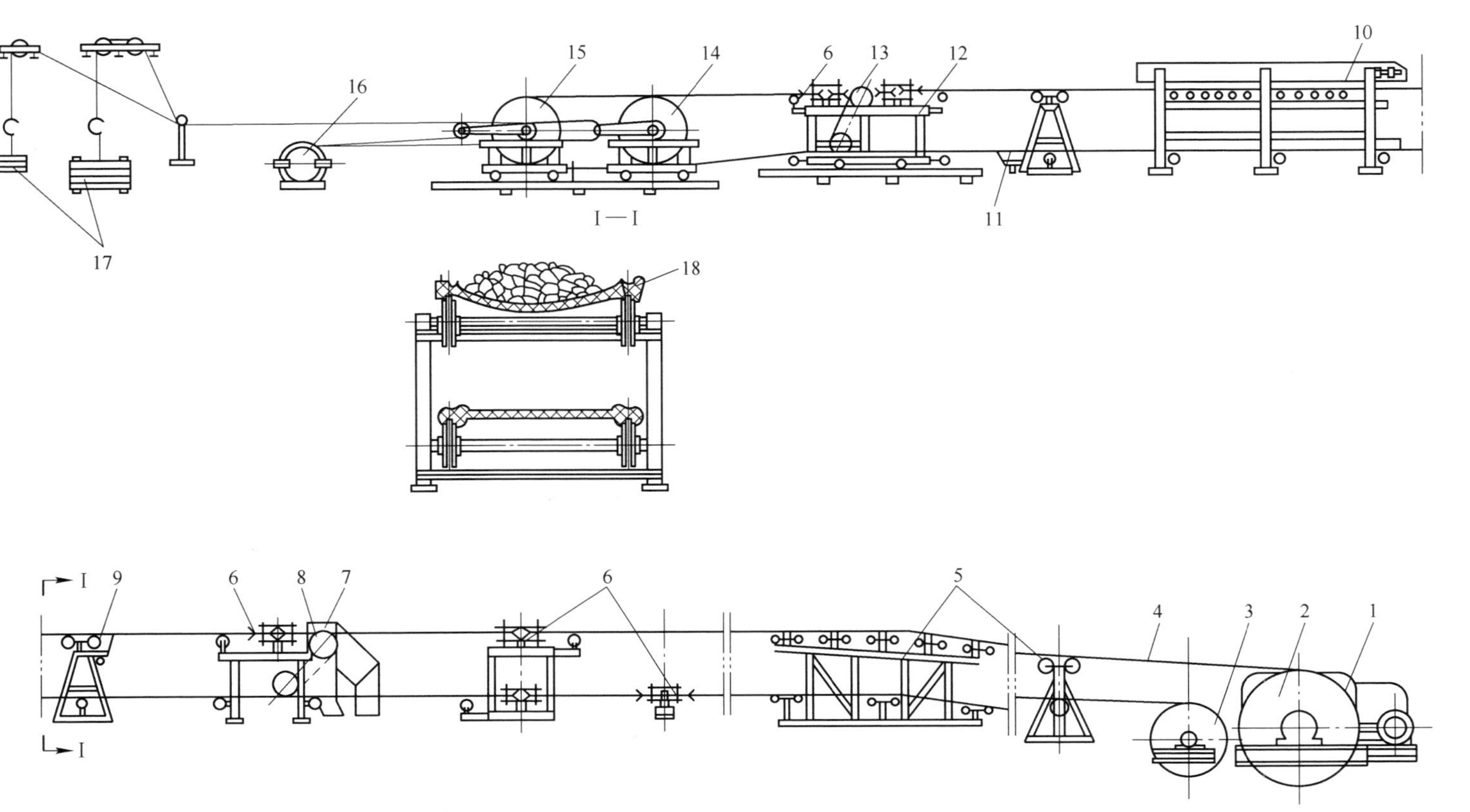

图 4-16 钢绳牵引胶带运输机

1—驱动装置；2—驱动轮；3—导绳轮；4—牵引钢绳；5—过渡轮组；6—分绳轮组；7—卸载装置；8—机头换向滚筒；9—中间托绳轮组；10—装载装置；11—机械保护装置；12—胶带张紧车；13—机尾换向滚筒；14—钢绳张紧车；15—张紧绳轮；16—张紧绞车；17—拉紧重锤；18—胶带

1000mm 和 1200mm。

驱动装置由电动机、减速器、差速器、主绳轮及制动器等部分组成（见图 4-17）。电动机的转矩经减速机和差速器作用于主绳轮，带动钢绳一起运转。电动机一般用交流电动机，也有用直流电动机的。直流电动机的优点是调速范围大，能适应运矿和运人的需要，还可节省一套检查钢绳的辅助减速设备；缺点是设备较复杂。驱动方式多为双电机单独驱动主动轮。当所需功率较小时，可采用单电机驱动。

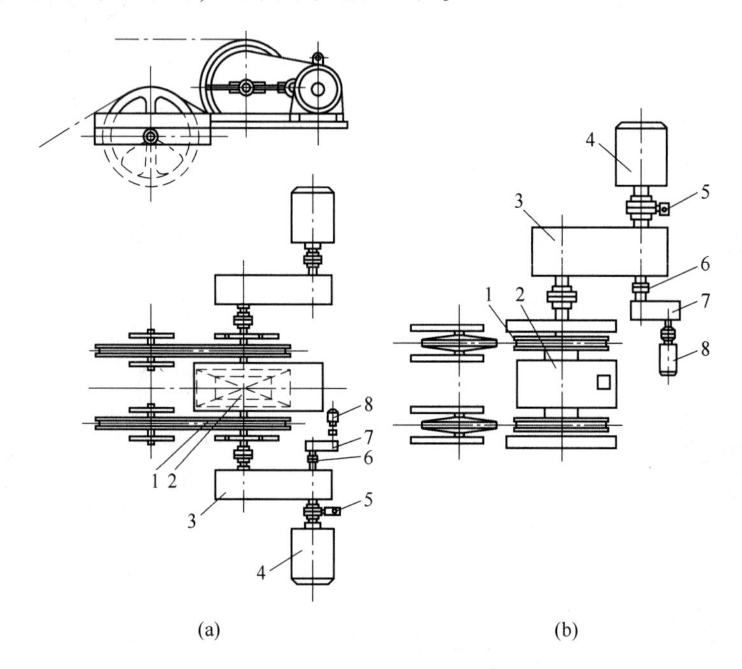

图 4-17　胶带驱动装置布置图

(a) 双电动机；(b) 单电动机

1—主动绳轮；2—差动器；3—减速器；4—电动机；5—制动器；6—定向离合器；7—副减速器；8—副电动机

由于主绳轮制造不精确和衬垫磨损以及钢绳在主绳轮上的滑动不均匀，两条钢绳的运行速度不可能绝对相同，钢绳运行往往不同步，严重时可导致胶带脱离钢绳（即脱槽现象）。因此，在传动装置中常采用差速器或电气差动控制系统，以保证钢绳同步运行。近年来由于胶带结构的改进，可采用单机同轴驱动两个摩擦轮，不用复杂的差速器，取得了较好的效果。

主绳轮（驱动轮）多采用单槽或双槽式摩擦轮，轮槽内垫有塑料，合成橡胶或皮革做的衬垫，其作用为增加钢绳与绳轮之间的黏着系数，减少钢绳的磨损，可延长钢绳的寿命。驱动轮直径应大于绳径的 70~80 倍。导向轮直径应为绳径的 60 倍，以减少绳径的弯曲应力，有利于提高钢绳的寿命。

卸载装置一般设在载运站的前面，如受安置条件的限制，也可设在驱动站后面。卸载装置由分绳轮、托轮、胶带、换向滚筒、卸料漏斗和清扫器组成。胶带在卸载处通过分绳轮与钢绳脱开，绕经换向滚筒的同时将货载卸入卸料漏斗中，经清扫器转到空载段上（见图 4-16）。

钢绳和胶带的拉紧装置通常布置在机尾，都采用单独的荷重拉紧装置。

装载装置常采用带式或板式给矿机。为减少货载对胶带的冲击，除采用缓冲托轮外，还应尽量减少给矿高度和速度，应保证均匀给矿，以防胶带局部过载而脱槽。

沿皮带全长设置数个安装在支架上的托轮，用以支持钢绳皮带的运行（见图4-18）。托轮的形式按上托轮每个支持点的数量可分为单托轮和双托轮。双托轮可以加大支架间距。托轮直径一般为绳径的8~10倍。托轮间距与钢绳张力和挠度有关，张力小间距小些，张力大间距大些，一般为3~8m。

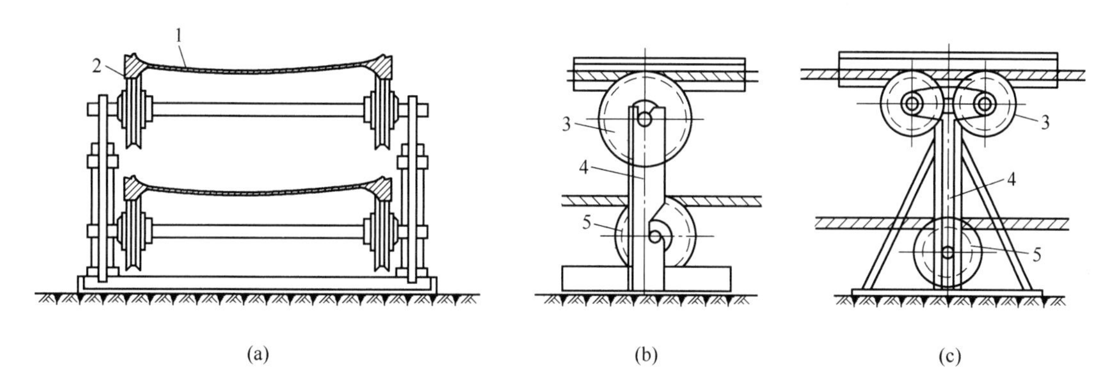

图4-18　托轮与支架

（a）托轮与支架横断面；（b）单托轮；（c）双托轮

1—胶带；2—钢绳；3—上托绳轮；4—支架；5—下托绳轮

钢绳胶带运输机与普通胶带运输机比较，主要优点是：

（1）单机运距长。我国GD系列在水平输送中单机长度到达4000m。

（2）胶带寿命长，一般为10~15a。

（3）功率消耗少，运行平稳，经济效果好。

（4）结构简单，便于维护和使用。

（5）可以兼作搭乘人员的运输工具。

它的缺点是：

（1）传动机构比较复杂，外形尺寸较大。

（2）牵引钢绳损耗大，寿命在2a左右。

（3）对局部过载敏感，如大块冲击，给矿不均匀均可造成拖槽事故。

据以上分析，这种带式运输机应用范围不如钢绳芯带式运输机广泛，更不适于露天采场内运输，只能在露天矿外部作中小运量的运输。

我国已投产的钢绳胶带运输机，单机最大长度为2.65km；最大向上运送倾角为18°，最大带宽为1200mm，最大钢绳直径为40.5mm，最大驱动功率为8000kW，最高带速为3.2m/s，最大输送量为1000t/h。

4.4　运输作业安全

4.4.1　汽车运输作业安全

（1）不应用自卸汽车运载易燃、易爆物品。

（2）自卸汽车装载应遵守如下规定：停在铲装设备回转范围 0.5m 以外；驾驶员不离开驾驶室，不将身体任何部位伸出驾驶室外；不在装载时检查、维护车辆。

（3）双车道的路面宽度，应保证会车安全。主要运输道路的急弯、陡坡、危险地段应设置警示标志。

（4）运输道路的高陡路基路段，或者弯道、坡度较大的填方地段，远离山体一侧应设置高度不小于车轮轮胎直径 1/2 的护栏、挡车墙等安全设施及醒目的警示标志。

（5）道路与铁路交叉的道口交角应不小于 45°；交叉道口应设置警示牌。

（6）汽车运行应遵守下列规定：驾驶室外禁止乘人；运行时不升降车斗；不采用溜车方式发动车辆；不空挡滑行；不弯道超车；下坡车速不超过 25km/h；不在主运输道路和坡道上停车；不在供电线路下停车；拖挂车辆行驶时采取可靠的安全措施，并有专人指挥；通过道口之前驾驶员减速张望，确认安全后再通过；不超载运行。

（7）现场检修车辆时，应采取可靠的安全措施。

（8）夜间装卸车应有良好的照明条件。

（9）雾霾或烟尘影响能见度时，应开启警示灯，靠右侧减速行驶，前后车间距应不小于 30m，视距不足 30m 时，应靠右停车。冰雪或多雨季节，道路湿滑时，应有防滑措施并减速行驶，前后车距应不小于 40m。拖挂其他车辆时，应采取有效的安全措施，并有专人指挥。

4.4.2　铁路运输作业安全

（1）铁路运输线路应符合下列规定：线路坡度不大于 45‰；曲线段坡度不大于 3‰；平面连接曲线长度不小于 30m；线路的平曲线段轨距应加宽：半径小于 300m 时，加宽 10mm；不小于 300m 时，加宽 5mm；轨距加宽段与正常段之间的连接线长度不小于 30m，坡度不大于 3‰；竖曲线半径不小于 3000m，连接线长度不小于 200m；道床边坡坡度不大于 1∶1.75；路肩宽度不小于 1m。

（2）固定线路的曲线段应符合下列规定：准轨铁路曲线半径：不小于 120m；窄轨铁路曲线半径：600mm 轨距时，不小于 30m；轨距大于 600mm 时，不小于 60m；在曲线内侧设护轨。

（3）矿山铁路应按规定设置避让线、安全线和故障车辆停车线。

（4）窄轨铁路接触线距轨面的高度，应符合下列规定：露天型电机车架线高度不低于 3.0m，并符合设备安全要求；接触线与公路交叉处的架线高度根据公路交通安全要求确定。

（5）下列地段应设双侧护轨：桥梁范围内；路堤道口铺砌的范围内；准轨线路中心到桥墩距离小于 3m 的桥下线路。

（6）铁路道口应符合下列规定：人流和车流密度较大的铁路与道路的交叉口应实行立体交叉；站场内不应设平交道口；平交道口应设自动道口信号装置并设专人看守。

（7）大桥及跨线桥跨越铁路电网的相应部位应设安全栅网；跨线桥两侧应设防止矿石坠落的防护网。

（8）装、卸车线应保证车辆不能自由滑行。线路尽头应设安全车挡与警示标志。

（9）准轨列车制动距离不大于 300m；窄轨列车制动距离不大于 150m。

（10）同一线路上不应有两列或者两列以上列车同时调车；不应采用自溜方式调车。

（11）列车运行时，人员不应攀登机车或车辆；电机车升起受电弓后，人员不应登上车顶或进入侧走台。

（12）铁路起重机作业时，应采取措施防止起重机意外移动。

4.4.3 运输机运输作业安全

（1）使用带式输送机应遵守下列规定：物料不应从输送带上向下滚落；带式输送机倾角：向上不大于15°，向下不大于12°，大倾角带式输送机除外；任何人员均不应搭乘非载人带式输送机；在跨越输送机的地点设置带有安全栏杆的跨越桥；清除附着在输送带、滚筒和托辊上的物料，应停车进行；不在运行的输送带下清理物料；输送机运转时不进行注油、检查和修理等工作；维修或者更换备件时，应停车、切断电源，并由专人监护，不准许送电。

（2）大倾角带式输送机的输送带形式、结构和参数，应与输送机倾角相适应。

（3）钢丝绳芯输送带静载荷安全系数不小于7；棉织物芯输送带静载荷安全系数不小于8；其他织物芯输送带静载荷安全系数不小于10。

（4）各种输送带的动载荷安全系数不小于3。

（5）带式输送机应设如下安全保护装置：装料点和卸料点的空仓、满仓等的保护和报警装置，并与输送机联锁；输送带清扫装置；防止输送带撕裂、断带、跑偏等的保护装置；防止过速、过载、打滑、大块冲击等的保护装置；线路上的信号、电气联锁和紧急停车装置；可靠的制动装置；上行带式输送机防逆转装置。

（6）带式输送机传动装置、拉紧装置周围应设安全围栏；输送机转载处应设防护罩和溜槽堵塞保护装置与报警装置。

（7）采用带式输送机运输应遵守下列规定：无通廊的带式输送机两侧均应设置宽度不小于1.0m的人行道；有通廊的带式输送机两侧应设人行道，经常行人侧的人行道宽度不小于1.0m，另一侧不小于0.6m；多条带式输送机并列布置时，相邻输送机之间应设置宽度不小于1.0m的人行道。

（8）平硐或者斜井内的带式输送机应采用阻燃型输送带。

复习思考题

4-1 露天矿常见的运输方式有哪些？

4-2 简述自卸汽车运输的优缺点及适用范围。

4-3 矿区公路有哪些技术要求，设计要素有哪些？

4-4 露天矿汽车型号及数量是怎样确定的？

4-5 简述铁路运输的适用条件。

4-6 简述带式运输机运输的特点。

4-7 某露天铁矿，设计矿石生产规模为60万吨/a，年平均剥离废石150万立方米，矿石容重为3.2t/m^3，岩石容重为2.7t/m^3。设计采用45t矿用自卸汽车运输矿岩，挖掘机铲斗容积为4m^3。年工作300d，每天2班，每班8h。矿石平均运输距离为1.8km，废石平均运输距离2.4km，矿山道路采用双车道路面。试计算矿山矿岩运输所需汽车总量并填写表4-23。

表 4-23　运输车辆计算表

序号	项　目		单　位	矿石	岩石	总计
1	年运输量		万吨			
2	工作班制	年工作天数	d			
		天工作班数	班			
		班工作时数	h			
3	班运输量		t			
4	时间利用系数 K_1		%			
5	班纯工作时间		min			
6	平均车速		km/h			
7	平均运距		km			
8	装车时间		min	4		
9	运输时间		min			
10	卸车时间		min	3		
11	调停时间		min	3		
12	周转一次时间		min			
13	汽车额定载重量		t			
14	汽车载重利用系数 K_2		%			
15	每辆汽车班运输能力		t/班			
16	汽车数量（不含备用）		辆			
17	运输不均衡系数 K_3		%			
18	出车率 K_4		%			
19	汽车总数量（含备用）		辆			

5 露天矿排土

露天开采的一个重要特点就是必须剥离覆盖在矿床上部及其周围的表土和岩石，并运至一定的地点排弃，为此要设置专门的排土场地。这种接受排弃岩土的场地称为排土场。在排土场用一定设备和方式堆放岩石的作业称为排土工作。

排土场作为露天矿存放废石的场所，是露天矿组织生产不可缺少的一项相对永久的工程建筑，排土工程对矿区的安全、环境以及矿山的经济效益均有直接影响。据统计，我国每年工业固体废物排放量的85%以上来自矿山开采，全国矿山开采累计占地约600万公顷(1公顷=1万平方米)，破坏土地近200万公顷。因此对排土场的设计和管理应给予足够重视。

研究排土工作的任务，就是在排土场上选择合理的排土工艺，确定合理的排弃程序，选择合适的排土场参数和设备，使排土工艺中各道工序间紧密配合，充分发挥排土场的能力，以保证采矿作业持续均衡地进行。因此，排土工作也是露天矿主要生产工艺环节之一。

露天矿的剥离工程量随着露天矿现代化进程的发展，经济上允许的剥采比也在逐渐增大，因此露天矿的剥离工程量比矿石量要大几倍甚至十几倍。一座现代化的露天矿的剥离工程量每年可达数百万吨乃至数千万吨。排土场占地为露天矿全部占地面积的30%~50%，排土工人数占全矿定员的10%~20%，排土费用占矿石成本的5%~10%。因此排土工作的好坏，对保证露天矿正常生产及其技术经济指标有重大影响。

排土工作效率在很大程度上取决于排土场位置、排土方法和排土参数的合理选择。

5.1 排土场规划

5.1.1 排土场分类

排土场按其与采场的相对位置，可分为内部排土场与外部排土场。内部排土场是把剥离岩土直接排弃到露天采场的采空区，这是一种最经济而又不占农田的排土方案，在有条件的矿山应尽量采用。但它仅能用于开采水平或开采深度在30~50m以内、倾角小于5°~10°的矿体。大部分金属露天矿不具备这种条件，故在金属矿山中多采用外部排土场。

排土场按地形条件可分为山坡形排土场和平原形排土场。

排土场按堆置顺序又可分为单台阶排土、多台阶覆盖式排土和多台阶压坡脚式排土等类型，见表5-1。

若按运输及排土设备进行划分，排土场可分为铁路运输排土场、汽车运输排土场、带式输送机-排土机排土场、水力运输排土场及无运输排土场等，见表5-1。

表 5-1　排土场分类

分类标准	排土场分类	排土方法和堆置顺序
按排土场位置区分	内部排土场	排土场设置在已采完的采空区
	外部排土场	排土场设置在采场境界以外
按堆置顺序区分	单台阶排土	单台阶一次排土高度较大，由近向远堆置
	多台阶覆盖式	由下而上水平分层覆盖，留有安全平台
	多台阶压坡脚式	由上而下倾斜分层，逐层降低标高，反压坡脚
按排土机械运输方式区分	铁路运输排土场	按转排物料的机械类型区分： 排土犁排土、电铲排土、推土机排土；前装机排土；铲运机排土；索斗铲排土等
	汽车运输排土场	按岩土物料的排弃方式区分： 边缘式——汽车直接向排土场边缘卸载，或距边沿 3~5m 卸载，由推土机排弃和平场； 场地式——汽车在排土平台上顺序卸载，堆置完一个分层后再用推土机平整场地
	带式输送机-排土机排土场	采用带式排土机排弃，按排土方式和排土台阶的形式可分：上排和下排；扇形排土和矩形排土
	水力运输排土场	采用水力运输、铁路运输和轮胎式车辆运输岩土到排土场，再用水力排弃
	无运输排土场	采用推土机、前装机、机械铲、索斗铲和排土桥等直接将剥离岩土排卸到采空区或排土场；工艺简单，效率高，成本低。多数适用于内部排土场

5.1.2　排土场位置选择

一个矿山可在采场附近设置一个或多个排土场，根据采场内剥离岩土的分布情况，可以实行分散或集中排土，通常采用线性规划方法对排弃物料的流向、流量进行平面规划和竖向规划。对于近期和远期排土量进行合理分配，以达到最佳的经济效益。排土场的选择应遵守下列原则：

（1）排土场应靠近采场，尽可能利用荒山、沟谷及贫瘠荒地，以不占或少占农田。就近排土减少运输距离，但要避免在远期开采境界内将来进行二次倒运废石。有必要在二期境界内设置临时排土场时，一定要做技术经济方案比较后确定。

（2）有条件的山坡露天矿，排土场的布置应根据地形条件，实行高土高排，低土低排，分散流量，尽可能避免上坡运输，减少运输功的消耗。做到充分利用空间，扩大排土场容积。

（3）选择排土场应充分勘察其基底岩层的工程地质和水文地质条件，如果必须在软弱基底上（如表土层、河滩、水塘、沼泽地、尾矿库等）设置排土场时，必须事先采取适当的工程处理措施。以保证排土场基底的稳定性。

(4) 排土场不宜设在汇水面积大、沟谷纵坡陡、出口又不易拦截的山谷中，也不宜设在工业厂房和其他构筑物及交通干线的上游方向，以避免发生泥石流和滑坡，危害生命财产，以及污染环境。

(5) 排土场应设在居民点的下风向地区，以防止粉尘污染居民区。应防止排土场有害物质的流失，污染江河湖泊和农田。

(6) 排土场的选择应考虑排弃物料的综合利用和二次回收的方便，如对于暂不利用的有用矿物或贫矿、氧化矿、优质建筑石材，应该分别堆置保存。

(7) 排土场的建设和排土规划应结合排土场结束或排土期间的复垦计划统一安排，排土场的复垦和防止环境污染是排土场选择和排土规划中一个重要内容。

5.1.3 竖向规划和堆置形式

为了露天矿岩土排弃的经济合理性，必须进行排土规划。当采场的开拓运输系统已定时，排土工作要达到经济合理的运输距离和全部剥离排土的运营费用最小。排土规划还要考虑排土场的数量与容积、排土场与采场的相对位置和地形条件，及其对环境的影响等。

排土场设计时应进行排土场平面规划和竖向规划。当选择有多个排土场，分散排土时，则通过平面规划，达到运量合理分配。而在一个排土场范围内，由于它和采场有一定的高差关系，所以竖向规划特别重要，尤其是山坡露天矿和在沟谷、山坡地形设置排土场，经常遇到的是竖向规划问题。

竖向规划是将采场内需要剥离的岩土在竖向上划分一定的台阶，同样按照排土场地形条件及排土工艺，也要在竖向上划分台阶，使之与采场剥离台阶的划分相协调。根据露天矿排土运输条件和排土场建设类型，其竖向规划可分为以下几种堆置形式（见图 5-1）。

Ⅰ型为平缓坡运输形式。图 5-1 中方块面积表示各个台阶的岩土量，箭头方向表示运输线路方向。这种类型的特点是采场剥离台阶比排土台阶高一个台阶，采场由上往下剥离，排土场由上往下堆置，其运输路线是平缓坡，运输技术条件最佳，适用于公路和铁路运输排土。

Ⅱ型为下降运输形式。排土运输的特点是采场剥离台阶高于排土场两个以上的台阶高度，必须采用下降运输形式。采场由上至下剥离，而排土场由近向远或由下至上排土。如果条件允许可以按模型实行单层高台阶排土，这样下降距离小，运输线路简单，运费较低。若高台阶排土的条件不允许，则采用低分段分层堆置。

此种类型需要大幅度下降运输，对于铁路运输，因线路降坡能力低，展线长，很不经济。对于汽车运输，虽坡度可以增大，但也需要较长的展线，增加运费，同时重车下坡处于制动刹车的状况，其行车条件恶劣，一般重车下坡比缓坡运输的费用高 10%左右。当剥离量大，下降运输高差很大时，可在采场内采用溜井重力下放的运输方式。

Ⅲ型为上升运输形式。其特点正好与Ⅱ型相反，采场剥离岩土都要用上升运输形式运至排土场，它的运输功和运输费最高，是最不利的排土类型。当采用汽车或铁路运输方式时，同样存在线路长，运费高的缺点，如汽车运输，重车上坡的运费比下坡运输高 10%左右，比平缓坡运输高 30%左右。

上升运输坡度大，可采用胶带运输，它爬坡能力强，效率高。

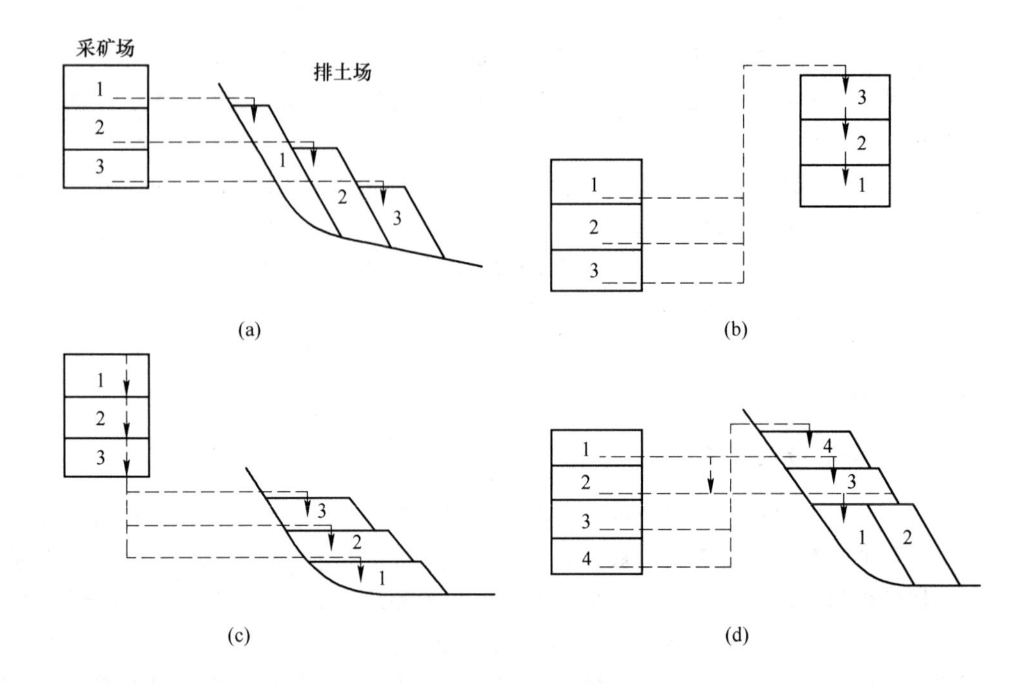

图 5-1　排土场竖向规划形式
（a）Ⅰ型；（b）Ⅱ型；（c）Ⅲ型；（d）Ⅳ型
1~4—堆土顺序

上升运输最好采用水平分层堆置方式。从理论分析，分层高度越小，运输功越小。但是，分层高度小，则分层运输路线增多，是不经济的。因此分层高度要经过技术经济比较后确定。

Ⅳ型是以上 3 种模型的组合型，它适合于山区地形，比高很大，上部是山坡露天开采，下部为深凹露天开采，而排土场也是在比高较大的山谷。这样的竖向规划往往比较复杂，需要进行多方案分析比较和优化。

5.1.4　排土场容积

设计的排土场总容积应与露天矿的总剥离量相适应。经过排土场选择和规划，根据排弃岩土的物理力学性质及排土工艺参数，分析计算排土场堆置参数和堆置容量。

排土场的有效容量：

$$V = \frac{V_0 K_s}{K_c} \tag{5-1}$$

式中　V——排土场的有效容量，m^3；

V_0——剥离岩土的实方量，m^3；

K_s——初始剥离岩土的碎胀系数；

K_c——排土场沉降系数（1.1~1.2）。

岩土的碎胀系数、沉降系数和自然安息角的参考值分别列于表 5-2、表 5-3 及表 5-4。

表 5-2 岩土的碎胀系数 K_s

类 别	级 别	初始碎胀系数	终止碎胀系数
砂	Ⅰ	1.1~1.2	1.01~1.03
砂质黏土	Ⅱ	1.2~1.3	1.03~1.04
黏 土	Ⅲ	1.24~1.3	1.04~1.07
夹石与黏土	Ⅳ	1.35~1.45	1.1~1.2
块度不大岩石	Ⅴ	1.4~1.6	1.2~1.3
大块岩石	Ⅵ	1.45~1.8	1.25~1.35

表 5-3 排土场土岩沉降系数 K_c

岩石类别	沉降系数	岩石类别	沉降系数
硬 岩	1.05~1.07	砂质岩石	1.07~1.09
软 岩	1.10~1.12	砂质黏土	1.11~1.15
砂和砾石	1.09~1.13	黏土	1.13~1.19
亚黏土	1.18~1.21	黏土夹石	1.16~1.19
泥夹石	1.21~1.25	小块岩石	1.17~1.18
砂黏土	1.24~1.28	大块岩石	1.10~1.20

表 5-4 岩（土）堆自然安息角

岩 石 类 别	安息角/(°)	平均/(°)
砂质片岩（角砾、碎石）与砂黏土	25~42	35
砂岩（块石、碎石、角砾）	26~40	32
砂岩（砾石、碎石）	27~39	33
片岩（角砾、碎石）与砂黏土	36~43	38
页岩（片岩）	29~43	38
石灰岩（碎石）与砂黏土	27~45	34
花岗石		37
钙质砂岩		34.5
致密石灰岩	26.5~32	
片麻岩		34
云母片岩		30
各种块度的坚硬岩石	30~48	32~45

5.2 排 土 工 艺

排土工艺与露天矿运输方式有密切联系。根据露天矿采用的运输方式和排土设备的不同可分为：汽车运输-推土机排土；铁路运输-挖掘机排土、排土犁排土、前装机排土；带式排土机排土等。

排土场按地形条件和土岩堆置顺序又可分为：山坡形和平原形排土场、单台阶堆置、水平分层覆盖式堆置、倾斜分层压坡脚式堆置等类型。

5.2.1　汽车运输-推土机排土

采用汽车运输的露天矿，大多数采用推土机排土。推土机排土作业包括：汽车翻卸岩土，推土机排土，平整场地和修整排土场公路。汽车运输推土机排土场的布置如图 5-2 所示。

汽车进入排土场后，沿排土场公路到达卸土段，并进行调车，使汽车后退停于卸土带，背向排土台阶坡面翻卸土岩。为此，排土场上部平盘沿全长分为行车带 A、调车带 B 和卸土带 C。调车带的宽度要大于汽车最小转弯半径，一般为 5～6m；卸土带的宽度则取决于岩土性质和翻卸条件，一般为 3～5m。为了保证卸车安全和防止地表水冲刷坡面，排土场应保持 2%以上的反向坡。在汽车后退卸车时，要有专设的调车员进行指挥。

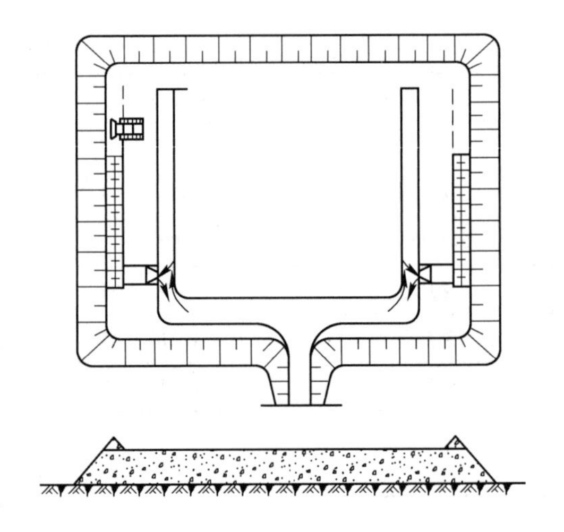
图 5-2　汽车运输-推土机排土场平面布置图

当汽车翻卸土岩后，由推土机进行推土。应根据推土量选用能力适当的推土机，目前我国多用 80～100hp（1hp＝735.499W）的推土机。汽车翻卸后留在平台上的岩堆宽度大小对推土机的推土工作量影响很大。据统计，当汽车后桥中心线距坡顶线 1.5～3.0m 时，岩土可大部分卸到边坡下；若大于 5m 时，则卸下的岩土全部留在平台上。因此，为使汽车后轮最大限度地靠近坡顶线，减少土岩的残留量，可在卸土平台的边缘事先用推土机推出高 0.6～1.0m 的边墙，以确保卸车安全。

在雨季、解冻期、大风雪、大雾天和夜班，汽车卸土时应距台阶坡顶线远些，因此这时边坡的稳定性和行车视距都比较差，特别是夜班，有时推土机的推土量几乎等于汽车的卸土量。推土机的推土量包括两部分，即汽车卸载时残留在坡顶上的岩土和排土场沉降需要整平的岩土量。推土量一般占总排土量的 20%～40%。

当排土场分散且相距较远时，一般应保证每个排土场最少配备一台推土机。

汽车-推土机排土场的参数包括排土台阶高度、排土工作线长度及排土平盘宽度。

排土台阶高度取决于土岩性质和地形条件，一般远比铁路运输的排土场高度大，如南芬、弓长岭、德兴等露天矿，排土段高一般都在 100m 以上，故汽车排土场通常只设一个台阶。

排土工作线长度 L(m)，应考虑卸载、平整和备用的需要，按同时翻卸的汽车数量确定，即

$$L = nb' \tag{5-2}$$

式中 b'——卸载时每台汽车占用的工作线长度，一般为30~40m；

n——同时卸载的汽车数，辆，按下式计算：

$$n = Nt/T \tag{5-3}$$

N——实动排土汽车数，辆；

T——汽车运行周期，min；

t——每辆汽车的调车和翻卸时间，min。

考虑到备用和维护，排土线的总长 L_Z(m) 应为：

$$L_Z = 3L \tag{5-4}$$

排土平台宽度，推土机排土场一般仅有一个排土台阶。当有两个或更多个排土台阶时，平盘宽度应保证汽车顺利调头卸载和不使大块滚下冲击汽车为准。

所需推土机数量（台）可按下式计算：

$$N_t = \frac{V_t K_p K_t}{Q_t} \tag{5-5}$$

式中 V_t——需要推土机推送岩土实方体积，m^3/班，一般为排土总量的20%~40%；

K_p——松散系数，1.3~1.5；

K_t——设备检修系数，1.2~1.25；

Q_t——推土机班生产能力（松方），m^3/班。

汽车-推土机排土法，具有工序简单，堆置高度大，能充分利用排土场容积，排弃设备机动性较高，基建和经营费少等优点，因而它在汽车运输露天矿中得到了广泛应用。表5-5是我国部分露天矿山排土场参数。

表5-5 国内部分露天矿山汽车运输-推土机排土场参数

矿山	排土场岩性	基底坡度/(°)	台阶数/个	堆置高度/m		边坡角/(°)	
				台阶高	总高度	台阶坡角	总坡度
南芬铁矿	石英片岩、混合岩	22~30		80~180	106~295	31~35	20~28
兰尖铁矿	辉长岩、大理岩	34~38	1	15	180~200	35	35~36
大石河铁矿	混合片麻岩	30~60	1	30~75	30~105	36~40	
峨口铁矿	云母石英片岩	27~39	1	60~120	60~120	40	
石人沟铁矿	片麻岩	20~30	1	40~75	40~75	37.7	
潘洛铁矿	石英片岩、凝灰岩	33~45	1	200	200	32~35	32~35
大宝山铁矿	页岩、流纹斑岩	30~50	1		280~440		
云浮硫铁矿	变质粉砂岩	30~40	3	20~40	150~200	40	35
德兴铜矿	千枚岩、闪长玢岩		1	40~60	120		
永平铜矿	混合岩	28~33	3	24~36	144~160	38	33
石录铜矿	石英闪长岩、黄泥	2~28	4	10~30	45~55	25~30	
金堆城钼矿	安山玢岩		1	35~90	35~90	34~36	34~36
白银铜矿	凝灰岩、片岩	30~50		6~15	30~80	37~40	
东川汤丹铜矿	白云岩、板岩	35~40	1	300~420	300~420	38	

5.2.2　铁路运输-挖掘机排土

挖掘机排土是当前铁路运输矿山中广泛使用的排土工艺。

挖掘机排土的主要工序是翻土、挖掘机堆垒、线路移设。

挖掘机排土场工作面结构，如图 5-3 所示。排土台阶分上、下两个分台阶，挖掘机站在中间平盘上，列车位于台阶顶盘的线路上，将土翻入受土坑，挖掘机把受土坑中的土岩堆垒在上、下分台阶中，形成工程规格所要求的排土断面。

挖掘机堆垒的方式分前进式和后退式两种。前进式堆垒是挖掘机由排土线的起点向尽头方向堆垒。这种方式的优点是线路质量较好，列车在压实的路基上行走，可以减少运输事故，提高运行速度，适于在雨季或排弃比较松软的土岩时采用。后退式堆垒是挖掘机作业由尽头向起点方向进行，其优点是线路移设可与挖掘机堆垒同时进行，但线路维护工作量大，雨季行车特别不利，适用于台阶高度不大和土岩较稳定的排土线。

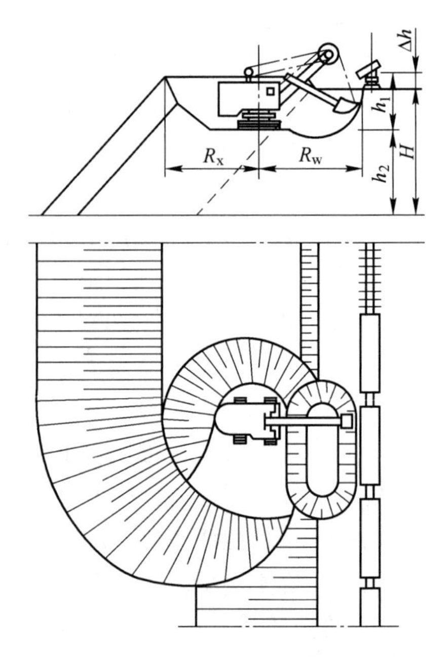

图 5-3　单斗挖掘机排土工作面

挖掘机堆垒上、下分台阶的次序有 3 种：

（1）一次堆垒，即上、下分台阶同时堆垒。优点是挖掘机移动距离短，雨季有利于防止排土线下滑。但电缆需经常挪动，否则易被土岩压埋和破损。

（2）分层堆垒，挖掘机沿整条排土线先堆垒下部台阶，然后再返回堆上部分台阶。它的优点是电缆总在挖掘机后面，雨季能减少洪水冲刷和排土线下沉，但挖掘机行走距离增加一倍。

（3）联合堆垒（分层分段堆垒），挖掘机沿排土线先堆垒 150~200m 的下部台阶（依电缆长度而定），再返回堆垒上部台阶。此法综合了以上两法的优缺点，矿山多用此法。

挖掘机排土线的参数主要有受土坑尺寸、排土台阶高度、排土线长度及移道步距。

受土坑尺寸应考虑受土容积和作业安全的要求。为缩短列车的待卸时间，受土坑一般以能容纳 1.0~1.5 个列车的土量为宜，长度为车辆长度的 1.05~1.25 倍，坑底标高比挖掘机的行走平盘低 1.0~1.5m，铁路以下的深度以 6m 左右为宜。为保持路基稳定，受土坑在路基一侧的坡角不大于 60°，坡顶距线路中心不小于 1.6m。

排土台阶高度 H（见图 5-3）为：

$$H = h_1 + h_2 - \Delta h \tag{5-6}$$

式中　h_1——上分台阶高度，取决于受土坑容积所要求的高度和涨道高 Δh，其最大值受挖掘机最大卸土高度 H_{xmax}(m) 的限制：

$$h_1 \leqslant (0.9 \sim 0.95) H_{xmax} \tag{5-7}$$

h_2——下分台阶高度，决定于台阶的稳定条件，h_2 可达 15~30m，但增大 h_2 值会相应增加下沉及涨道量，并从而降低土坑高度和受土坑容积，延长列车的翻卸时间；

Δh——涨道量，决定于排土段高和沉降率，m。

移道步距 α(m) 主要取决于挖掘机的工作规格，即

$$\alpha \leqslant \sqrt{R_{w.m}^2 - (0.5L_f)^2} + R_{x.M} \tag{5-8}$$

式中 α——移道步距，m，WK-4 型挖掘机 α 值为 23~25m；

$R_{w.m}$，$R_{x.M}$——挖掘机最大挖掘半径和卸载半径，m；

L_f——受土坑上部长度，m。

排土线的长度一般是决定于排土作业费用和挖掘机能否得到充分利用。4m³ 挖掘机的排土线长一般不小于 600m，但也不宜大于 1800m。

多阶段排土场的上、下台阶应保持一定的距离，使下部台阶能安全正常地进行排土作业，其最小限度为排土平盘最小宽度，即

$$B_{Pmin} = b_1 + b_2 + b_3 + b_4 \tag{5-9}$$

式中 B_{Pmin}——排土平盘最小宽度，其宽度一般大于排土台阶高度，m；

b_1——安全宽度，m；

b_2——超前上一平盘的宽度，m；

b_3——双线时线路中心间距，m；

b_4——外侧线路中心线至台阶坡顶线的最小距离，准轨一般为 1.6~1.7m。

排土场的生产能力，取决于排土线的接受能力和同时工作的排土线数。

根据挖掘机的生产能力计算排土线的接受能力的公式如下：

$$Q_{x1} = \frac{EK_m T\eta}{tK_s} \tag{5-10}$$

式中 Q_{x1}——按挖掘机生产能力计算排土线的接受能力，m³/班；

E——铲斗容积，m³；

K_m——满斗系数；

T——班工作时间，min；

η——工作时间的利用系数；

t——挖掘机工作循环时间，min；

K_s——岩石的松散系数。

根据运输条件计算排土线的接受能力：

$$Q_{x2} = \frac{MNq_z}{K_s} \tag{5-11}$$

式中 Q_{x2}——按运输条件计算排土线的接受能力，m³/班；

M——每班发往排土线的列车数；

N——列车中的自翻车数；

q_z——自翻车平均装载容积（松方），m³。

对挖掘机排土，只有当 Q_{x1} 和 Q_{x2} 相等时排土线的接受能力才能达到理想值，但在生产实践中却难以实现，故只能取其中的小值。

排土线条数，即

$$N_x = \frac{1.2Q_c}{Q_x}K_x \tag{5-12}$$

式中　N_x——排土线的总条数；

Q_c——排土场要求的平均排土能力（实方），m^3/班；

K_x——排土线备用系数；

Q_x——每条排土线的平均接受能力［计算如式（5-10）和式（5-11）所示］，m^3/班。

5.2.3 铁路运输-排土犁排土

排土犁排土是露天开采早期广泛应用的一种排土方式，目前在国内已逐步被淘汰。但这种方式设备投资少、作业简单，在我国的露天矿中至今仍有使用。

排土犁是一种行走在轨道上的特殊车辆，车身一侧或两侧装有大犁板和小犁板。不工作时，犁板紧贴车体，排土时靠汽缸压气将它顶开而伸张成一定角度。随着排土犁在轨道上行走，犁板就将堆置在旁侧的土岩向下推排，如图 5-4 所示。

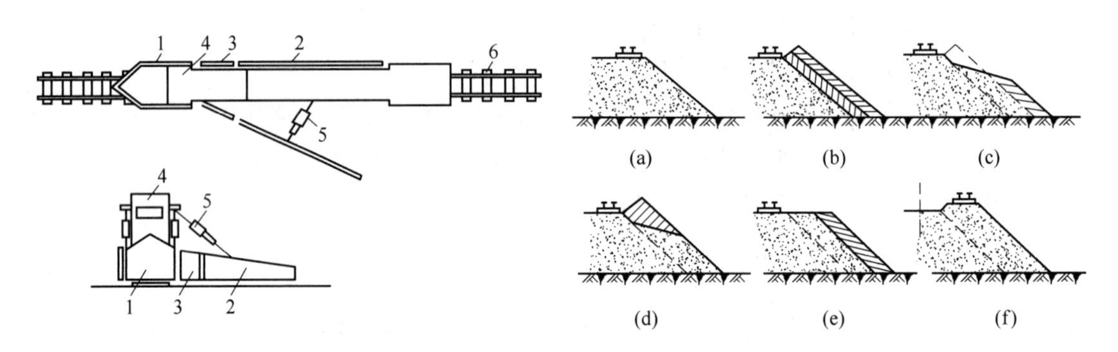

图 5-4　排土犁排土示意图

1—前部保护板；2—大犁板；3—小犁板；4—司机室；5—汽缸；6—轨道

排土犁排土的工序是：列车翻卸土岩；排土犁推排土岩；整修平台及边坡；移设线路。而其中第一和第二两项在二次线路移设之间交替重复进行。

在新移设的线路上，如图 5-4（a）所示，因路基未被压实，故最初列车应以低于每小时 5km 的速度，采取机车推项的方式进入排土线，自排土线起点向终点方向，在一个列车长度上逐列翻卸土岩。各列车的车厢翻卸顺序，应由车尾开始逐渐向前端进行，如此沿排土线全长都翻卸一次土岩后，列车就可改由排土线终端起向入口处后退式翻卸土岩，直至填满全线，如图 5-4（b）所示。土犁推排后，形成新的受土容积［见图 5-4（c）］，然后列车又继续沿排土线全长翻卸岩土，直到新受土容积再填满为止［见图 5-4（d）］，最后再由排土犁进行排土。

按上述过程翻土与排土交替进行，直到线路外侧形成的平台宽度超过或等于排土犁板伸张的最大允许宽度，排土犁已不能再进行排土作业时为止［见图 5-4（e）］，于是开始进行平正和线路移设工作。为了保证新路基的平整和稳定，最后一次排土时，需把排土犁的犁板提起 30~50cm，以便使排土台阶的新坡顶线比旧坡顶线有一超高［见图 5-4（f）］。

排土线路的移设方法取决于移道步距的大小。移道步距可按下式计算：

$$a = d - b \tag{5-13}$$

式中 d——由线路中心算起的排土犁翅板最大悬距，m；

b——移设线路中心距排土台阶坡顶线的距离，一般 $b=1.5\sim2.5$m。

根据所用排土犁的规格，排土犁排土线的移道步距一般小于 3m，因此在金属矿中仍较多使用移道机移道。实践证明，当移道步距大于 2.2m 使用移道机移道时，钢轨零件的操作比较大，且移道效率显著下降。所以当移道步距较大时，就应改为吊车移道。

排土犁排土的优缺点是：工艺简单，投资少，成本低；排土作业与运输之间没有连续性作业联系，相互制约较少；线路质量差，容易发生车辆掉道事故；同时，排土台阶的稳定性较差，特别是雨季就更明显，有时造成排土线下沉，从而使排土台阶高度受到限制，排土线利用率低。因此，如果是坚硬岩石，特别是排弃量不太大，且有足够场地时，采用这种方法较为合适。

5.2.4 铁路运输-前装机排土

如前所述，在铁路运输条件下，采用挖掘机和排土犁排土，其移道步距都受排土设备的规格所限，因此排土线路必须经常移设，这就影响了线路的稳定性，使排土台阶高度受限。特别是在我国高温多雨的南方矿山，用前述两种设备在高台阶上进行排土作业时，铁路路基常常严重下沉。为此，有的矿山采用前装机排土，使铁路运输能实现高台阶作业，提高排土效率。我国海南铁矿的排土工艺设计就推荐采用了这种排土方法。

前装机排土方法，就是以前装机作为转排设备，其作业方式如图 5-5 所示。在排土场边坡上设立转排平台。车辆在台阶上部向平台翻卸土岩，前装机在平台上向外进行转排。由于前装机机动灵活，其转排距离和排土高度都可达到很大值。

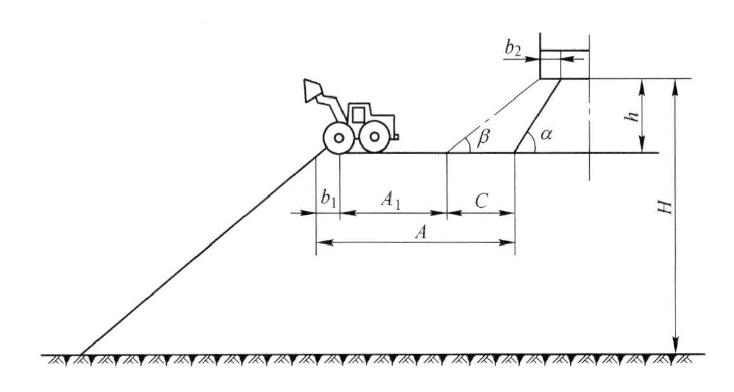

图 5-5 前装机排土作业及转排设计要素

前装机的工作平台，可在排土线建设初期，由前装机与列车配合先建成一段，然后纵横发展，形成工作平台。平台的最小宽度根据前装机的规格设定，一般为 20~25m。平台的边缘留一高度大于 1m 的临时车挡，以保证前装机卸土时的安全。为了排泄雨水，平台应设向外的横向坡度，并每隔一段距离在车挡上留有缺口。

转排台阶的高度应根据岩石松散程度，发挥设备效率和作业安全来确定：一般对 2.7m^3 前装机可取 3~6m；5m^3 前装机为 4~8m。为了使列车翻卸与前装机转排工作互不影响，每台前装机的作业线的长度应为150m左右。

工作平台最小宽度根据下式确定：

$$A = A_1 + C + b_1 \tag{5-14}$$

$$A_1 = L + R \tag{5-15}$$

式中　A——工作平台最小宽度，m；

A_1——前装机作业最小宽度，m；

b_1——安全宽度，m；

L——前装机铲尖至后轮轴的距离；

R——前装机外轮最小转弯半径；

C——待排岩土堆体的底部宽度。

$$C = \frac{h}{\tan\beta} - \frac{h}{\tan\alpha} + b_2 \tag{5-16}$$

式中　h——转排台阶高度，一般为6~8m；

β——土岩安息角，(°)；

α——转排台阶坡面角，(°)；

b_2——待排土岩顶宽，一般1.5~2m。

前装机转排能力受前装机生产能力和线路运输能力两者共同限制。设计时，一般以前装机的生产能力定为一条排弃线的综合能力，即

$$Q = \frac{60TVK_1K_2}{(t_1 + t_2 + t_3 + t_4 + t_5)K_3} \tag{5-17}$$

式中　Q——前装机台班生产能力（实方），m^3/(台 · 班)；

T——班工作时间，h；

V——铲斗容积，m^3；

K_1——时间利用系数，一般为0.75~0.85；

K_2——铲斗装载系数，0.55~1.25；

t_1——装载时间，一般为0.4~0.5min；

t_2——重载时调转时间，一般为0.1~0.2min；

t_3——往返行走时间，min，按下式计算：

$$t_3 = \frac{120L}{v} \tag{5-18}$$

L——行走距离，km；

v——平均行走速度，一般为6~8km/h；

t_4——卸载时间，一般为0.1~0.3min；

t_5——空载时调转时间，一般为0.1~0.2min；

K_3——土岩松散系数。

前装机运转灵活，一机多用，用它进行排土，可使铁路线较长时期固定不动，路基比较稳固，因而适应高排土场作业的要求。海南矿第六排土场排土台阶高达60~120m，使用KLD-100型前装机，一列车土岩半小时即可排完，每班排土效率达2400t左右。

5.2.5 带式排土机排土

带式排土机排土是一种连续式的排土方法。图 5-6 是带式排土机示意图。

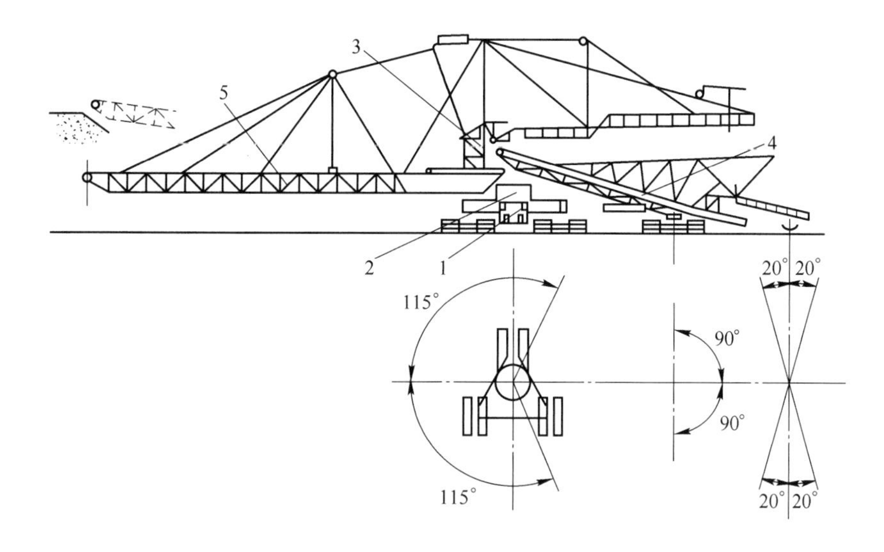

图 5-6 带式排土机示意图

1—排土机底座；2—回转盘；3—铁塔；4—接收壁；5—卸载壁

在外部排土场进行排土时，带式排土机常与胶带运输机配合使用。它的任务是接受从胶带运输机运来的岩石，再向堆置点转运排弃。排弃方法，可以上向排土堆垒，也可以下向排土台阶堆垒。

带式输送机推进方式一般有扇形排土、矩形排土和两种混合排土方式。

矩形排土或平行推进，随排土工作面的推进，端部干线带式输送机需不断接长，运输距离不断增加，排土带宽度等于带式输送机的移设距离。而扇形推进方式的每一排土线有一回转中心，排土线以回转中心为圆心呈扇形推进。它的优点是投资少，在移设过程中才需接长带式输送机，移设工作简单；其缺点是在整条排土线上排弃宽度不相等，它的排土有效宽度只相当于矩形排土的一半。

为了避免带式输送机工作面的缩短与延长，一般保持排土长度不变。因此，矩形排土适宜于长方形的排土场，而近似圆形的排土场适用扇形排土，当排土场地形变化时可因地制宜采用扇形和矩形相结合的方式（见图 5-7）。

5.2.6 排土作业安全

（1）矿山企业应设专职人员负责排土场的安全管理工作。

（2）排土作业应按经过批准的安全设施设计进行。

（3）排土作业区应符合下列要求：有良好的照明；配备通信工具；设置醒目的安全警示标志。

（4）汽车排土应遵守下列规定：排土平台应平整，排土线应整体均衡推进；在排土卸载平台边缘设置安全车挡，车挡高度不小于车轮轮胎直径的 1/2，顶宽不小于车轮轮胎直

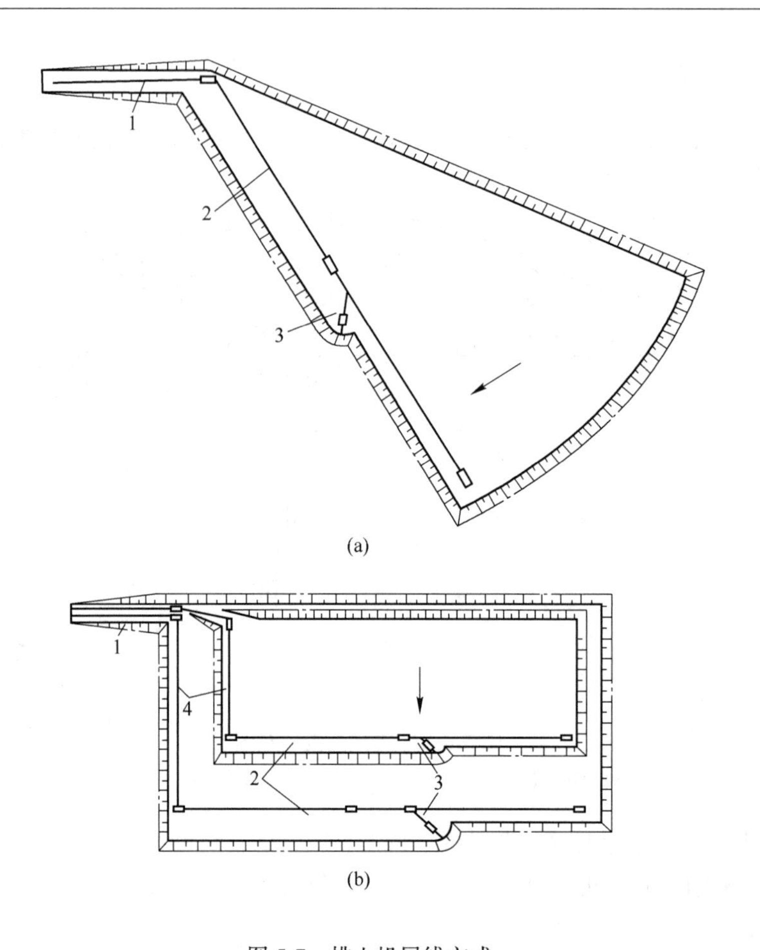

图 5-7　排土机展线方式

(a) 扇形推进排土方式；(b) 两个台阶同时进行矩形排土

1—带式输送机干线；2—移动胶带运输机；3—带式（胶带）排土机；4—联合带式输送机

径的 1/4，底宽不小于车轮轮胎直径的 3/4；由经过培训考核合格的人员指挥；进入作业区内的人员、车辆服从指挥；非作业人员未经允许不得进入排土作业区；无关人员不得进入；汽车与排土工作面距离小于 200m 时，车速不大于 16km/h；与坡顶线距离小于 50m 时，车速不大于 8km/h；重车卸载时的倒车速度不大于 5km/h；能见度小于 30m 时停止排土作业。

（5）铁路列车排土应遵守下列规定：路基面向排土场内侧形成反坡；准轨铁路平曲线半径不小于 200m，并设置外轨超高保证安全；窄轨铁路平曲线半径：600mm 轨距时，不小于 50m；大于 600mm 轨距时，不小于 100m；线路尽头前的一个列车长度内，形成 2.5‰~5‰的上升坡度；卸车线路中心线至台阶坡顶线的距离：准轨线路不小于 2m；窄轨线路不小于 1m；卸载线端部设置车挡和带有夜光的拦挡警示牌；排土作业点设置清晰的带有夜光的停车标志；列车进入排土线后由专人指挥运行；列车以推送方式进入卸车线，从列车尾部向机车方向依次卸车；准轨列车运行速度不大于 10km/h；窄轨列车运行速度不大于 8km/h；接近路端时，不大于 5km/h；排土人员发出卸车完毕信号后，列车方可驶出排土线。

（6）排土机排土应遵守下列规定：排土机在稳定的平盘上作业；排土机移设时，受料臂、排料臂升起并固定，且与行走方向成一直线，上坡时不转弯；排土机与排土场坡顶线的距离符合设备安全要求。

（7）推土机作业应遵守下列规定：推土机作业的工作面坡度符合设备要求；刮板不超出平台边缘；距离平台边缘小于5m时，推土机低速运行；推土机不后退开向平台边缘；不在排土平台边缘沿平行坡顶线方向推土；人员不站在推土机上；司机不离开驾驶室。

（8）推土机牵引其他设备时应遵守下列规定：被牵引设备带有制动系统，并有人操纵；下坡时不用绳索牵引；行走速度不大于5km/h；有专人指挥。

（9）应在平整的地面上维修推土机。维修刮板时，应将其放稳在垫板上，并关闭发动机。

（10）排土场应进行下列安全检查：排土场台阶高度、排土线长度；排土场的反坡坡度，每100m检查剖面不少于2个；排土场边缘的汽车车挡尺寸；铁路排土的线路坡度和曲线半径；排土机排土时履带与台阶坡顶线之间的距离；截排水系统、拦挡坝的完好情况及淤储空间情况。发现拦挡坝淤储空间不足，排土场出现不均匀沉降、裂缝、隆起时，应查明情况、分析原因并及时处理。

（11）矿山企业应建立排土场边坡稳定监测制度，边坡高度超过200m的，应设边坡稳定监测系统，防止发生泥石流和滑坡。

5.3　排土场的建设与扩展

排土场的建设主要包括修筑排土线初始路堤，建立运输系统、供电工程等。其中，初始路堤的堆垒对建设速度起决定性作用。

地形条件对初始路堤的堆垒影响很大。在山坡坡度适宜时，不同标高的排土水平可同时建设，且建设工程量小。在平地或缓坡上建立排土线时，不同标高的排土水平只能由下而上地建立，建设速度较慢。

5.3.1　山坡条件下初始路堤的修筑

为修筑初始路堤，一般沿山坡用挖掘机、推土机或人工开挖单侧沟，平整后再铺设线路（公路、铁路或胶带运输机），如图5-8和图5-9所示。

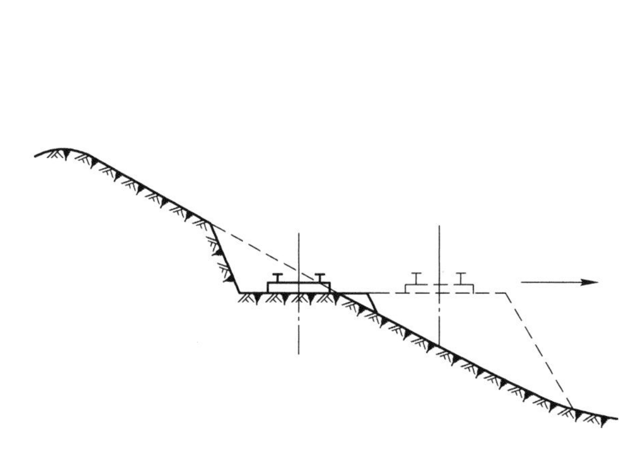

图5-8　铁路运输山坡排土场初始路堤

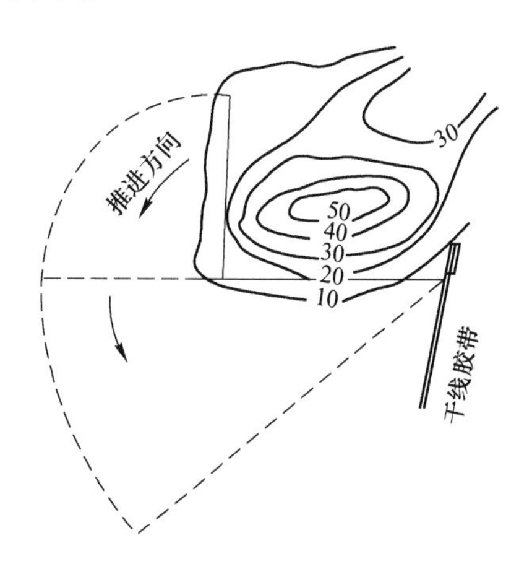

图5-9　带式排土机初始路堤及其发展

带式排土机的初始路堤应满足胶带直线布置的要求。当受地形条件限制，无法一次按排土线全长修筑初始路堤时，可先建立较短排土线，在发展过程中加长，如图 5-9 所示。

由于地形条件所限，有时排土线需要横跨深谷，这时可先开辟临时排土线，通过堆排加宽该地段的排土带宽度，以便最终使初始排土线全部贯通。因深谷和冲沟地段通常是汇水的通道，为保证排土场的稳定，在该处应采用透水性较好的岩块填平山沟。

5.3.2　平地排土场初始路堤的修筑

平地初始路堤的修筑比较复杂，需要分层堆垒和逐渐涨道才能达到要求高度。视工程量大小和具体条件可以采用以下几种方法：

（1）采用排土犁修筑时可采取交错堆垒的方式（见图 5-10），每次涨道的高度可达 0.4~0.5m。

（2）采用挖掘机修筑时（见图 5-11），首先从原地取土，并在旁侧堆筑第一分层；为了加大第一分层堆垒高度，也可在两侧取土。取土的地段形成了取土坑。第一分层经平整后，铺上线路，就可用列车运送岩土并翻卸在路堤旁，再用挖掘机堆垒第二分层、第三分层直至达到所要求的路堤高度，便形成初始排土线。

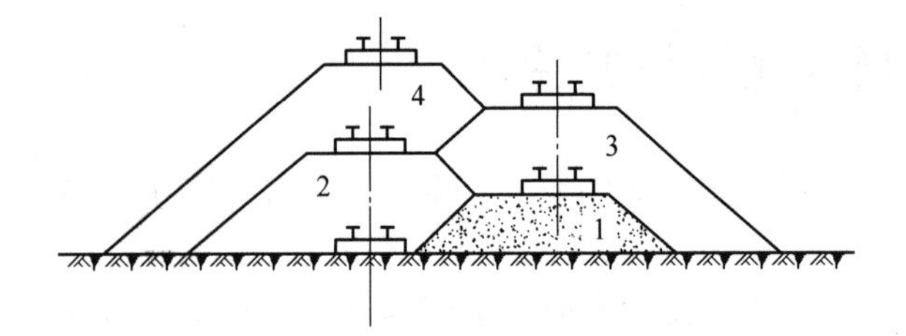

图 5-10　排土犁修筑初始路堤
1~4—堆垒顺序

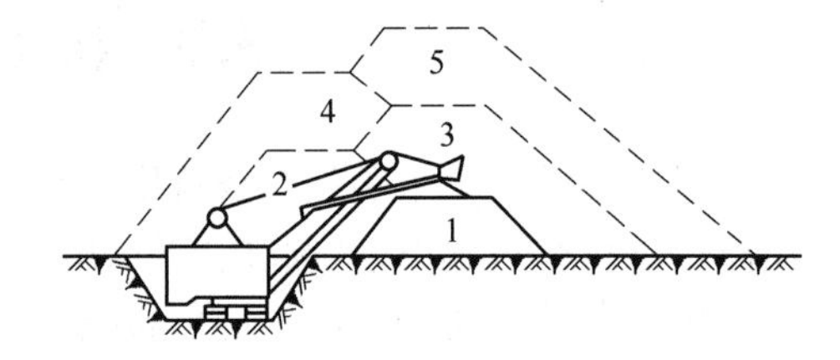

图 5-11　挖掘机修筑初始路堤
1~5—堆垒顺序

（3）采用推土机修筑时一般用两台推土机对推。此法可修筑高度在 5m 以内的排土线和初始路堤，如图 5-12 所示。

（4）使用带式排土机排土时，除可用挖掘机、汽车等设备建设初始路堤外，也可用带式排土机建设。图 5-13 为用带式排土机堆垒初始路堤的方案。

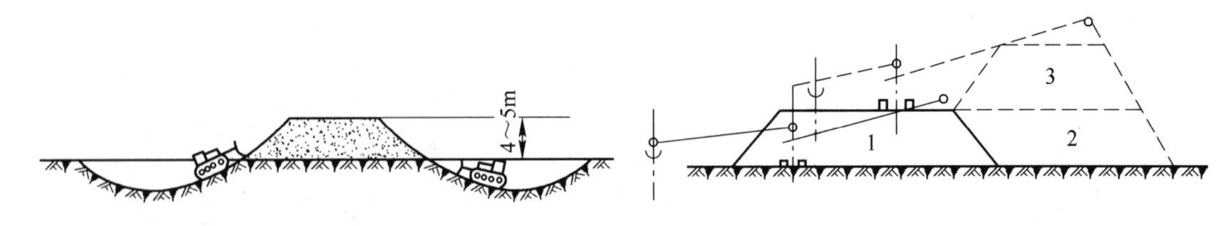

图 5-12　推土机修筑初始路堤

图 5-13　带式排土机堆垒初始路堤
1~3—堆垒顺序

5.3.3　排土线的扩展

5.3.3.1　铁路运输单线排土场

排土线的扩展方式有平行、扇形、曲线形和环形 4 种，如图 5-14 所示。

排土场平行扩展是排土边缘沿原始排土线平行向外移动，移道步距固定，移道工作比较好掌握。而扇形扩展方式是排土线沿道岔处的曲线的切线作扇形移动，移道步距不定，从排土线入口到终端移道步距数值逐渐增大。

采取上述两种扩展方式时，为了保证列车翻土和排土设备的作业安全，列车不能在线路尽头翻车，要保留一定的安全距离。因而随着排土线的发展，线路就不断缩短，一般每移道一次，排土犁排土线就要缩短 2~3m。如果挖掘机排土岩不采取解体翻车，则排土线长度缩短得更快。为了避免排土线的缩短，在挖掘机排土时可采用下述尽头区的堆垒方法（见图 5-15），即挖掘机在尽头区先堆好下部台阶［见图 5-15（a）］，然后堆垒上部台阶［见图 5-15（b）］；当上部台阶堆满后，挖掘机履带就地调转 90°，向外扩展新的工作平盘［见图 5-15（c）］。在挖掘机进入新的工作平盘后，将通道填满，将铁路线移至新的位置［见图 5-15（c）］，开始下一排土带的排序。此外还可以采用其他的方法，避免排土线的缩短，在此不一一赘述。

由线扩展［见图 5-14（c）］可以避免上述排土线缩短的缺点，但这种方式线路的铺设较复杂，每移道一次线路都要接轨加长，同时移道步距也不等，施工较难掌握。

环形扩展时［见图 5-14（d）］，排土线向四周移动。排土线长度增加较快，在保证列车间安全距离的条件下，可实现多列车同时翻卸。但是，当一段线路或某一列车发生故障时，会影响其他列车的翻卸工作。它多用于平地建立的排土场。

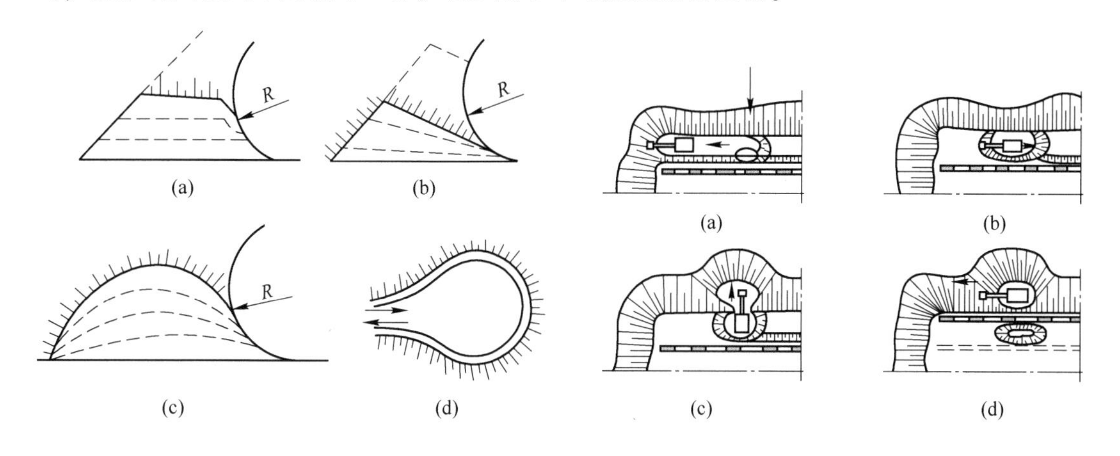

图 5-14 铁路运输单线排土场扩展示意图
（a）平行；（b）扇形；（c）曲线形；（d）环形

图 5-15 挖掘机排土线尽头区的堆垒方法

5.3.3.2 铁路运输多线排土场的扩展方式

多线排土是指在一个排土台阶上，布置若干排土线可同时排土，如图 5-16 所示。它们之间在空间上和时间上保持一定的发展关系。其突出的优点是收容能力大。

建立在山坡上的多线排土场，通常采用单侧扩展［见图 5-16（a）］。建立在缓坡或平地上的多线排土场，多采用环形扩展［见图 5-16（b）］。

当采用挖掘机排土时，各排土线可采用并列的配线方式（见图 5-17）。其特点是各排土线互相保持一定的距离，避免相互干扰和提高排土效率。

5.3.3.3 多层排土

为了在有限的面积内增加排土场受土面积，可采用多层排土。各层之间可采用直进式

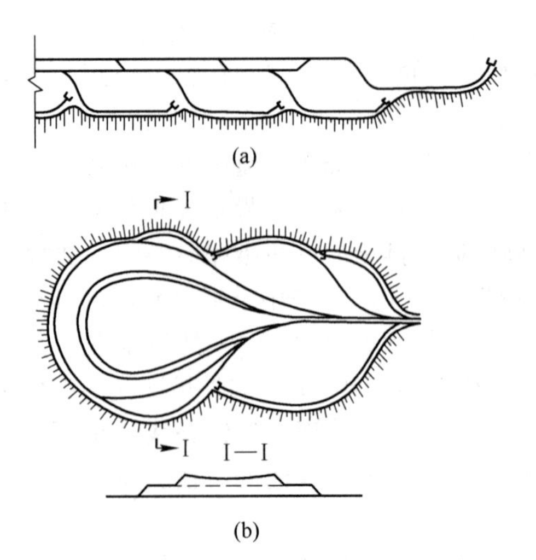

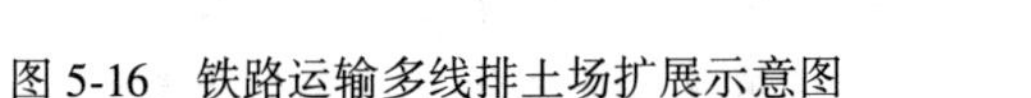

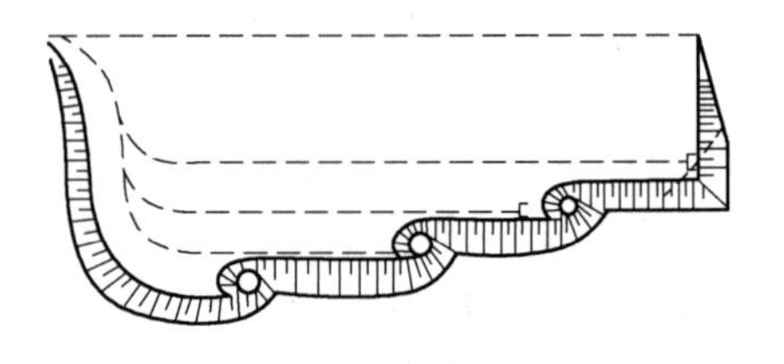

图 5-16　铁路运输多线排土场扩展示意图　　　　图 5-17　挖掘机并列排土示意图

或回返（折返）线路建立分层之间的运输联系（见图 5-18）。各层排土线的发展在空间和时间上要合理配合。为保证安全和正常作业，上、下两台阶之间应保持一定的超前距离，并使之均衡发展。

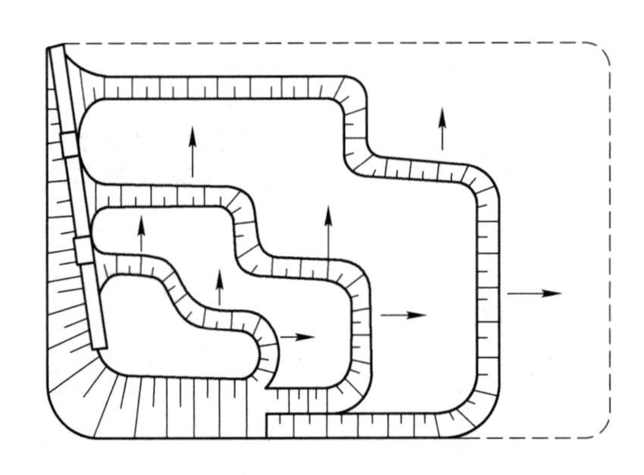

图 5-18　多层排土场扩展方式图

5.4　排土场的病害及防治

5.4.1　排土场病害

排土场的病害主要表现为排土场的滑坡（失稳）及泥石流。

5.4.1.1　排土场滑坡

排土场与基底滑坡类型可分为 3 种：排土场内部的滑坡、沿排土场与基底接触面的滑坡、沿基底软弱层的滑坡（见图 5-19）。

A　排土场内部的滑坡［见图 5-19（a）］

基底岩层稳固，由于岩土物料的性质、排土工艺及其他外界条件（外载荷和雨水等）

所导致的排土场滑坡，其滑动面出露在边坡的不同高度。

当排弃的是大块坚硬岩石，其压缩变形较小，排土场比较稳定。若岩石破碎，含较多的砂土，并具有一定湿度时，新堆置的排土场边坡角较陡（38°~42°），随着排土场高度增加、继续压实和沉降，排土场内部出现孔隙压力的不平衡和应力集中区。孔隙压力降低了潜在滑动面上的摩擦阻力，因而可能导致滑坡。在边坡下部的应力集中区产生位移变形或边坡鼓出，然后牵动上部边坡开裂和滑动，最后形成抛物线形的边坡面，即上部陡、下部缓，以直线量度的边坡角通常为25°~32°。

排土场内部的滑坡多数与物料的力学性质有关，如含有较多的土壤或风化软弱岩石；当排土场受大气降雨或地表水的浸润作用，将使排土场的稳定状态迅速恶化。

B 沿基底接触面的滑坡［见图5-19（b）］

当山坡形排土场的基底倾角较陡，排土场与基底接触面之间的抗剪强度小于排土场物料本身的抗剪强度时，便易产生沿基底接触面的滑坡。如基底上有一层腐殖土或在矿山剥离初期排弃的表土和风化层，堆置在排土场的底部而形成了软弱夹层。若遇到雨水和地下水的浸润，便会促进滑坡的形成。

C 软弱基底承载能力不足引起排土场滑坡［见图5-19（c）］

当排土场坐落在软弱基底上时，由于基底承载能力低而产生滑移，并牵动排土场的滑坡。在冶金矿山排土场40多例重大滑坡事故中，这类滑坡约占1/3。

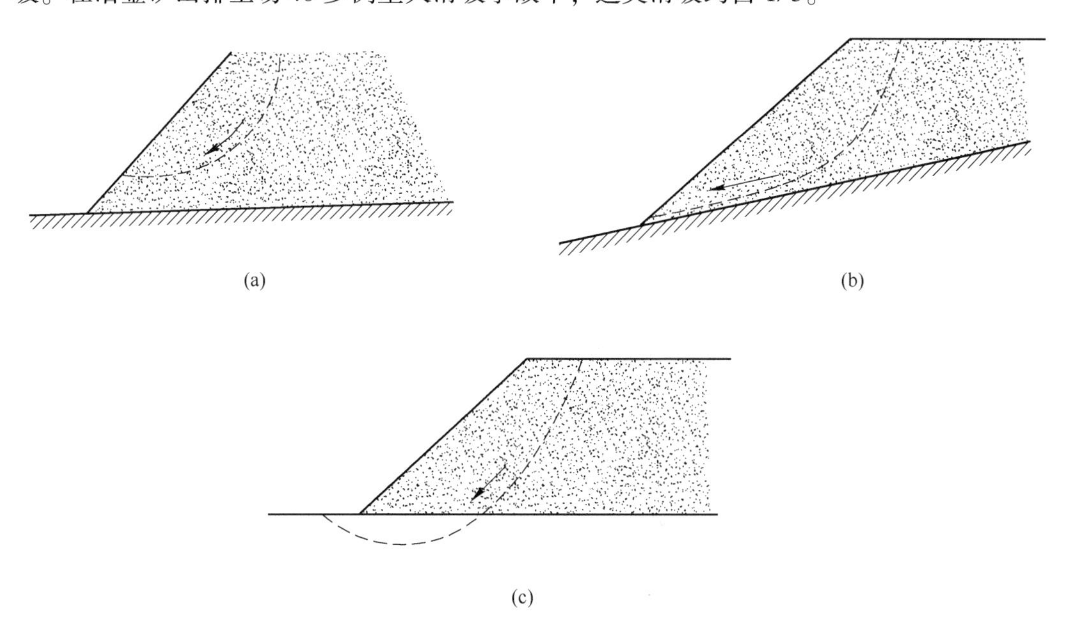

图5-19 排土场滑坡类型示意图
（a）排土场内部的滑坡；（b）沿基底接触面的滑坡；（c）基底软弱层的滑动

5.4.1.2 排土场泥石流

由于山岩风化、滑坡、崩塌或人工堆积在陡峻山坡上（30°~60°）的大量松散岩土物料充水饱和，形成一种溃决，谓之天然泥石流。含大量泥沙石块，砂石含量15%~80%的泥石流体（体积质量在1.3~2.3t/m^3）在重力作用下沿陡坡和沟谷快速流动，形成一股能量巨大的特殊洪流。可在很短时间内排泄几十万到几百万立方米的物料，对于道路、桥梁、房屋、农田等造成严重灾害。

形成泥石流有3个基本条件：第一，泥石流区含有丰富的松散岩土；第二，山坡地形陡峻和较大的沟床纵坡；第三，泥石流区的上中游有较大的汇水面积和充足的水源。矿山泥石流多数以滑坡和坡面冲刷的形式出现，即滑坡和泥石流相伴而生，迅速转化难以截然区分，所以又可分为滑坡型泥石流和冲刷型泥石流。

矿山工程中筑路开挖的土石方、坑道掘进排弃的废石以及露天矿排土场堆积的大量松散岩土物料都给泥石流的发生提供了丰富的固体物料来源。

5.4.2　整体滑坡的原因及防治措施

整体失稳的原因有如下几个方面：基底地形坡度太陡；剥离废石的物理力学性质差，与基底之间摩擦系数小；基底工程地质、水文地质条件差，基底的承载力低；排水工程设施不完善；人类活动及自然灾害等影响。

为了提高排土场的整体稳定性，除了选择工程地质及水文地质条件好、地形有利的排土场外，还要结合场地的具体条件和需要，采取必要的措施。

5.4.2.1　提高基底的抗滑能力

（1）对于倾斜的基底，要清除表层的腐殖土及软弱层，并挖成台阶。

（2）对于潮湿基底，将不易风化的废石排于基底，并将地下水引出场外。

（3）完整光滑且倾角较大的岩性基底，可采用棋盘式布点爆破，增加粗糙度。

（4）拦截场外地表水。

5.4.2.2　调整排土计划

将不易风化的水稳性高的剥离物调整排弃在较高阶段的地段或沟渠、地下泉水出露地段。

5.4.2.3　软弱层基底的处理

清除软弱层，疏干地下水，底部排弃大块坚硬岩石。

5.4.3　边坡局部失稳的原因及防治措施

边坡局部失稳的原因有如下几方面：排土段高超过了稳定高度；场内连续排弃了物理力学性质不良的岩土层，从而形成了软弱面，导致边坡失稳；地表水截流不当，流入场内，岩土含水饱和，降低了岩土的物理力学性质；地表水集流冲刷边坡、河沟水流浸泡、冲刷坡脚等。

提高边坡稳定度的措施：

（1）根据剥离物的物理力学性质及排弃工艺，确定排土段的稳定高度，对于水稳性差的岩土，宜适当降低排土段高度。

（2）设置可靠的排水设施，避免地表水流入场内浸泡、冲刷边坡，掏挖坡脚。

（3）对于物理力学性质差的风化岩土，安排在旱季排弃，并及时将不风化大块硬岩排弃在边坡外侧，覆盖坡脚，或按比例混合岩土排弃。

复习思考题

5-1 排土场位置选择时应考虑哪些因素？

5-2 排土场容积是怎样确定的？

5-3 常见排土工艺有哪些？

5-4 如何修筑初始路堤？

5-5 排土线是怎样扩展的？

5-6 排土场有哪些病害，怎样防治？

5-7 玉龙铁矿有两个露天采场，七别古露天采场共剥离废土石 667.9 万立方米，索多露天采场共剥离废土石 108.3 万立方米。分别设计排土场进行堆放，两露天采场剥离的岩石均属砂质板岩，爆破后呈小块状。试计算两排土场的设计容积。

6 露天开采境界

6.1 概　　述

6.1.1 确定露天开采境界的任务、内容及影响因素

由于矿床的埋藏条件各异，因而在矿床开采设计时可能遇到以下 3 种情况：

(1) 整个矿床宜用地下开采。

(2) 矿床上部宜用露天开采，下部宜用地下开采。

(3) 矿床全部宜用露天开采，或者上部大部分宜用露天开采，其余部分暂不宜开采。

对于后两种情况，都要求确定合理的露天开采境界。

露天开采境界是由露天矿的底部周界、露天矿场的最终边坡和露天开采深度 3 个要素组成的。露天开采境界的设计，即是指正确合理地确定这 3 个要素。

露天开采境界的大小决定着露天矿场的工业储量、剥离岩石总量、生产能力、开采年限、开拓方法、开采程序、总平面布置、运输干线及出入沟的设置等，从而影响整个矿床开采的经济效果。因此，正确确定露天开采境界，是露天开采设计的一项重要工作。但由于矿床的埋藏条件不同，在三要素中，不同矿床所需确定的重点内容不同。对于水平或近似水平的矿床，主要是确定底平面周界；对于倾斜和急倾斜矿床，主要是确定开采深度；对于地质条件复杂、岩层破碎、水文地质条件等较差的矿床，主要是确定最终边坡角。

露天开采境界的确定，涉及面广，影响因素多，归纳起来有以下几项因素。

(1) 自然因素。矿体的埋藏条件、矿岩的物理力学性质、矿区地形及水文地质情况等。

(2) 经济因素。指基本建设投资、矿石成本、矿石的损失贫化、基建期限、达产期限、设备供应情况及经济水平等。

(3) 技术因素。主要指矿区附近的河流、铁路等重要建筑物对露天开采境界的限制。

上述因素对于不同矿床，在不同的时间、地点，对开采境界的影响程度不同。在确定露天开采境界时，要综合考虑各种因素的影响，分清哪些是影响设计的主要因素，起限制作用的因素，哪些是次要因素。但是，技术限制的一些因素也不是绝对的。如河流对露天开采境界的影响，一方面河流改道很困难，费用高，但另一方面这种改道又不是不可能的，应结合具体条件，在设计中加以研究比较才能确定。这里应该指出，所确定的露天开采境界，不是一成不变的，因为一个矿山的服务年限很长，随着技术经济的发展，露天开采的经济效果不断改善，原设计的境界常常要扩大。因此，这里所说的正确确定露天开采境界，是对一定条件、一定时期而言。

6.1.2 剥采比的概念

实行露天开采，要先把矿体上部的覆盖岩石及两盘围岩剥离掉。剥离的岩石量与采出矿石量之比称为剥采比。随着露天开采境界的变化，可采的矿石量和所需剥离的岩石量也相应地改变。因此，露天开采境界的确定，就与采剥比联系在一起。在确定露天开采境界时，常用下列几种剥采比，如图 6-1 所示。

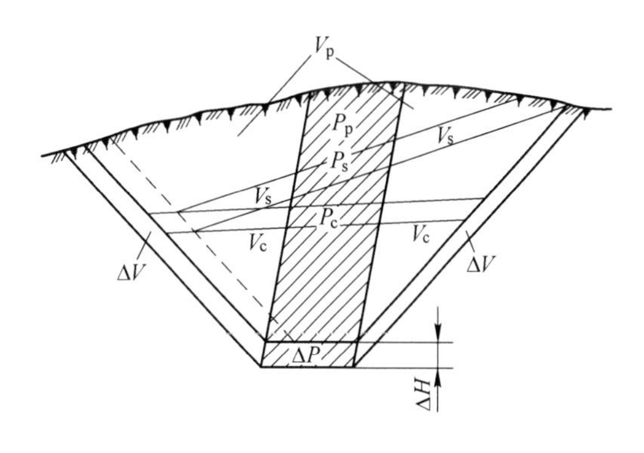

图 6-1　各种剥采比示意图

6.1.2.1　平均剥采比 n_p

指露天开采境界内的岩石总量与矿石总量之比（m^3/m^3），即

$$n_p = \frac{V_p}{P_p} \tag{6-1}$$

式中　V_p——露天开采境界内的岩石总量，m^3；

P_p——露天开采境界内的矿石总量，m^3。

6.1.2.2　分层剥采比 n_c

指露天开采境界内某一水平分层的岩石量与矿石量之比（m^3/m^3），即

$$n_c = \frac{V_c}{P_c} \tag{6-2}$$

式中　V_c——分层内的岩石量，m^3；

P_c——分层内的矿石量，m^3。

6.1.2.3　生产剥采比 n_s

指露天矿某一个生产时期内所剥离的岩石量与所采出的矿石量之比（m^3/m^3），即

$$n_s = \frac{V_s}{P_s} \tag{6-3}$$

式中　V_s——某一个生产时期内所剥离的岩石量，m^3；

P_s——某一个生产时期内所采出的矿石量，m^3。

6.1.2.4　境界剥采比

指以最终边坡角划定的境界由某一分层延至下一个分层时，增加的剥离岩石量与增加的采出矿石量之比（m^3/m^3），即

$$n_k = \frac{\Delta V}{\Delta P} \tag{6-4}$$

式中　ΔV——境界延伸时增加的剥离岩石量，m^3；

ΔP——境界延伸时增加的采出矿石量，m^3。

6.1.2.5　初始剥采比 n_0

指露天境界内由基建投资所支付的境界内的岩石量与出矿量之比。

6.1.2.6　经济合理剥采比 n_j

指经济上允许的最大剥采比，超过此值，采用露天开采在经济上就不合理了。

6.1.2.7　储量剥采比 n_i

指露天开采境界内根据地质勘探报告所计算的岩石与矿石量之比（m^3/m^3），即

$$n_i = \frac{V_i}{P_i} \tag{6-5}$$

式中　V_i——露天开采境界内依地质资料计算的岩石储量，m^3；

P_i——露天开采境界内依地质资料计算的矿石工业储量，m^3。

6.1.2.8　采出矿石剥采比 n_t

指露天开采境界内考虑开采损失贫化后所得出的岩石量与矿石量之比（m^3/m^3），即

$$n_t = \frac{V_t}{P_t} \tag{6-6}$$

式中　V_t——露天开采境界内实际采出的岩石量，m^3；

P_t——露天开采境界内实际采出的矿石量，m^3。

6.2　经济合理剥采比的确定

经济合理剥采比，是经济上的最大剥采比，是确定露天开采境界的重要指标。该剥采比的确定方法很多，归纳起来可分为两类：

（1）比较法。它是以露天开采和地下开采的经济效果作比较来计算的，用以划分矿床露天开采和地下开采的界线。

（2）价格法。它是用露天开采成本和矿石价格作比较来计算的，用于矿床只宜露天开采的情况。前一类又分为采出矿石成本比较法、最终产品成本比较法及储量盈利比较法。

6.2.1　成本比较法

6.2.1.1　采出矿石成本比较法

此法是以采出矿石为计算基础，其原则是使露天采出矿石成本等于地下采出矿石成本。

露天采出单位体积的矿石成本，由纯采矿成本和剥离成本两部分组成，即

$$c_L = \gamma a + nb \tag{6-7}$$

式中　c_L——露天采出矿石成本，元/m^3；

a——露天开采的纯采矿成本（不包括剥离），元/t；

b——露天开采的剥离成本，元/m^3；

γ——矿石容重，t/m^3；

n——剥采比，m^3/m^3。

根据上述原则列出下式：

$$\gamma a + nb = \gamma C_D$$

由上式可得经济合理剥采比 n_j（m^3/m^3）为：

$$n_j = \frac{\gamma(C_D - a)}{b} \tag{6-8}$$

式中 C_D——地下采出矿石成本，元/t。

式（6-8）是矿山设计中常用的一个基本公式，为了精确地计算经济合理剥采比，要正确地选取 C_D、a 和 b。在矿山设计中，这几个数据来源于类似矿山的实际资料，但考虑两个矿山条件不完全相同，对所选用的数据要结合具体条件进行修改。

采出矿山成本比较法，是计算经济合理剥采比中最简单的一种，它要求的基础数据少，数据来源方便，但公式中没有涉及到矿石的回收率和贫化率即未考虑露天开采和地下开采在损失贫化方面的差异，未反映出露天开采在这方面的优越性。

6.2.1.2 最终产品成本比较法

这种方法是按露天采出矿石经过选矿或冶炼后所得的产品成本等于地下采出矿石经过选矿或冶炼所得产品成本的原则进行计算的。根据产品的种类不同，又分下列两种情况。

A 产品为精矿

本法用于露天采出矿石和地下采出矿石所产精矿的品位相同或相近时。根据上述原则列出下式：

$$\left(a + b\frac{n}{\gamma} + S_L\right)G'_{j_L} = (C_D + S_D)G'_{j_D} \tag{6-9}$$

式中 S_L——露天开采时每吨采出矿石的选矿成本，元/t；

S_D——地下开采时每吨采出矿石的选矿成本，元/t；

G'_{j_L}——露天开采时生产 1t 精矿所需的采出矿石量，t；

G'_{j_D}——地下开采时生产 1t 精矿所需的采出矿石量，t。

由式（6-9）得经济合理剥采比 n_j（m^3/m^3）为：

$$n_j = \frac{\gamma}{b}\left[\frac{G'_{j_D}}{G'_{j_L}}(C_D + S_D) - (a + S_L)\right] \tag{6-10}$$

$$G'_{j_L} = \frac{1}{K_i},\ K_i = \frac{\varepsilon_{j_L} a'}{\beta} \quad a' = a_0(1 - \rho_L) + a''\rho_L$$

$$G'_{j_L} = \frac{\beta}{[a_0(1 - \rho_L) + a''\rho_L]\varepsilon_{j_L}} \tag{6-11}$$

$$G'_{j_D} = \frac{\beta}{[a_0(1 - \rho_D) + a''\rho_D]\varepsilon_{j_D}} \tag{6-12}$$

式中 ρ_L——露天开采的实际贫化率；

ρ_D——地下开采的实际贫化率；

ε_{j_L}——露天开采的选矿回收率；

ε_{j_D}——地下开采的选矿回收率；

β——精矿品位；

K_i——精矿产出率；

a'——采出矿石品位；

a_0 ——矿石的工业品位；

a'' ——围岩的含矿品位。

将式（6-11）和式（6-12）代入式（6-9）得经济合理剥采比：

$$n_j = \frac{\gamma}{b}\left\{\frac{[a_0(1-\rho_L)+a''\rho_L]\varepsilon_{j_L}}{[a_0(1-\rho_D)+a''\rho_D]\varepsilon_{j_D}}(C_D+S_D)-(a+S_L)\right\} \tag{6-13}$$

B　产品为金属

由于露天开采和地下开采所产精矿品位相差很大，冶炼回收率有很大差异时，就要计算到冶炼后的金属成本，其计算方法基本相同，其计算公式如下

$$n_j = \frac{\gamma}{b}\left\{\frac{[a_0(1-\rho_L)+a''\rho_L]\varepsilon_{j_L}\delta_L}{[a_0(1-\rho_D)+a''\rho_D]\varepsilon_{j_D}\delta_D}(C_D+S_D+Y_D)-(a+S_LY_L)\right\} \tag{6-14}$$

式中　δ_L，δ_D ——分别为露天开采和地下开采的冶炼回收率；

Y_L，Y_D ——分别为露天开采和地下开采时分摊每吨原矿的冶炼成本，元/t。

从上式中可以看出，最终产品成本比较法考虑了露天开采和地下开采在贫化率上的差别，它比采出矿石成本比较法有所进步，但尚未考虑在回收率上的差别。但该法要求的基础数据较多，计算繁琐，给实际应用带来一定的困难。

6.2.2　按矿石价格确定经济合理剥采比

石灰石、白云石等低价矿床，为获得一定的开采盈利，则只能采用露天开采；砂矿、含硫高有自燃性的矿床，技术上不宜用地下开采，只能用露天开采。这些矿床在确定经济合理剥采比时，不能用地下开采与之对比，故不能用上述比较法，而按矿石价格确定经济合理剥采比。确定的原则是使露天开采的原矿成本不超过其价格，以保证矿山不亏损，即

$$\gamma a + bn \leqslant \gamma p \tag{6-15}$$

$$n_j \leqslant \frac{\gamma}{b}(p-a) \tag{6-16}$$

式中　p ——采出矿石的价格，元/t。

6.3　境界剥采比的确定方法

确定境界剥采比首先要计算边界的矿岩量。因此，必须知道矿体的最低工业品位、边界品位及可采厚度和夹石剔除厚度等指标。在计算矿量时，矿层大于或等于最低可采厚度的计入矿量，否则按岩石计算。在可采的矿层中夹有岩层时，岩层厚度小于夹石剔除厚度的，上下层矿体及夹石一起计入矿量，但平均品位还应大于最低工业品位，否则按矿层计算矿量。

计算境界剥采比时，根据露天矿端帮量与矿岩总量的比值，将露天矿划分为长露天矿与短露天矿两类。该比值小于 0.5~0.20 时（其长宽比约大于或等于 4 时）为长露天矿，反之为短露天矿。长露天矿可不考虑端帮量，短露天矿必须考虑端帮量。

6.3.1 露天矿场的最小底宽及最终边坡角的确定

6.3.1.1 最小底宽的确定

在其他条件相同时，露天矿底部的宽度越大，露天矿的合理开采深度越小，采出的矿量也就越少，因而，露天矿场的技术经济指标恶化，故底宽宜取最小值。该值的大小，应以满足采装运输设备的工作要求为准。

对于铁路运输的矿山，露天矿的最小底部为：

$$B_{\min} = 2R_{\mathrm{WH}} + T + 3e - h_1 \cot a \tag{6-17}$$

式中 R_{WH}——挖掘机机体回转半径，m；

T——铁道线路宽度，m；

e——挖掘机机体、边坡及车辆三者之间的安全距离，e =1.0~1.5m；

h_1——挖掘机机体的底盘高度，m；

a——台阶坡面角，(°)。

当采用汽车运输时，底盘应满足汽车调车的要求。

采用回返式调车时，底宽为：

$$B_{\min} = 2(R_{\mathrm{cmin}} + 0.5b_{\mathrm{c}} + c) \tag{6-18}$$

采用折返式调车时，则

$$B_{\min} = R_{\mathrm{cmin}} + 0.5b_{\mathrm{c}} + 2e + 0.5L_{\mathrm{C}} \tag{6-19}$$

式中 R_{cmin}——汽车最小转弯半径，m；

b_{c}——汽车宽度，m；

e——汽车距边坡的安全距离，m；

L_{C}——汽车长度，m。

在确立露天矿境界时，若矿体厚度小于最小宽度，则底平面按最小宽度绘制；若矿体的厚度比最小宽度大得不多，则底平面可以矿体厚度为界；若矿体厚度远大于最小底宽时，则按最小宽度作图，并应考虑以下条件确定露天矿底的位置：

(1) 使境界内的可采矿量最大，剥岩量最小。

(2) 使可采矿量最可靠，为此把露天矿的底置于矿体中间。

(3) 使采出矿石的品位最高，这就是根据矿石的品位分布，确定露天矿的位置。

从矿山采剥工程的要求来看，露天矿场的底宽相当于开段沟掘沟宽度，其宽度取决于掘沟方法及采掘设备（见表6-1）。按工作安全条件要求，一般不小于20~30m。

表6-1 露天矿场最小底宽值

运输方式	装载设备	运输设备	最小宽度/m
铁路运输	人工或 $1\mathrm{m}^3$ 以下挖掘机	窄轨（轨距600mm）	10
	$1\mathrm{m}^3$ 挖掘机	窄轨（轨距762mm、900mm）	10
	$4\mathrm{m}^3$ 挖掘机	准轨（轨距1435mm）	16
汽车运输	$1\mathrm{m}^3$ 挖掘机	7t以下汽车	16
	$4\mathrm{m}^3$ 挖掘机	7t以上汽车	20

在西方国家中，最小宽度通常在50~200m之间变化，视采、运设备规格而定。当前，为保证坑底作业安全并提高作业效率，露天矿底宽有增大的趋势。

6.3.1.2　露天矿最终边坡角确定

露天矿最终边坡角的大小，对于边帮的稳定性及剥岩量的大小均有重要的影响作用。边坡角小边帮的稳定性好，但剥岩量大；反之边帮的稳定性降低，剥岩量减小。所以合理的边坡角既要保证边帮的稳定，又要使剥岩量减小。目前，边坡角的计算方法还不完善，通常仍按类似矿山的经验数据来选取，可参考表6-2。

表6-2　边坡角初选时的经验参考表

岩石类别	普氏系数	岩石名称	台阶坡面角/(°)		高度为下列值时的稳定边坡角/(°)			
			工作面	非工作面	<90m	90~180m	180~240m	240~300m
极硬	15~20	最坚硬致密的石英岩、玄武岩及其他极硬岩石，特别硬的花岗岩、石英斑岩，矽质页岩、各种石英岩，极硬的砂岩和石灰岩	80~90	75~85	60~68	57~65	53~60	48~54
坚硬	8~14	密质的花岗岩，特硬砂岩及石英岩脉，特硬铁矿，石灰岩，不坚硬的花岗岩，硬砂岩，硬大理岩、白云岩、黄铁矿	70~80	70~75	50~60	48~57	45~53	42~48
中硬	3~7	普通砂岩、铁矿、砂质页岩、片状砂岩，坚硬黏土质页岩，非坚硬砂岩、石灰岩、软岩、各种页岩、致密泥灰岩	60~70	60~65	43~50	41~48	39~45	36~42
软	1~2	侏罗纪黏土，软质石炭纪黏土，油性黏土，含有小碎石和砾石的重砂质黏土，漂砾土，片状黏土，块度达90mm砾石	45~60	45~60	30~43	28~41	26~39	24~36
极软	0.5~0.9	软油性黏土，轻重砂质黏土，湿的松散黄土，种植土泥炭，腐殖土，砂腐殖土，含小碎石的砂质黏土	35~45	25~40	21~30	20~25		

在确定露天矿边坡角后，还应根据边帮的细部结构尺寸进行验算。露天矿边帮由台阶的坡面及平台组成，平台分保安平台、清扫平台、运输平台，运输平台又分水平运输平台和倾斜运输平台，如图6-2所示。

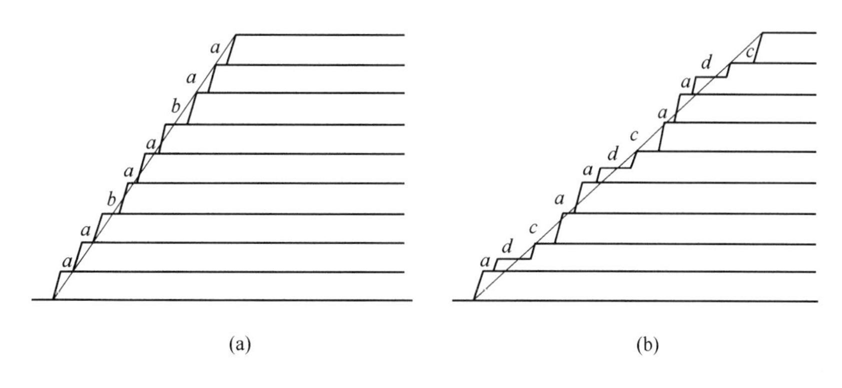

图 6-2 露天矿最终组成示意图

（a）安全平台、清扫平台；（b）全平台、清扫平台、运输平台

图 6-2 中 a 为保安平台，为保证工作安全而设的，其宽度不应小于 4m；b 为清扫平台，为清除安全平台上积存的岩块而设置的，一般每隔 2~3 个台阶设一清扫平台，其宽度决定于清扫时所用的装载及运输设备，一般大于 6m；c 为水平运输平台，为每个工作面出入运输设备而设的；d 为倾斜运输平台，为设置开拓运输坑线而设的，其数目决定于所采用的开拓方法，运输线路的坡度及露天矿场的范围。对于内部折返（或回返）坑线开拓，在非工作帮的每一台阶一折返站时，倾斜运输台阶的数目等于露天矿场台阶数目，当每隔一个台阶设一个折返站时，倾斜运输台阶平台每隔一个台阶设置一个，依此类推。

按满足设置上述平台的要求，露天矿场最终边坡角 β [（°）] 可按下式确定：

$$\beta = \operatorname{arccot} \frac{\sum_{i=1}^{n} h}{\sum_{i=1}^{n} h\cot\alpha + \sum_{i=1}^{n_1} a + \sum_{i=2}^{n_2} b + \sum_{i=1}^{n_3} c + \sum_{i=1}^{n_4} d} \tag{6-20}$$

式中 h——台阶高度，m；

n——台阶数目；

α——台阶坡面角，（°）；

a——保安平台宽度，m；

n_1——保安平台数目；

b——清扫平台宽度，m；

n_2——清扫平台数目；

c——水平运输平台宽度，m；

n_3——水平运输平台数目；

d——倾斜运输平台宽度，m；

n_4——倾斜运输平台数目。

按上式确定的边坡角，不应大于根据边坡稳定条件所选定的数值，应尽可能接近并略小于该值，以求在保证安全的前提下使剥岩量最小。对于缓倾斜矿体，计算的边坡角大于矿体的倾角，则最终边坡角应沿矿体下盘布置，以便充分采出下盘矿石，如图 6-3 所示。这时要用 cd 作境界线而不用 cd'。

6.3.2　境界剥采比的确定方法

6.3.2.1　长露天矿境界剥采比的计算

长露天矿的地质横剖面图能充分反映矿体的赋存特征，在设计中常用横剖面图来计算境界剥采比。这种方法又分为面积比法和线段比法。

A　面积比法

如图 6-4 所示，为了计算深度为 H 的境界剥采比，在深度 H 处作一水平线 OO'，再根据岩石稳定条件和开拓运输条件选择边坡角 γ、β，并绘出境界 $abcd$。然后在深度 $H-\Delta H$（通常取 ΔH 等于一个台阶高度）作另一水平线 O_1O_1'，并绘出相应境界线 $a_1b_1c_1d_1$。用求积仪分别求出三个四边形 a_1b_1ba、b_1c_1cb 及 dcc_1d_1 的面积 S_1、S_2 及 S_3，则深度 H 的境界剥采比为：

$$n_k = \frac{S_1 + S_3}{S_2} \tag{6-21}$$

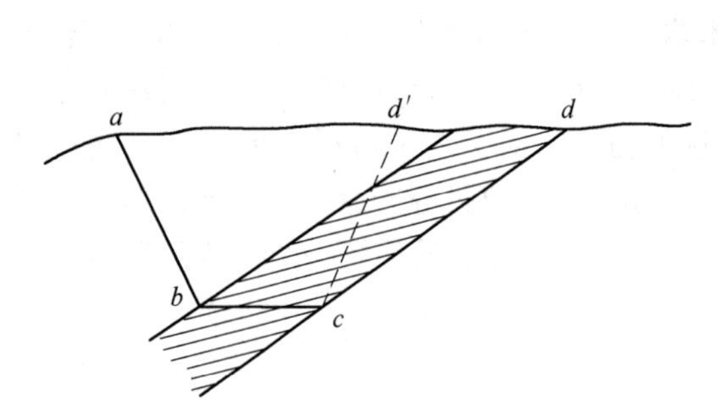

图 6-3　缓倾斜矿体下盘的边坡角

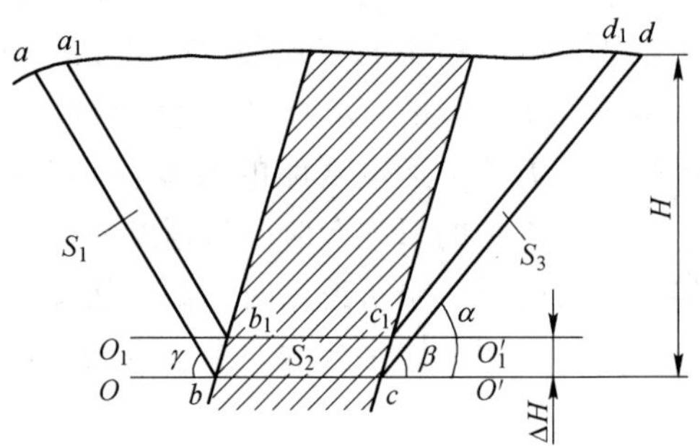

图 6-4　面积比法

B　线段比法

面积比法需用求积仪求算面积，工作繁琐，为了简化设计，采用线段比法，其原理用图 6-5 来说明。图 6-5 中表示一地形平坦的规则矿体，矿体的水平厚度为 m，倾角为 α，露天矿场的顶帮边坡角为 γ、底帮为 β，$abcd$ 是深度为 H 的境界，$a_1b_1c_1d_1$ 是深度为 $H-\Delta H$ 的境界；ag 和 dh 为 cc_1 的平形线。为了确定境界剥采比，分别计算四边形 b_1c_1cb、aa_1b_1b 及 d_1dcc_1 的面积 ΔA、ΔV_1 及 ΔV_2。

根据简单的几何关系，有

$$\Delta A = m\Delta H$$

ΔV_1 = 三角形 abe 面积 − 三角形 a_1b_1e 面积

$$= \frac{1}{2}H(\cot\gamma + \cot\alpha)H - \frac{1}{2}(H-\Delta H)(\cot\gamma - \cot\alpha)(H-\Delta H)$$

$$= (\cot\gamma + \cot\alpha)H\Delta H - \frac{1}{2}(\cot\gamma + \cot\alpha)\Delta H^2$$

ΔV_2 = 三角形 dcf 面积 − 三角形 d_1c_1f 面积

$$= (\cot\beta - \cot\alpha)H\Delta H - \frac{1}{2}(\cot\beta - \cot\alpha)\Delta H^2$$

而境界剥采比：

$$n_k = \frac{\Delta V_1 + \Delta V_2}{\Delta A}$$

$$= \frac{(\cot\gamma + \cot\alpha)H + (\cot\beta - \cot\alpha)H - \frac{1}{2}(\cot\gamma + \cot\alpha)\Delta H - \frac{1}{2}(\cot\beta - \cot\alpha)\Delta H}{m}$$

当 $\Delta H \to 0$ 时：

$$n_k = \frac{(\cot\gamma + \cot\alpha)H + (\cot\beta - \cot\alpha)H}{m}$$

$$= \frac{\alpha e + df}{bc} = \frac{gb + ch}{bc} \qquad (6\text{-}22)$$

即境界剥采比 n_k 可以用线段（$gb+ch$）与 bc 之比值来确定。

以上是指理想情况而言。一般情况下用线段比法计算境界剥采比的步骤如下。图 6-6 为深度为 H 的露天开采境界 $abcd$，它交地表于 a、d 两点，交分支矿体于 e、f、g、h 诸点。首先确定露天矿底的延伸方向，也就是将本水平露天矿底的下盘坡底线与上水平的下盘坡底线相连，得 cc_0。以此作为基准线然后依次从 a、e、f、g、h、d 作 cc_0 的平行线，交 bc 的延长线于 a_1、e_1、f_1、g_1、d_1 点。这样，深度为 H 的境界剥采比为：

$$n_k = \frac{a_1e_1 + f_1b + cg_1 + h_1d_1}{e_1f_1 + g_1h_1 + bc} \qquad (6\text{-}23)$$

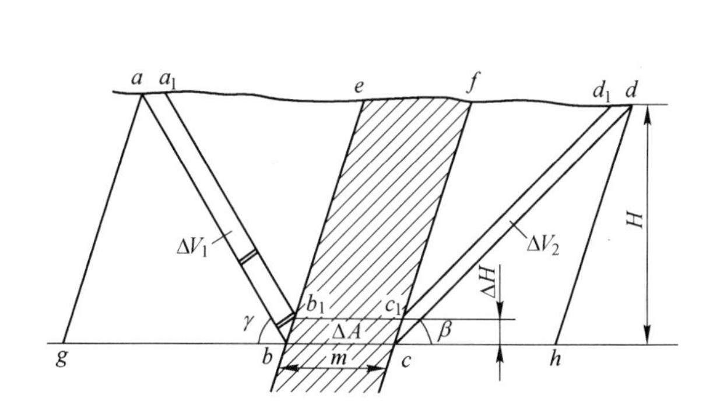

图 6-5 线段比法的原理

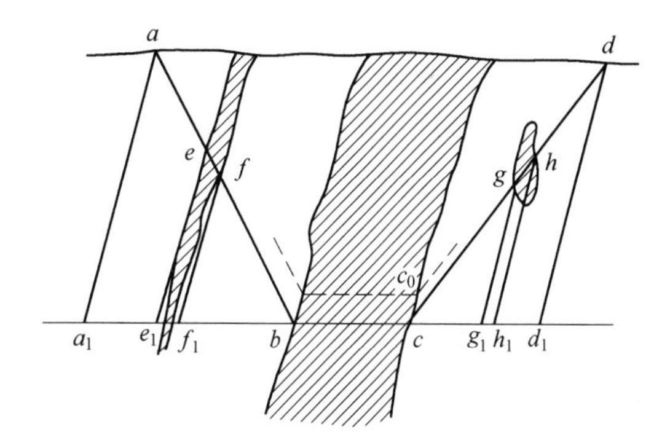

图 6-6 线段比法

6.3.2.2 短露天矿境界剥采比的计算

对于走向短的露天矿，要考虑端帮的矿岩量，一般不用横剖面图确定境界剥采比，而是把露天矿作为一个整体，用平面图设计境界剥采比，图 6-7 为深度为 H 的露天开采境界 $abcd$，地表周界为 ad，其水平投影为 S_1；底部周界为 bc，其水平投影为 S_2；露天开采境界与分支矿体交于 e、f 两点，其投影为 S_3。于是得深度为 H 的境界剥采比为：

$$n_k = \frac{S_1 - S_2 - S_3}{S_2 + S_3} = \frac{S_1}{S_2 + S_3} - 1 \qquad (6\text{-}24)$$

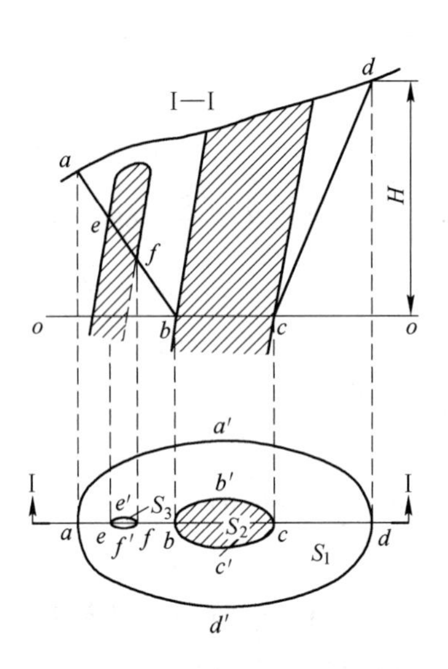

图 6-7　求 n_k 的平面图法

6.4　确定露天矿开采境界的原则

如前所述，经济合理剥采比是保证露天开采取得良好经济效果的理论上允许的最大剥采比，是确定露天开采境界的依据。露天开采境界的大小决定于露天矿场可采矿量和剥离岩石量的多少。随着露天开采境界的延伸和扩大，可采矿量增加，但相应的剥岩量也增大。因此，露天开采境界的确定，实际上是对剥采比加以限制，使露天矿的某种剥采比不超过经济合理剥采比。确定露天开采境界的实质是要保证露天开采取得良好的经济效果。目前，衡量经济效益的指标很多，但是综合利用所有的经济效益指标确定露天开采深度是困难的，一般是利用其中某一指标作为确定开采深度的准则，例如总盈利最大或者总费用最小。

根据目前的资料，确定露天开采深度的原则，即

（1）境界剥采比小于或等于经济合理剥采比的原则：

$$n_k \leqslant n_j$$

（2）平均剥采比小于或等于经济合理剥采比的原则：

$$n_p \leqslant n_j$$

（3）生产剥采比小于或等于经济合理剥采比的原则。

6.4.1　境界剥采比小于或等于经济合理剥采比的原则

这一原则的实质是：邻近露天境界的那层矿岩的开采成本不超过地下开采成本。因此作为划分露天和地下开采界限的临界条件如下。

用露天开采时的费用：$\Delta Vb + \Delta Aa\gamma$

用地下开采时的费用：$\Delta AC_D\gamma$

当 $\Delta Vb + \Delta Aa\gamma = \Delta AC_D\gamma$ 时，则

$$\frac{\Delta V}{\Delta A} = \frac{\gamma(C_D - a)}{b} \tag{6-25}$$

公式（6-25）的左边为境界剥采比 n_k，右边为经济合理剥采比，即

$$n_k = n_j$$

该原则还可以用另一种方法证明。该露天开采深度 H_j 范围内的总矿量为 A_p、总剥岩量为 V_p、地下开采矿量为 P_D、联合开采总费用为 Y，则从图 6-8 可以得出：

$$Y = aA_P + bV_p + C_DP_D = aH_jm + \frac{H_j^2}{2} \cdot (\cot\beta + \cot\delta)b + (H_D - H_j)mC_D \tag{6-26}$$

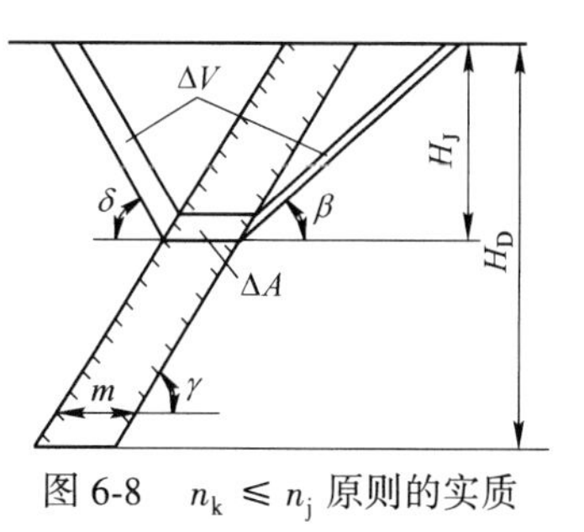

图 6-8 $n_k \leqslant n_j$ 原则的实质

式中 m——矿体的水平厚度，m；

其余符号意义同前。

从式（6-26）可以看出，露天与地下联合开采的总费用 Y，是露天开采深度 H_j 的函数。

因为：

$$\frac{d^2Y}{dH_j^2} = (\cot\beta + \cot\delta)b\phi 0$$

所以 Y 有极小值。

令 $\frac{dY}{dH_j} = 0$，则得

$$\begin{aligned} ma + H_j(\cot\beta + \cot\delta)b - mC_D &= 0 \\ mC_D - ma &= H_j(\cot\beta + \cot\delta)b \\ \frac{C_D - a}{b} &= \frac{H_j(\cot\beta + \cot\delta)}{m} \end{aligned} \tag{6-27}$$

其中，左边为 n_j，右边为 n_k，即 $n_j = n_k$。

上述证明，$n_k = n_j$ 这一原则还体现了矿床上部用露天开采、下部用地下开采，整个矿床采用联合开采时，其总费用最小这一原则。

正由于 $n_k \leqslant n_j$ 原则具有使整个矿床开采的总经济效果最佳这个含义，这一原则获得了广泛赞同，再加上运用起来简单方便，因而国内外广泛运用这一原则来圈定露天矿境界。

$n_k \leqslant n_j$ 原则，也有一些缺陷，主要是：

（1）它只是概略地研究整个矿床的开采效果，并未细致地分析露天开采各过程的经济状态。因此，按这一原则圈定出来的露天开采境界，只能使矿床开采的总经济效果最佳，而不能保证开采过程中任何时期的经济性都很好。

（2）对于某些不连续的矿床，这一原则有时不适用。如图 6-9 所示那样的不连续矿床 *abcd* 是按这一原则确定的露天开采境界，其境界剥采比符合要求，但基建剥岩量及平均剥采比都很大，在经济上明显不合理。

6.4.2 平均剥采比小于或等于经济合理剥采比的原则

这一原则是针对露天开采境界的全部矿岩量而言，它要求用露天开采的平均经济效果

不劣于用地下开采。如图 6-10 所示，假设 $abcd$ 是露天开采境界，境界内的矿石量为 A，需要剥离的岩石量为 V。根据原矿成本比较法，有：

$$\gamma aA + bV \leqslant \gamma C_D A$$

$$\frac{V}{A} \leqslant \frac{\gamma(C_D - a)}{b} \tag{6-28}$$

上式左边是平均剥采比 n_p，右边是经济合理剥采比 n_j，即

$$n_p \leqslant n_j$$

也就是说，$n_p \leqslant n_j$ 原则的实质，是使露天开采的平均经济效果（这里指成本）不劣于地下开采效果。

$n_p \leqslant n_j$ 原则是一种“算术平均”的概念。它既未涉及整个矿床开采的总经济效果，更没有考虑露天开采过程中剥采比的变化。因此，它是一个比较笼统的原则。

使用这一原则确定的境界，露天开采后期的经济效果必然劣于地下开采，只是平均的露天开采经济效果等于地下开采。因此，这样确定出来的境界往往大于 $n_k \leqslant n_j$ 原则确定出来的境界。对于某些贵重的有色、稀有金属矿床或中小型矿山，为了尽量采用露天开采以减少矿石的损失贫化，设计中有时就是运用这个原则来确定境界，借以扩大露天开采量。

此外，这一原则使露天开采的平均经济效果不劣于地下开采，这也正是露天开采的起码要求。因此 $n_p \leqslant n_j$ 原则常作为 $n_k \leqslant n_j$ 原则的补充。即对于某些覆盖层较厚，上薄下厚或不连续的矿体，当用 $n_k \leqslant n_j$ 原则确定出境界后，再用 $n_p \leqslant n_j$ 原则进行校核。

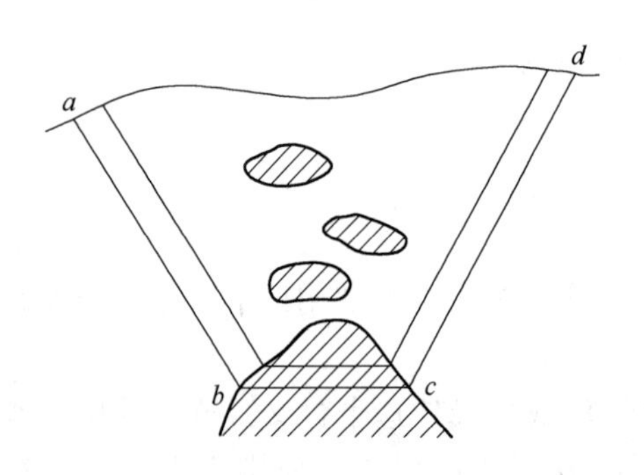

图 6-9　不宜用 $n_k \leqslant n_j$ 原则的矿床

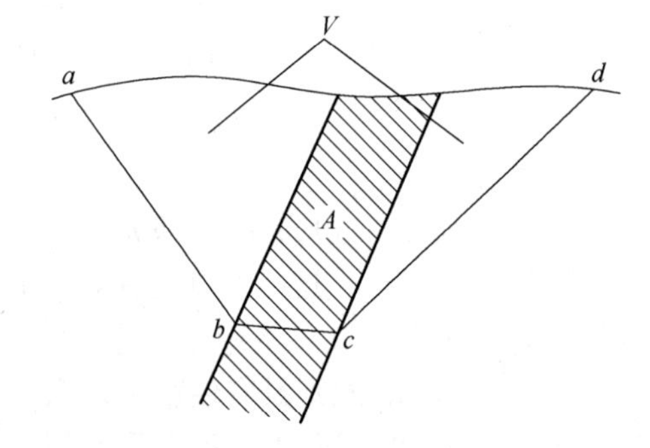

图 6-10　$n_p \leqslant n_j$ 原则的实质

6.4.3　生产剥采比小于或等于经济合理剥采比的原则

生产剥采比 n_s 真实地反映露天矿山的采剥关系。因此使用 $n_s \leqslant n_j$ 原则确定露天矿境界，能使露天矿任一生产时期的经济效果都不劣于地下开采。

但这一方法也有一些缺陷，即：

（1）没有考虑整个矿床开采的总经济效果，它只顾及矿床上部的露天开采而不管剩余部分的开采。

（2）这样确定出的露天开采境界往往比按 $n_p \leqslant n_j$ 原则圈定的小，但仍比按 $n_k \leqslant n_j$ 原则圈定的大，因而，随之而来的初始剥离量和基建投资也大。

鉴于上述缺点，该原则在实际中很少采用。

总之，在露天开采设计中，普遍采用 $n_k \leqslant n_j$ 原则确定境界，因为它符合于赢利原则。这样得出的境界通常也能满足 $n_p \leqslant n_j$ 原则，但是对于某些覆盖层很厚或不连续的矿体，则需用 $n_p \leqslant n_j$ 原则去校核。某些贵重矿床或中小型矿山需要扩大露天开采范围时，也可以采用 $n_p \leqslant n_j$ 原则确定境界。

6.5 露天开采境界的确定方法和步骤

在圈定境界之前必须充分搜集地质资料，确定经济合理剥采比，确定露天矿最小底宽及最终边坡角，选择露天矿的运输设备类型、工艺、开拓运输系统和采剥工程发展程序。下面分述确定露天开采境界的方法和步骤。

6.5.1 确定露天矿开采深度

6.5.1.1 长露天矿开采深度的确定

露天矿走向长度大时，首先沿矿体走向选择数个有代表性的横剖面，初步确定各个地质横剖面图上的开采深度，然后再用纵剖面图调整露天矿底部标高。

(1) 在选定的各地质横剖面图上初步确定露天开采深度，再在各横剖面图上作出若干个深度的开采境界方案（见图 6-11）。当矿体埋藏条件简单时，深度方案取少一些，矿体复杂时，深度方案多取些，并且必须包括境界剥采比有显著变化的深度。绘制境界时，根据前面选定的最小底宽和边坡角，既要注意露天矿底宽在矿体中的位置，还要鉴别该横剖面上的边坡角是真倾角还是伪倾角，若是伪倾角，则需进行换算。

对各深度方案用面积比法（图 6-11 方案 H_1）或线段比法（图 6-11 方案 H_3）计算其境界剥采比。最后将各深度方案的境界剥采比与开采深度绘成关系曲线（见图 6-12），再绘出代表经济合理剥采比的水平线，两线交点的横坐标 H_k，就是所要求的开采深度。

应当指出，在确定厚矿体的开采深度时，鉴于露天矿底的位置不易确定，有时先按矿体厚度作图（见图 6-13），然后再继续向下无剥离地采矿，直至最小底宽为止。这时露天开采的最终深度，显然是最初确定的深度与无剥离地开采深度之和。

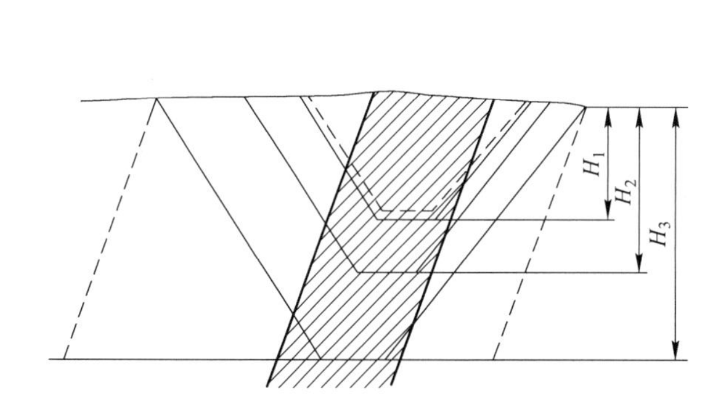

图 6-11 长露天矿开采深度的确定

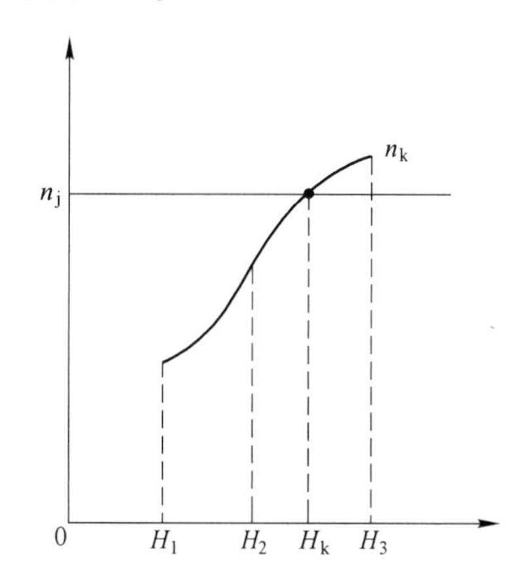

图 6-12 境界剥采比与深度的关系曲线

（2）在地质纵剖面图上调整露天矿底部标高，在各地质横断面上初步确定了露天开采的理论深度后，由于各断面上的矿体厚度和地形变化不等，所得开采深度不同。将各个横剖面上的深度投影到地质纵剖面图上，连接各点，得出一条不规则的折线（图 6-14 中的虚线）。为了便于开采布置运输线路，露天矿的底平面应调整至同一标高。当矿体埋藏深度沿走向变化较大，而且最终底长度满足运输要求时，其底平面可调整成阶梯形。调整的原则是使少采出的矿岩量与多采出的矿岩量基本平衡，并使剥采比尽可能小，图 6-14 的实线就是调整后的设计深度。

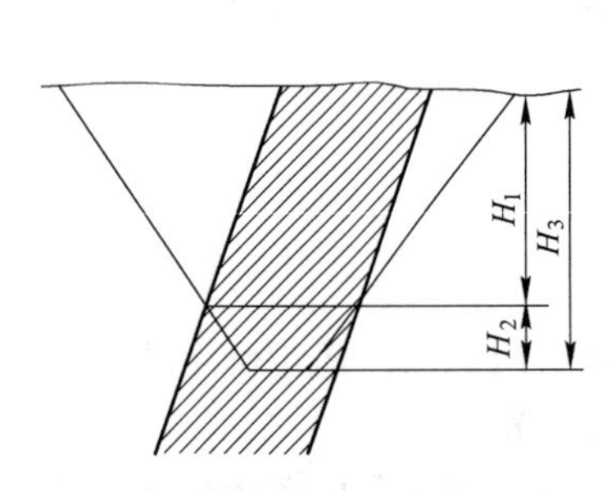

图 6-13　原矿体的无剥离开采

H_1—最初确定的开采深度；

H_2—无剥离开采的深度；

H_3—最终露天矿开采深度

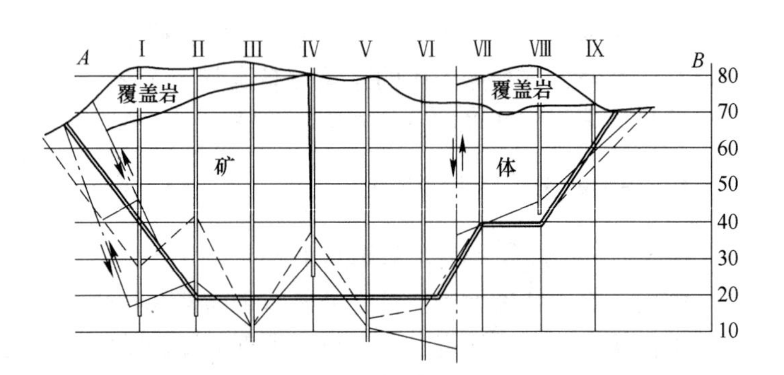

图 6-14　在地质纵断面图上调整露天矿底平面标高

——矿体界线；---调整前的开采深度；——调整后的开采深度

6.5.1.2　短露天矿开采深度的确定

对于走向短的露天矿，要考虑端帮岩量的影响。在确定开采深度时是用平面图把露天矿作为一个整体来考虑。具体步骤是：

（1）根据矿体形状和已确定的经济合理剥采比，选定几个可能的深度方案 H_1、H_2、H_3等。

（2）针对每个深度方案，在相应的分层平面图上，按选定的最小底宽并参照矿体的形状，绘出该水平的底部周界面 D［见图 6-15（a）］。

（3）在同一分层平面图上，绘出露天矿地表周界 L 及边坡面上矿岩接触线的垂直投影 S。先在各横剖面图及纵剖面图上，按选定的边坡角作边坡线［见图 6-15（b）］，找出每一条边坡线与地形线及矿岩接触线之交点，然后投影到分层平面图上（图 6-15 中的 a、b、e、f 点）。在没有剖面的地方，则在分层平面图上选有代表性的各点，作垂直于底部周界的辅助剖面（图 6-15（c）中的 1—1′），然后在辅助剖面图上绘出边坡线，找到它与地形线及矿岩接触线的交点，再投影到分层平面图上。最后将上述横剖面、纵剖面及辅助剖面的投影点连接，即得到露天矿地表周界和边坡面上矿岩接触线的垂直投影。

（4）按平面图法计算各深度方案的境界剥采比 n_{k1}，n_{k2}，n_{k3}，…。

（5）绘制境界剥采比 n_k 随深度 H 变化的关系曲线，在曲线上找出境界剥采比等于经济合理剥采比的深度。这一深度就是露天矿的合理开采深度。

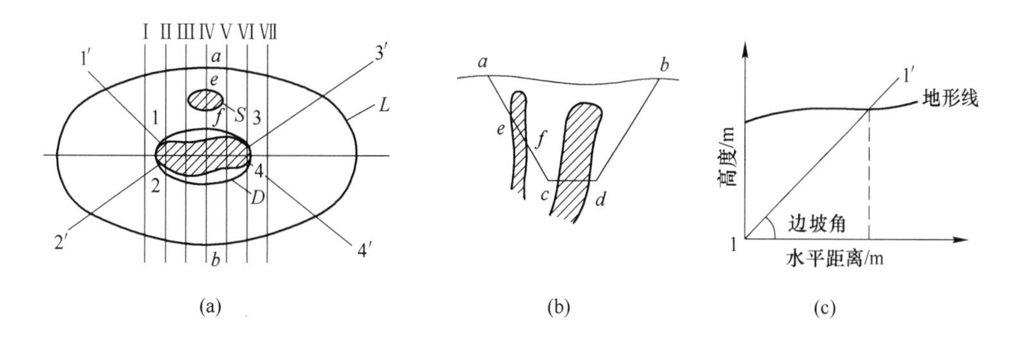

(a)　(b)　(c)

图 6-15　短露天矿开采深度的确定

（a）平面图；（b）第Ⅳ勘探线剖面图；（c）1—1′辅助剖面图

6.5.2　绘制露天矿底部周界

露天矿调整开采深度后，需重新绘制底部周界，其步骤是：

（1）按调整后的露天开采深度，绘制该水平的地质分层平面图。

（2）在各横剖面、纵剖面、辅助剖面上，按所确定的露天开采深度绘出境界。

（3）将各部图上露天矿底部周界投影到分层平面图上，连接各点，得出理论上的底部周界（图 6-16 中的虚线）。

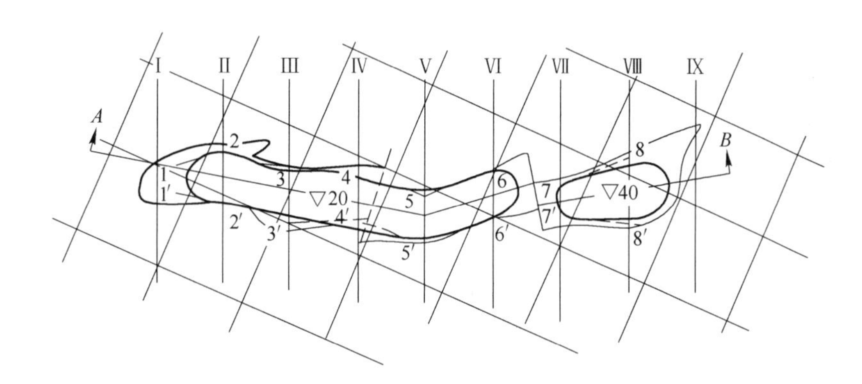

图 6-16　底部周界的确定

Ⅰ～Ⅸ—剖面线；----理论周界；——最终设计周界

（4）为了便于采掘运输，初步得出的理论周界尚需修正，修正的原则是：

1）底部周界要尽量平直，弯曲部分要满足运输设备对曲率半径的要求；

2）露天矿底的长度应满足运输线路要求，特别是采用铁路运输的矿山，其长度要保证列车正常出入工作面。这样得出的底部周界，就是最终设计周界，如图 6-16 中实线所示。

6.5.3　绘制露天矿开采终了平面图

绘制露天矿开采终了平面图的步骤是：

（1）将上述底部周界绘在透明纸上。

（2）将透明纸覆于地形图上，然后按照边坡组成要素，从底部周界开始由里向外依次绘出各个台阶的坡底线（见图 6-17）。露天矿深部各台阶的坡底线在平面图上是闭合的而在地表以上的则部分能闭合，要注意使后者的末端与相同标高的地形等高线密接。

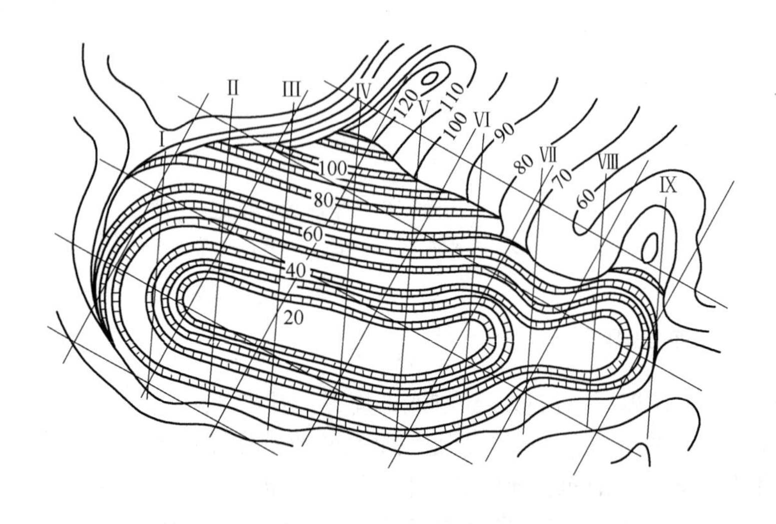

图 6-17　初步圈定的露天矿开采终了平面图

（3）在图上布置开拓运输线路。

（4）从底部周界开始，由里向外依次绘出各个台阶的坡面和平台（见图 6-18）。绘制时，要注意倾斜运输道和各台阶的连接。其次在圈定各个水平时，应经常用地质纵、横剖面图和分层平面图校核矿体边界，使圈定范围的矿石量多而剥岩量少。此外，各水平的周界还要满足运输工作的要求。

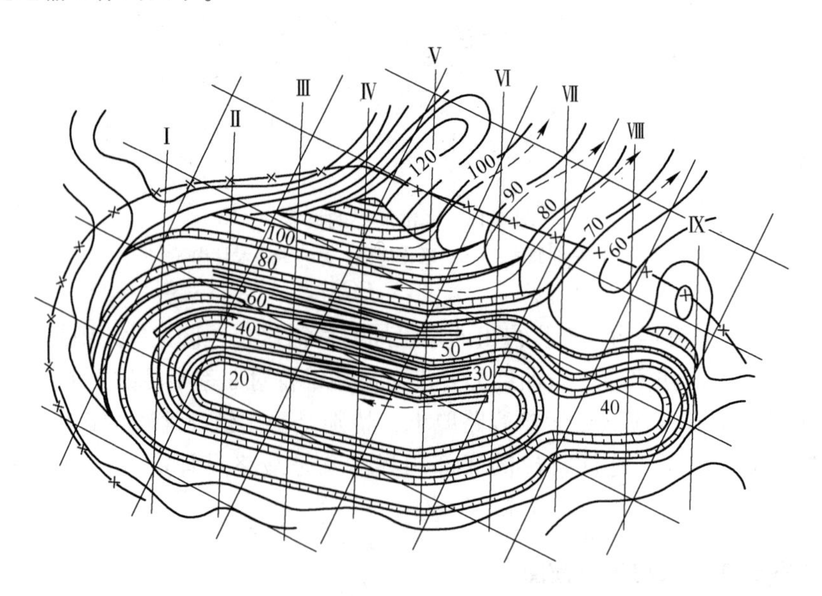

图 6-18　露天矿场开采终了平面图

（5）检查和修改上述露天开采境界，由于在绘图过程中，原定的露天开采境界，常受开拓线路影响而有变动，因而需要重新计算境界剥采比和平均剥采比，检查它们是否合理；如果差别大，就要重新确定境界。此外，上述境界还要根据具体条件进行修改。例如境界内有高山峻岭时，为了大幅度减小剥采比，就需要避开高山部位。又如，当境界外所剩矿量不多，若全部采出所增加的剥采比又不大，则宜扩大境界，全部用露天开采。

总之，露天开采境界的确定，是一个复杂的课题。在设计中既要遵循基本原则，又要机动灵活地适应具体条件，使境界确定更加合理。应该指出，本节所阐述的是指矿体与围岩的界限已知的确定境界。通常，铁矿床的开采境界线就是在这种情况下确定的。对于浸染状铜矿床一类有色金属矿床，由于矿体围岩的界线不明显，境界确定的课题有时就和边界品位的确定综合在一起；随着边界品位的变动，矿体围岩的界线及矿石储量也在变化，相应的露天开采境界也不一样。不过，单就某一边界品位而言，由于矿体界线和矿石储量已相对给出，其境界确定方法还是按本节所述。只不过这一境界并不一定就是所采纳的最终境界它尚需结合边界品位，从整个矿床开采的经济效果去衡量。

用上述手工法确定露天开采境界存在许多缺点，不仅繁琐、费事，有时会产生很大的误差，故所确定的开采境界不能达到经济上最优的效果。随着电子计算机在矿山设计中的广泛应用，各种矢量化三维建模软件的开发，露天矿境界圈定工作已越来越简单而精确。

复习思考题

6-1 什么是经济合理剥采比？它是怎样确定的？

6-2 什么是境界剥采比？计算境界剥采比的方法有哪些？

6-3 露天开采境界的确定原则有哪些？各种方法的适用条件？

6-4 简述圈定露天开采境界的过程及步骤。

6-5 已知某露天矿矿石开采直接成本为 15 元/t，岩石剥离成本约为 10 元/m^3，如果采用地下开采，则采矿直接成本为约为 60 元/t，矿石容重 2. 8t/m^3，试用成本比较法求露天开采经济合理剥采比。

6-6 试用线段比法估算图 6-19 中开采深度为 1800m 时的境界剥采比。

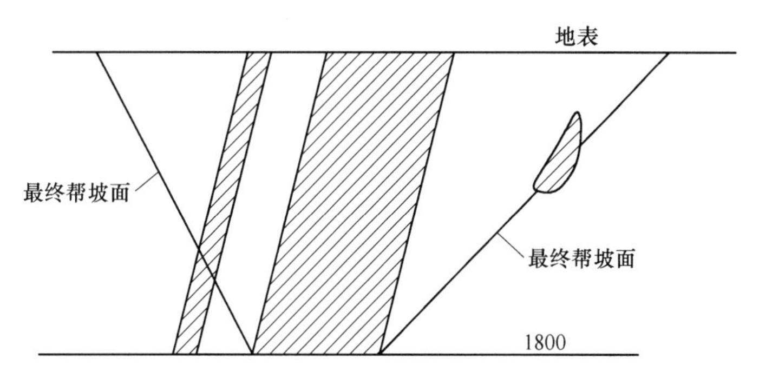

图 6-19 题 6-6 图

6-7 露天矿境界确定综合练习题，基础资料如下：

玉龙铁矿 KT_1 矿体浅部拟采用露天开采，该矿体产于 F_1 断层中，产状与 F_1 断层相同，走向 55°，倾向 325°，倾角 60°，矿体厚 10. 51~13. 53m，平均厚 12. 01m，倾斜延伸大于 120m。矿体上盘岩石为震旦系上统灯影组（Z_2dy）：浅灰、灰白色薄至中厚层状含燧石条带白云质灰岩、白云岩，稳固性较好；下盘岩石为震旦系下统澄江组（Z_1c）：灰白、浅黄色厚层状粗粒长石石英砂岩夹安山质凝灰岩，稳固性中等至好。岩石容重 2.5t/m^3，矿石容重 2.8t/m^3。

根据附近其他类似露天矿山开采经验：露天开采其矿石直接开采成本为 15.3 元/t，岩石剥离成本约为 10.8 元/m^3，如果采用地下开采（分段空场法），则采矿直接成本约为 62.4 元/t。

拟采用中深孔爆破落矿，2m^3 挖掘机铲装，10t 自卸汽车运输，公路开拓。采场内出入沟底及运输台阶宽取 8m，清扫平台宽 6m，安全平台宽 4m，台阶高 10m，试确定露天矿开采境界。

7 露天矿床开拓

露天矿开拓，就是指按照一定的方式和程序建立地面与采矿场各工作水平之间的运输通道，以保证露天矿场正常生产的运输联系，并借助这些通道，及时准备出新的生产水平。

露天矿床开拓是矿山设计与生产中的一个重要问题，所选择的开拓方法合理与否，直接影响到矿山的基建投资、建设时间、生产成本和生产的均衡性。因此，研究合理的开拓方法，对矿山的建设和生产具有重要的意义。

露天矿床开拓和矿山工程的发展有着密切的联系。所以，露天矿床开拓问题的研究，实质上就是研究整个矿床的开采程序，综合确定露天矿场主要参数、工作线推进方式、矿山工程延伸方向、采剥的合理顺序和新水平准备，以建立开发矿床的合理开拓运输系统。

露天矿开拓沟道的参数与布置方式必须与矿山采用的运输方式相适应，因此，按运输方式的不同，露天矿床开拓方法可分为：公路运输开拓；铁路运输开拓；胶带运输开拓；平硐溜井开拓；斜坡卷扬开拓。

公路运输和铁路运输可以作为单一开拓运输方式运用，而其余开拓方法均属两种和两种以上运输方式的联合运用。

斜坡卷扬开拓包括斜坡箕斗和串车开拓，以及竖井或斜井的提升开拓。斜井串车开拓，由于生产能力小，仅用于中、小型露天矿。竖井或斜井提升开拓，多用于由露天开采转为地下开采或由地下转为露天开采或露天地下同时开采的情况。因此，在这类开拓方法中只简要地介绍斜坡箕斗开拓。

7.1 公路运输开拓法

公路运输开拓是现代露天矿广泛应用的一种开拓方式，特别是有色金属矿山均以这种开拓方式为主。这种开拓方法除汽车运输本身的特点外，还有可设多出入口进行分散运输和分散排土，便于采用移动坑线，有利于强化开采，对地形复杂的露天矿适应性强等特点。因此，这种开拓方式有迅速增加的趋势。

根据矿床埋藏条件和露天矿空间参数等因素，公路运输开拓坑线的布置形式可分为直进、回返和螺旋 3 种基本形式（见图 7-1），其中以回返式（或直进回返的联合形式）应用最广。

7.1.1 直进式坑线开拓

在用斜坡公路开拓山坡露天矿时，如果矿区地形比较简单，高差不大，则可把运输干线布置在山坡一侧，并使之不回返便开拓全部矿体。在这种情况下，运输干线在空间呈直线形，故称为直进式坑线开拓。

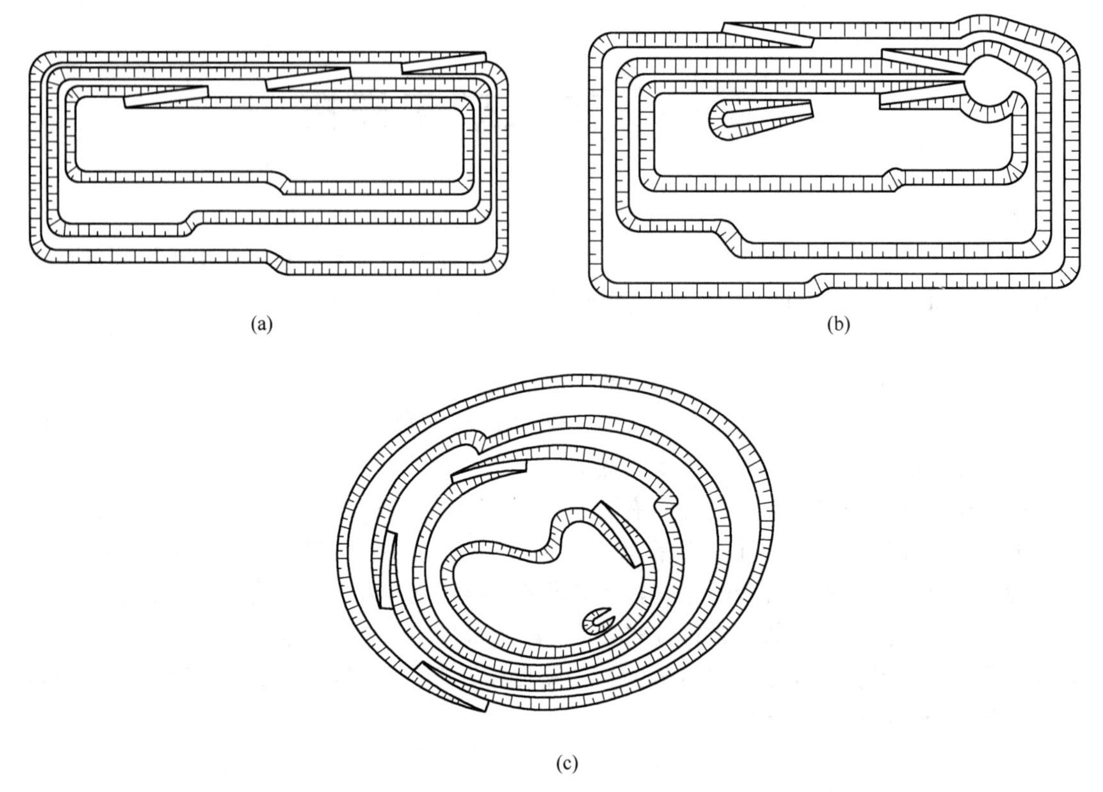

图 7-1　公路运输开拓坑线形式
（a）直进式；（b）回返式；（c）螺旋式

图 7-2 是玉龙铁矿山坡露天采场直进式公路运输开拓示意图。从图 7-2 中可以看出，运输干线布置在露天矿场一侧，工作面单侧进车，空重车对向运行，汽车在干线上运行基本上不必改变方向。

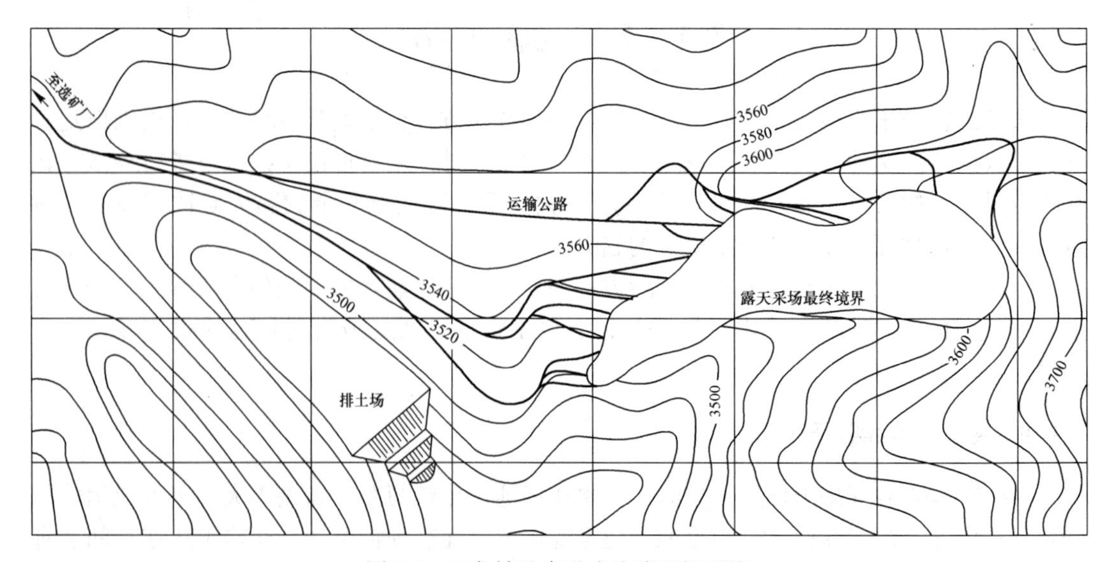

图 7-2　玉龙铁矿直进式公路开拓系统

凹陷露天矿，当露天采场有足够的走向长度时，也可采用这种开拓方式。如南芬露天矿深部矿体就是采用这种开拓方式，该矿凹陷开采深度为90m，露天矿底长达2000余米，因此选用了两条直进式公路干线开拓凹陷露天开采部分。

直进式公路开拓的优点是布线简单，沟道展线最短，汽车运行不回弯，行车方便、运行速度及运行效率高。因此，在条件允许的地方，应优先考虑使用。

7.1.2 回返式坑线开拓

当开采深度较大的深凹露天矿，或比高较大的山坡露天矿时，为了使公路开拓坑线达到所要开采的深度或高度，需要使坑线改变方向位置，通常是每隔一个或几个水平回返一次，从而形成回返坑线，如图7-1（b）所示。

7.1.2.1 坑线位置

坑线位置受地形条件和工作线推进的影响很大，并且直接影响着基建剥岩量、基建期限、基建投资、矿石损失贫化、总平面布置的合理性以及坑线在生产期间安全可靠程度。因此，在确定坑线位置时，要综合考虑上述因素。

按坑线在开采期间的固定性分为固定坑线开拓和移动坑线开拓。

A 固定坑线

在山坡露天矿一般多采用固定坑线开拓，坑线布置是随地形条件而变化的。图7-3为单侧山坡地形，开拓坑线布置在矿场境界以外的端部，各工作水平用支线与干线建立运输联系。

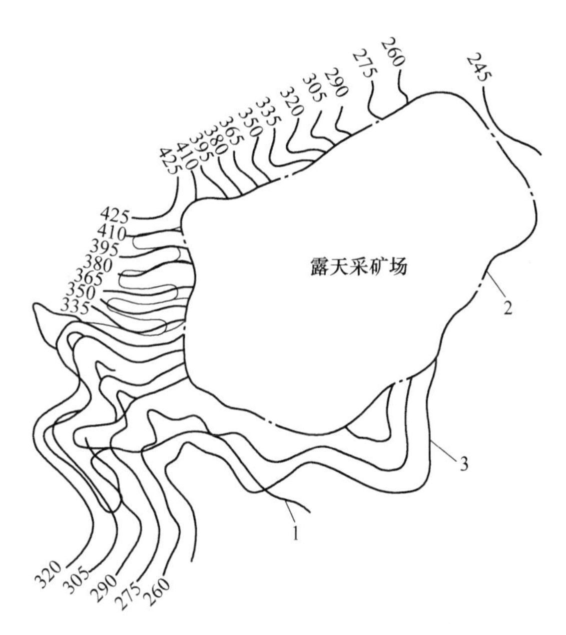

图7-3 山坡露天矿回返坑线开拓
1—公路；2—露天开采境界；
3—地形等高线

山坡露天矿由于采剥工作是从采场的最高水平开始，故开拓坑线需一次建成。随着开采水平下降，运输距离逐渐缩短，汽车运输效率相应提高。我国兰尖铁矿、铁坑铁矿东采区、德兴铜矿、永乐铜矿等矿的山坡部分，都是采用这种方式进行开拓。

在凹陷露天矿，固定坑线是布置在开采境界内最终边帮上（见图7-4）；一般设在底帮，采掘工作线能较快地接近矿体，以减少基建剥岩量和基建投资，缩短基建时间。只有在特殊情况下，如底帮岩石不稳或为了减少矿石损失贫化时，才将坑线设在顶帮。

凹陷露天矿固定坑线，除向深部不断延伸外，不作任何移动。随着开采水平的下降，坑线不断增长，因此汽车运输效率降低。

我国凹陷露天矿中采用回返坑线布置的有大石桥镁矿的青山怀采区、金川镍矿等。

B　移动坑线

为了减少基建剥岩量，缩短基建时间，加速露天矿建设，早日投入生产，可采用移动坑线开拓。出入沟布置在靠近矿体与围岩接触带的上盘或下盘。在开采过程中，出入沟随工作线的推进而移动，直至开采境界的最终边帮时才固定下来（见图 7-5）。

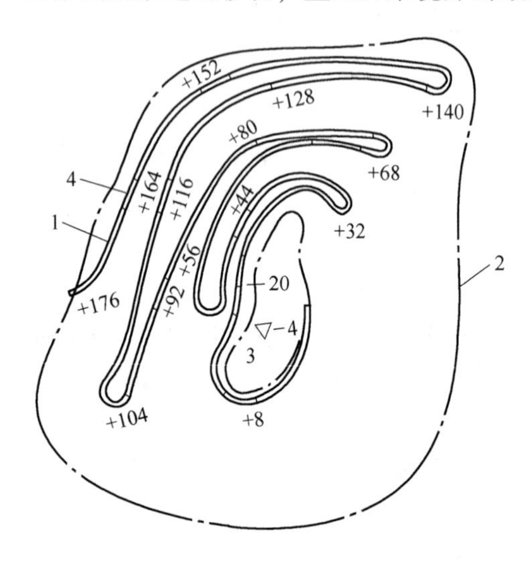

图 7-4　凹陷露天矿回返坑线开拓示意图
1—出入沟；2—露天开采境界；
3—露天底平面；4—连接平台

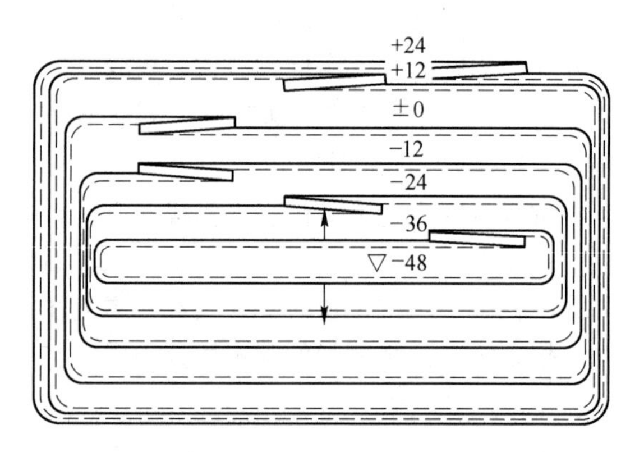

图 7-5　移动抗线开拓

山坡露天矿由于地形条件的限制，或因山坡部分的矿岩不多，设置固定坑线经济上不合理时，上部可采用移动坑线建立运输通路。如果由于开拓坑线位于工作线同侧，因下部水平的推进，将切断上部水平与坑线的运输联系时，工作帮也可设置移动坑线。

7.1.2.2　矿山工程发展程序

深凹露天矿开拓坑线的形成与矿山工程的发展有着密切的关系。矿山工程的发展包括台阶的开采程序、工作帮的推进和新水平的开拓延伸。这里只简要介绍新水平的准备程序和开拓沟道的形成。新水平准备包括掘出入沟、开段沟和为掘沟而在上水平所进行的扩帮工作。

（1）固定坑线开拓时，凹陷露天矿的矿山工程发展程序如图 7-6 所示。在露天矿最终边帮按所确定的沟道位置、方向和坡度，从上水平向下水平掘进出入沟，自出入沟末端掘进开段沟，以建立台阶初始工作线。开段沟掘进一定长度后，再继续掘沟的同时，开始扩帮作业，以加快新水平的准备工作。

当扩帮工作推进到使台坡底线距新水平出入沟沟顶边线不小于最小工作平盘宽度时，便可以开始新水平的掘沟工作和随后的扩帮工作，从而使开拓坑线自上而下逐渐形成。

（2）移动坑线开拓时，矿山工程发展程序如图 7-7 所示。在靠近矿体与围岩接触带的上盘或下盘，先后掘进出入沟，此时同样可以使扩帮工作与部分掘沟工作平行作业向两侧推进。移动坑线可以在爆堆上修筑，也可以设在基岩上。前者修筑简单，它是汽车运输移动坑线开拓广泛应用的一种方式；后者将台阶分割成上、下两个三角台阶，其高度从零到一个台阶高度。先掘上部三角台阶，而运输坑线随上、下三角台阶工作线的推进而移动。当两帮工作面推进到使台阶坡底线分别距新水平出入沟两侧沟顶边线均不小于工作平盘宽时，便可开始新水平的掘沟工作。

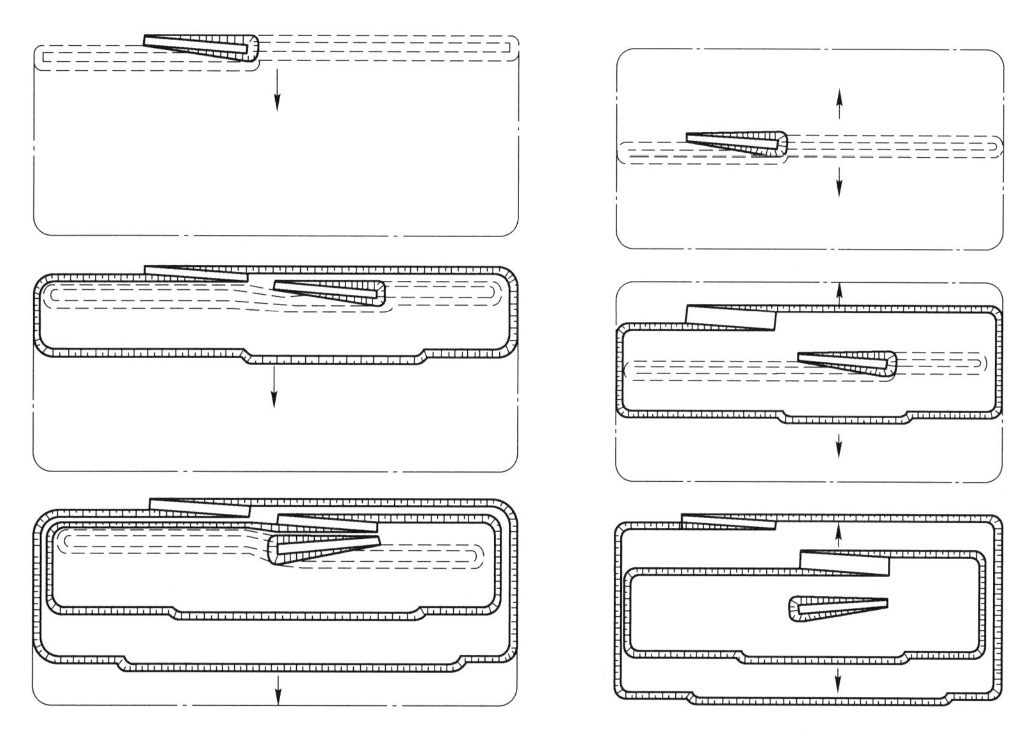

图 7-6 固定坑线开拓矿山工程发展程序　　图 7-7 移动坑线开拓的矿山工程发展程序

7.1.2.3 出入沟口

当排土场位置分散和为了保证露天矿生产能力以及为使空、重车顺向运输时，在服务年限较长的露天矿，采用多出入口是合理的。多出入口可使矿石和岩石的运距缩短，运输设备数量减少，运营费用降低。采用多出入口时，货流量分散；当一个出入口和坑线发生故障时，其他出入口的运输工作不致中断。

在确定出入口位置时，应尽可能使矿石和岩石综合的运输功小；沟口应避开工程量大的地形和工程地质条件差的部位；凹陷露天矿沟口应设在地形标高较低部位，以减少重载汽车在露天矿场内上坡运行的距离，同时还要保证地面具有良好的运输条件。

由于坑线多，边帮的附加剥岩量、掘沟工程量及其费用都有所增加。因此，坑线数目不宜过多，应根据生产需要进行综合技术经济分析后确定。

7.1.2.4 回返坑线开拓评价

由于汽车运输灵活，爬坡能力大，从一个水平至另一个的沟道短，因此，回返坑线开拓适用于开采地形复杂的山坡露天矿和采场长度不大的凹陷露天矿，这样可以减少基建投资，缩短基建时间，有利于加速新水平准备，尤其采用移动坑线时，基建剥岩量较固定坑线更小。

采用回返坑线开拓，汽车通过回头曲线时，需减速行驶，从而影响汽车的运输效率。在设计中，应尽可能减少回头曲线数。

7.1.3　螺旋坑线开拓

当开采深露天矿时，为了避免采用小曲线半径。可使坑线从采矿场的一帮绕到另一帮，在空间呈螺旋状，故称螺旋坑线。这种坑线开拓的特点是，坑线设在露天矿场四周边帮上，汽车在坑线内直进运行，不需经常改变运行速度，司机视线好，故线路通过能力大。

图 7-8 是某矿公路螺旋坑线开拓系统图。该采区采用 15~25t 自卸汽车运输，采矿场的平面尺寸为 800m×600m，近似圆形，而开采深度为 180~200m，围岩比较稳定。干线限制坡度为 8%，坑线绕边帮 3 周便下到矿场底部。

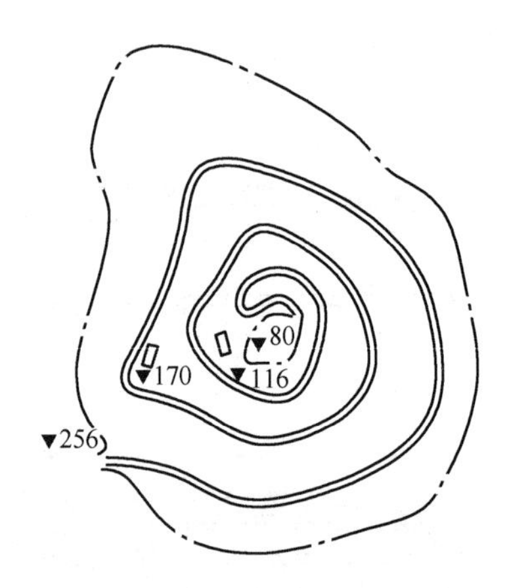

图 7-8　公路螺旋式坑线开拓

螺旋坑线开拓的矿山工程发展程序如图 7-9 所示。首先，沿着开采境界按设计的位置掘进出入沟，掘到 -10m的标高以后，再掘开段沟。为了给下一个台阶的开拓创造条件，开段沟应沿着出入沟前进的方向继续向前掘进。开段沟掘到足够的长度，即开始扩帮。扩帮到一定宽度后，再在扩帮的同时，沿-10m 水平的出入沟前端，向前掘进-20m 水平的出入沟和开段沟。依此类推，开拓新水平，最终在边帮上形成螺旋坑线。

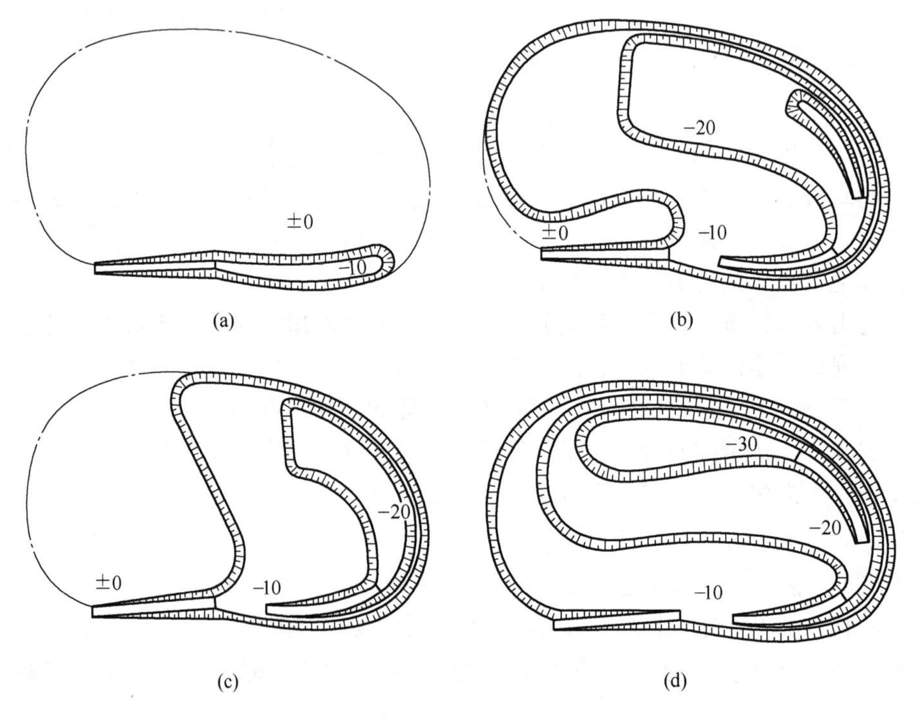

图 7-9　螺旋坑线开拓程序示意图
(a) ~ (d) 扩展过程

从上述开拓程序可知，台阶工作线需用扇形方式推进，工作线推进速度在其全长上是不等的，工作线长度和推进方向也经常改变，从而使露天矿的生产组织管理工作复杂化。

另外出入沟呈螺旋状环绕露天矿边帮向下延伸，同时工作的台阶数就不能超过露天矿场一周所能布置的出入沟数。这就限制了露天矿的生产能力。

综上所述，单一螺旋坑线开拓方法，只有在长宽比不大的露天矿场，且矿体为块状、帽状或星散状时的小型露天矿，才有实际应用意义。大多数情况是在上部用回返坑线，深部由于采矿场平面尺寸缩小而改为螺旋坑线开拓。这就形成了回返-螺旋坑线联合开拓。这种开拓方法在使用汽车运输的露天矿中应用较广。我国铜山口铜矿、白银露天矿折腰山采矿场等深部开拓都采用了这种布线方式。

在露天开采中，运输费用占开采矿石总成本的40%~60%，它决定着露天开采的经济效果。当矿岩性质变化不大和采掘工艺与设备类型一定时，穿爆、采装、排土费用变化不大，而运输费用却随运距加大而增长。因此，汽车运距存在一个经济合理的范围。即在该运距下，开采矿石总成本与向国家上缴的利润和税金之和，不应超过该种矿石的销售价格。

目前，采用普通汽车载重时，其合理运距一般不超过3km。当用大型电动轮自卸汽车运输时，其合理运距可达5~6km。凹陷露天矿重车上坡时单一汽车运输的合理深度，载重4t以下的汽车为80~150m，当采用载重为80~120t电动轮汽车时，其合理深度可达200~300m。如美国碧玛铜矿、加拿大伯特铁矿，应用汽车运输的开采深度均超过200m。

公路运输开拓法具有机动灵活，调运方便，爬坡能力大，要求线路技术条件低等优点，因此可以减少开拓工程量和基建投资，所缩短的基建期限有利于加速新水平准备。它特别适用于地形复杂、矿床赋存不规则或采场平面尺寸小、开采深度较大的露天矿。

7.2 铁路运输开拓法

铁路运输开拓法是露天矿床开拓的主要方法之一，近年来，由于公路运输及其他开拓方法的发展，铁路运输开拓法在国内外露天矿的应用已大大减少。但是，我国目前仍有半数以上的露天矿采用这种开拓方法。

铁路运输开拓沟道的平面布置形式有：直进式、折返式和螺旋式3种。3种布线形式的采用，主要取决于线路纵断面的限制坡度、地形、露天采场平面尺寸和采场相对于工业场地的空间位置。

由于多数金属露天矿的平面尺寸有限，而且地形较陡、高差较大，因而采用铁路运输开拓的矿山，铁路干线的布置多呈折返式或折返-直进的联合方式。

7.2.1 坑线位置

山坡露天矿坑线设置的位置是随地形条件而变化的，并应保证在同时开采多个台阶的情况下，不因下部台阶的推进而切断上部台阶的运输联系，同时还要考虑到总平面布置的合理性和以后向深凹露天矿过渡的可能性。

总结铁路运输开拓在山坡露天矿的使用经验，铁路干线可以有以下几种布置方式。

一种是采场处于孤立山峰地形，开拓坑线布置在非工作的山坡上。歪头山铁矿的上部开拓系统是这种布线形式的典型实例（见图 7-10）。该矿属大型露天铁矿，采用准轨铁路运输，山包最高标高 385m，矿山站和破碎站分别设在矿体端部和下盘，标高为 190m 左右。铁路干线铺设于下盘山坡上。各台阶由干线单侧迂回入车，自上盘向下盘推进。当采场处于单侧山坡时，运输干线多设在露天矿开采境界以外的端部。根据地形，可采用端部两侧或一侧入车（见图 7-11），其典型实例如大冶东露天铁矿的上部开拓系统（见图 7-12）。

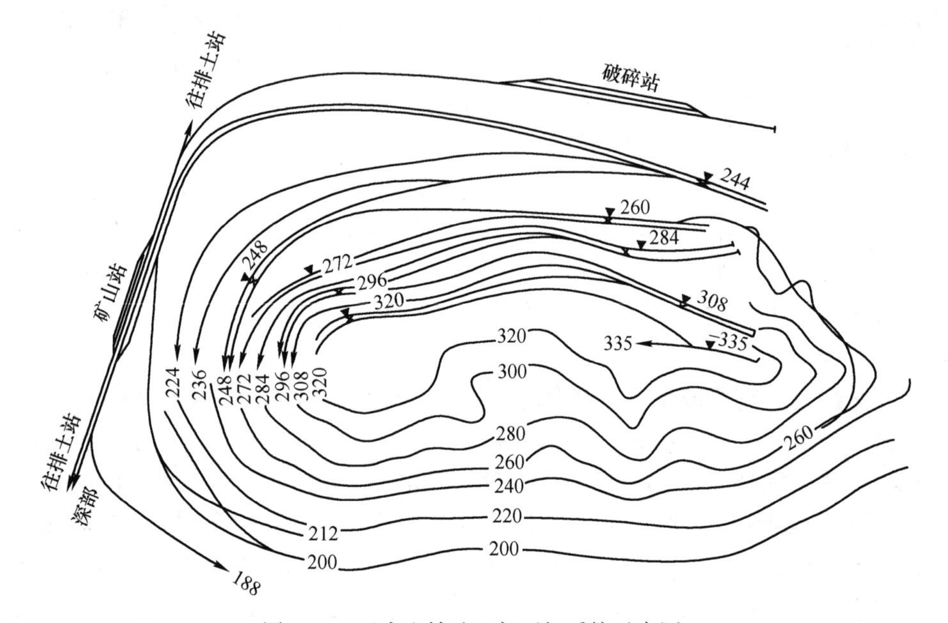

图 7-10　歪头山铁矿上部开拓系统示意图

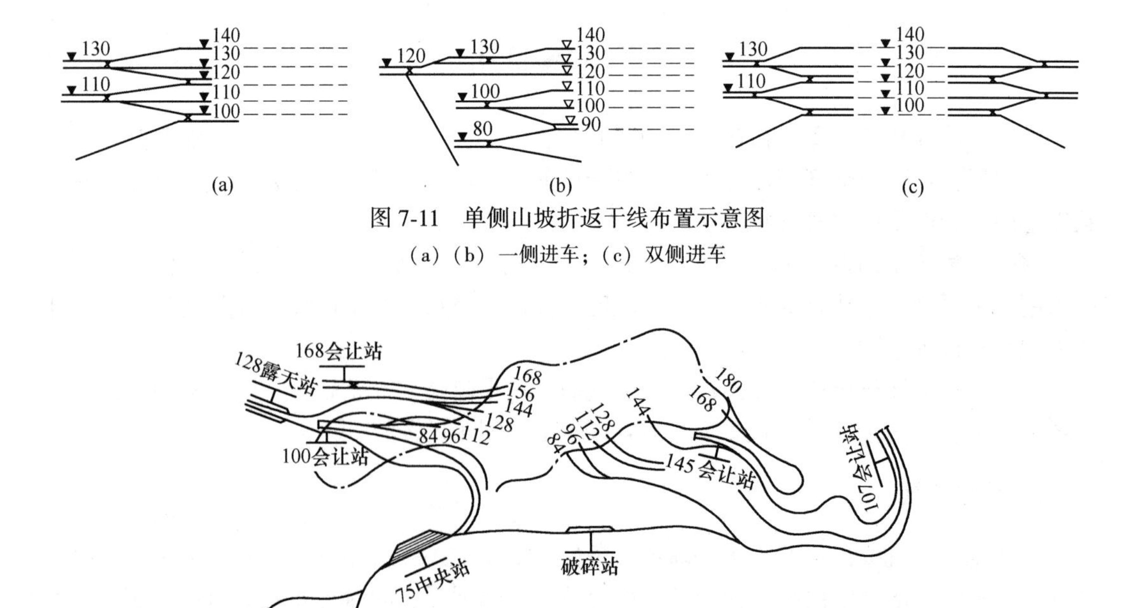

图 7-11　单侧山坡折返干线布置示意图

（a）（b）一侧进车；（c）双侧进车

图 7-12　大冶东露天矿上部开拓系统示意图

深凹露天矿的铁路干线一般都设在露天矿的边帮上，其布置方式因受露天矿平面尺寸的限制常呈折返式。当折返坑线设置在非工作帮时，称为固定坑线。固定坑线开拓的特点是，铁路干线常设于露天矿场的底帮（非工作帮）。考虑到矿石的损失贫化、地面布置等因素，有时坑线也可设置在矿场的顶帮或端帮上。在开采过程中，各台阶的工作线向一方平行推进。从折返干线向工作面配线的方向，通常有单侧进车、双侧交替进车和双侧环行3种。生产能力大的露天矿，当每个工作台阶的电铲数达到两台或两台以上时，多采用双侧进车的环行线路。其布置形式，如图7-13所示。

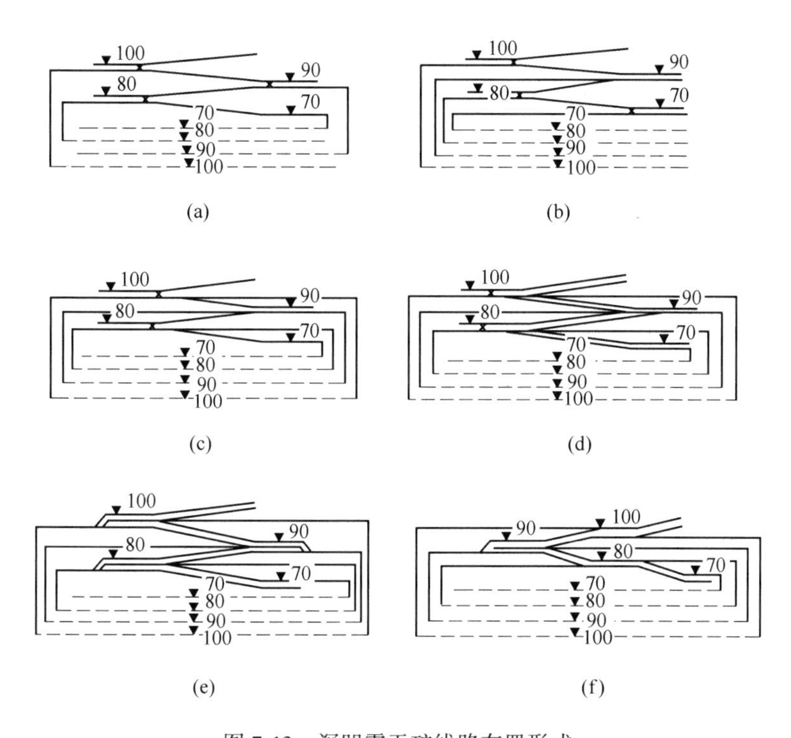

图7-13　深凹露天矿线路布置形式

(a) 单侧双线交替；(b) 单线单侧进车；(c) 单侧折返环形；
(d) 双侧折返环形燕尾式站；(e) 双线折返环形套袖式站；(f) 双线直进折返环形

眼前山铁矿深部开拓是凹陷露天矿折返坑线开拓的典型实例（见图7-14）。该矿设计深度为198m，折返坑线设在底帮，工作线由下盘向上盘推进，各台阶采取单侧进车形式。

在金属矿山中，纯深凹露天矿是少有的。基本上都是先山坡后转凹陷。故确定坑线位置时既要考虑总平面布置的合理性，又要照顾以后向深凹露天矿过渡时，力争使线路特别是站场的移设和拆除工作量最小。

移动坑线开拓时，坑线布置在工作帮的基岩上，坑线随工作台阶的推进而定期移动，最后固定在非工作帮上。沟内除铺设干线形成上、下水平的运输道路外，还应设上三角台阶的装车线。

7.2.2　线路数目及折返站形式

根据露天矿年运量，开拓沟道可铺设单线或双线。大型露天矿年运量超过700万吨

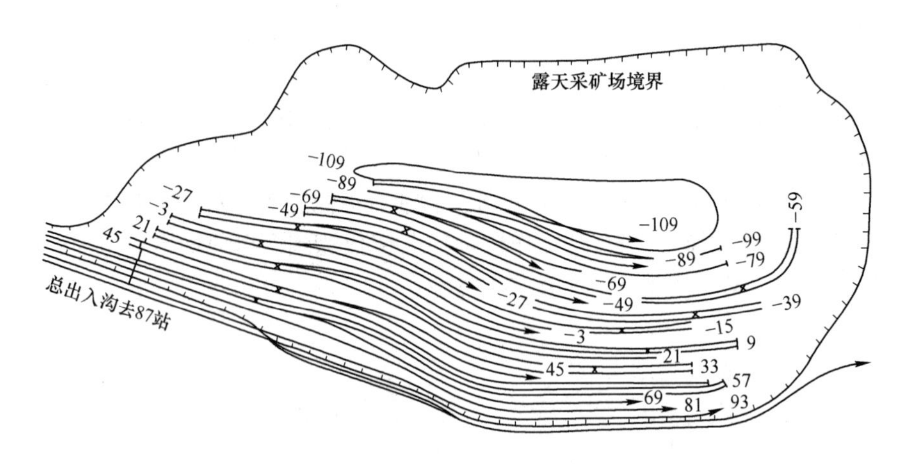

图 7-14　眼前山铁矿深部折返坑线开拓示意图

时，多采用双干线开拓，其中一条线路为重车线，另一条线路为空车线。而年运量小于该值时，则采用单干线开拓。

折返站设在出入沟与开采水平的连接处，供列车换向和会让使用。

折返站的布置形式较多。图 7-15（a）为单干线开拓和工作水平为尽头式运输的折返站，其中一条线路通往采掘工作面。图 7-15（b）为单干线开拓和工作水平为环形运输的折返站，这种布置形式使边帮的附加剥岩量增加，它是在每个台阶上同时工作的挖掘机数为 2 台和 2 台以上情况下使用。

采用双干线开拓时，折返站的布置形式分为燕尾式和套袖式，如图 7-16 所示。

燕尾式折返站如图 7-16（a）所示，当空重列车同时进入折返站时，存在这相互会让的问题，对线路通过能力有一定影响，但站场的长度和宽度比套袖式小。套袖式折返站如图 7-16（b）所示，空重列车在站场上不需会让，提高线路通过能力，但站场的长度和宽度比燕尾式大，因此它只能用于平面尺寸大的露天矿。在金属露天矿中，采场平面尺寸都不很大，套袖式折返站应用较少。在凹陷露天矿，有时在平面尺寸大的上部几个水平用套袖式折返站，下部用燕尾式折返站。

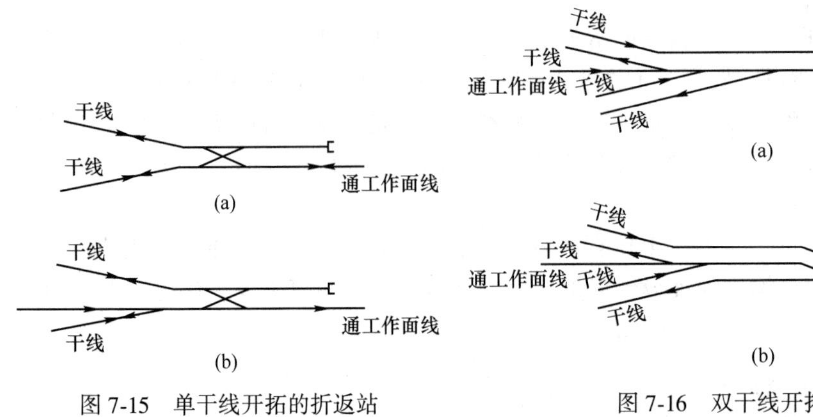

图 7-15　单干线开拓的折返站
（a）尽头式运输；（b）环形式运输

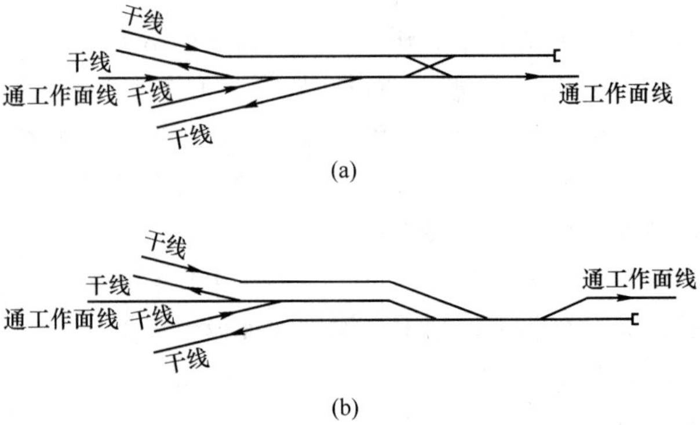

图 7-16　双干线开拓的折返站
（a）燕尾式；（b）套袖式

7.2.3 铁路运输开拓评价

铁路运输开拓的吨公里运费低，为汽车运输的1/4~1/3；运输能力大；运输设备坚固耐用。

但是，由于铁路运输多为折返坑线开拓，随着开采深度的下降，列车在折返站停车换向而使运行周期增加，尤其开采深度大时，因运行周期长而运输效率明显下降。因此，铁路运输开拓的合理深度一般不超过120m。

铁路运输开拓的路线系统和工作组织复杂，开拓坑线展线长度比汽车运输开拓大，因此掘沟工程量和边帮附加剥岩量增加，新水平准备时间较长。

采用铁路运输，易导致采掘工作面的空车供应率和挖掘机效率低，线路移设工作量大，各采区间的死角处理较复杂等。

综合上述，单一铁路运输开拓法在国内外金属露天矿使用的比例逐渐减少，特别是在深露天矿已成为一种不合理的开拓运输方式。

所以，采用铁路运输开拓的露天矿，当转入深部开采时，可改为公路-铁路联合开拓。我国的朱家包包铁矿、大冶东露天采场、海南铁矿的深部开采都采用这种联合的开拓方式。

近年来，由于高效率的胶带运输机开拓在露天矿的使用，因而公路-铁路联合运输开拓在新建露天矿应用很少。

7.3 胶带运输开拓

上述开拓方法所设置的开拓沟道都属缓沟，其坡度一般在6°以下，而胶带运输机和斜坡卷扬开拓的坡度一般在16°以上，易于布线；开拓沟道内的运输只是整个矿运输系统的中间环节，在陡沟的起点和终端，通常要设置转载站和转换点，从而使露天矿运输系统的统一性和连贯性受到破坏。因此必须要注意运输的衔接和配合，这是保证这类开拓方法可靠而有效的重要前提。

铁路和公路运输开拓，其运输效率与成本均随开采深度的增加而恶化。为此，金属露天矿近年来发展了胶带运输开拓。

美国双峰露天铜矿对汽车运输和胶带运输所作的比较证明，在深露天矿采用胶带运输开拓是合理的，并成为大型露天矿开采的一种发展趋势。

在高差大的山坡露天，也可用胶带运输开拓取代单一汽车运输开拓。

由于采场爆破的矿岩块度较大，采用胶带运输开拓时，矿岩必须预先经破碎机破碎后，才能用胶带输送。

按破碎机的固定与否和胶带运输机的布置方式及生产工艺流程，露天矿常用的开拓运输系统可分为：汽车-半固定式破碎机-胶带运输开拓；汽车-半固定或固定式破碎机-斜井胶带运输机开拓；移动式破碎机-胶带运输开拓。

7.3.1 汽车-半固定式破碎机-胶带运输开拓

这种开拓方式如图7-17所示，破碎站和胶带运输机布置在露天矿场非工作帮上。由于露天矿边帮角一般比胶带运输机允许的角度大，故胶带运输机多为斜交边帮布置。矿石和岩石用汽车运至破碎站，破碎后经板式给矿机转载给胶带运输机运至地面，再由地表胶带运输机或其他运输设备转运至卸载点。

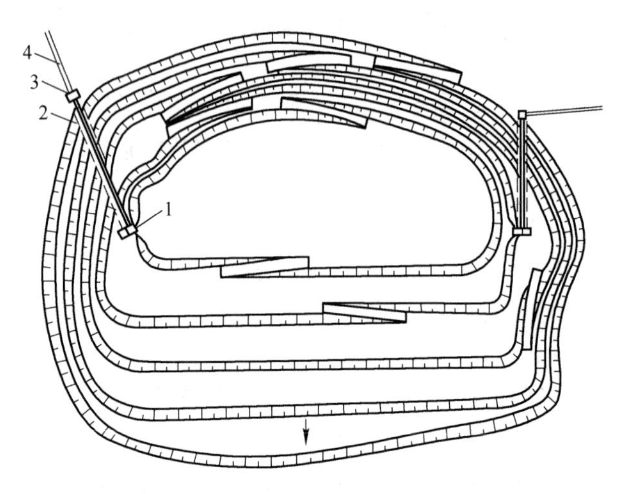

图 7-17　汽车-半固定式破碎机-胶带运输开拓
1—破碎站；2—边帮胶带运输机；3—转载点；4—地面胶带运输机

半固定式破碎机站所用的破碎设备，应根据原矿的块度和产量以及破碎站移设的难易和破碎费用综合考虑而定。

一般说，颚式破碎机简单可靠，体积小、布置紧凑，要求破碎站建筑结构简单，便于快速拆移和组装，因而在生产中应用较广。图 7-18 为这种半固定式破碎机站结构布置图。

不论采用哪种破碎结构，破碎站的拆移和安装工作均较复杂，所需时间较多。为了解决这个问题，国外有采用组装式的半固定破碎站，也就是把破碎站分割成为 100t 左右的组装件，使其易于拖动和拆装，每移设一次只需 10~15d。图 7-19 为圆锥式破碎机站布置示意图。

在露天矿场内，为保持汽车的经济合理运距，随着开采深度的下降，破碎站每隔 3~5 个台阶移设一次。

7.3.2　汽车-半固定或固定式破碎机-斜井胶带运输机开拓

我国大孤山铁矿深部开采采用了汽车-半固定破碎机-斜井胶带运输机开拓，如图 7-20 所示，矿石和岩石胶带运输斜井分别布置在两端帮的境界外，破碎站布置在两端帮上。在采矿场内，用自卸汽车将矿石和岩石运至破碎站破碎，然后经斜井胶带运输机运往地面。

破碎站还可以固定形式设在露天矿境界底部，矿石和岩石通过溜井下放到地下破碎站破碎，然后经板式给矿机和斜井胶带运输机运往地面。这种布置方式，破碎站不需移设，生产环节简单，减少因在边帮上设置破碎站而引起的附加扩帮量。但初期基建工程量较大，基建投资较多，基建时间较长，溜井易发生堵塞和跑矿事故等。

7.3.3　移动式破碎机-胶带运输开拓

这种开拓方法是用挖掘机将矿石和岩石直接卸入设在采矿工作面的破碎机内，也可用前装机或汽车在搭设的卸载平台上向破碎机卸载，破碎后的矿岩用胶带运输机从工作面直接运出采矿场（见图 7-21）。

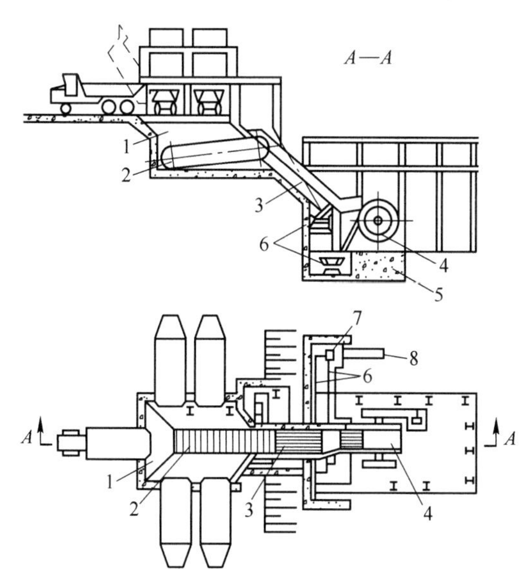

图 7-18 颚式破碎机半固定破碎机站布置图

1—漏斗；2—给矿机；3—格筛；4—破碎机；5—溜槽；6—皮带机；7—转运矿仓；8—工作面运输机

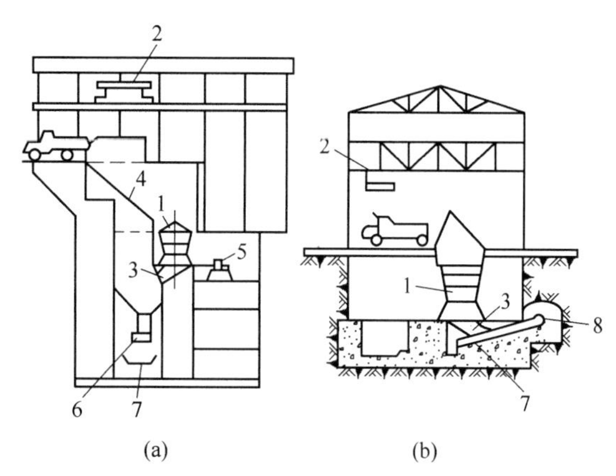

图 7-19 圆锥式破碎机站布置示意图

(a) 美国欧林通矿破碎站；(b) 苏联拉兹道立斯克矿破碎站

1—圆锥式破碎机；2—吊车；3—溜道；4—格筛；5—电动机；6—板式给矿机；7—皮带机；8—皮带机及地下通廊

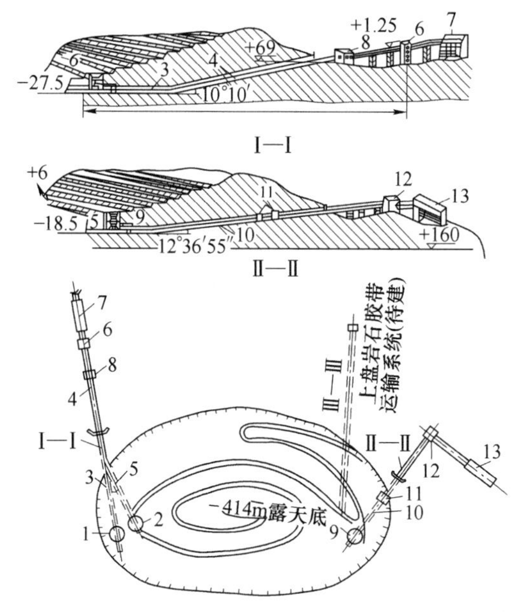

图 7-20 大孤山铁矿深部汽车-半固定式破碎站-斜井胶带运输机联合开拓运输系统平、剖面布置示意图

Ⅰ—Ⅰ—矿石胶带运输系统；Ⅱ—Ⅱ—东端岩石胶带运输系统；Ⅲ—Ⅲ—上盘岩石胶带系统；
1—一期-6m 矿石破碎站；2—二期-90m 矿石破碎站；3—一期矿石胶带运输机；
4—二期共用的胶带运输机；5—二期矿石胶带运输机；6—矿石转载站；7—采选交接矿槽；
8—传动机室；9—+6m 岩石破碎转载站；10—岩石斜井胶带运输机；
11—井下胶带机转载站；12—地面转载站；13—贮岩仓

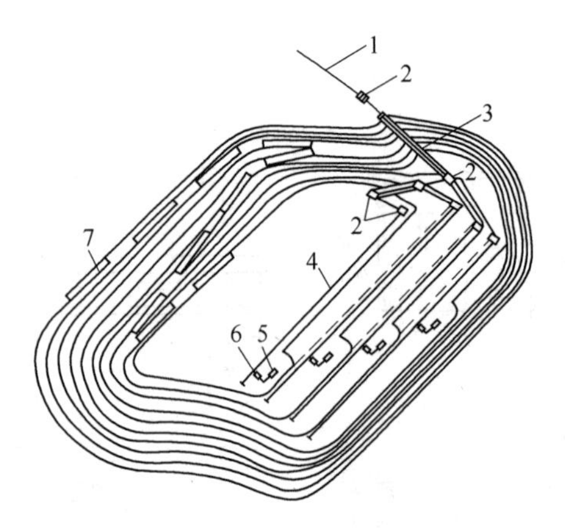

图 7-21　移动式破碎机-胶带运输机开拓
1—地面胶带运输机；2—转载点；3—边帮胶带运输机；4—工作面胶带运输机；
5—移动式破碎机；6—桥式胶带运输机；7—出入沟

在开采过程中，破碎机随工作面的推进而移动。胶带运输机也随工作线的推进而移设。

移动式破碎机的行走机构可分为履带式和迈步式两种。一般当破碎设备质量大于 300t 时，采用液压迈步式短头旋回移动式破碎机（见图 7-22）。这种破碎机高度较低，可用挖掘机直接给料，而不需其他给料设备。

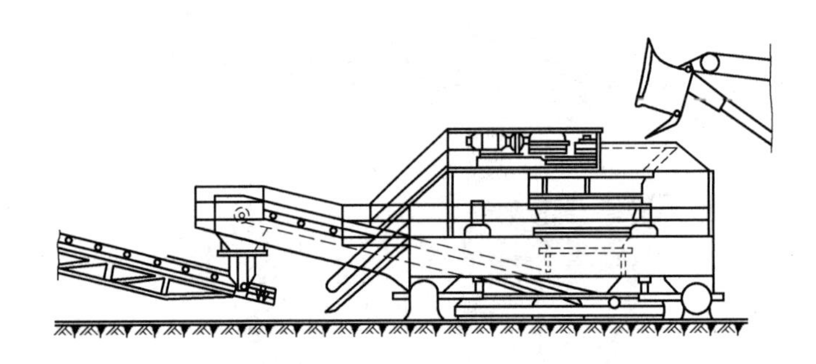

图 7-22　液压迈步式短头旋回移动式破碎机

7.4　斜坡卷扬开拓

斜坡卷扬开拓是在斜坡道上利用提升设备转运货载，而在露天矿场内的工作台阶和地表，则需借助于其他运输方式建立联系。

采用这种开拓法时，在工作面与地表之间需开掘坡度较大的直进式陡沟。山坡露天矿的陡沟应设于开采境界以外，对于深凹露天矿，为了缩短采场内的运输距离和使沟道位置固定，一般将沟道设在端帮或非工作帮两侧较为适宜。

斜坡卷扬开拓的主要运输方式是钢绳提升。根据提升容器不同，提升方式可分为串车提升和箕斗提升两种。

7.4.1 窄轨铁路-斜坡串车提升联合开拓

斜坡串车提升是在坡度小于30°的沟道内直接提升或下放矿车的，在卷扬机道两端不需转载设备，只设甩车道。在采场内，用机车将重载矿车牵引至甩车道，然后由斜坡卷扬提升（或下放）至地面甩车道，再用机车牵引至卸载地点。其线路布置如图7-23和图7-24所示。

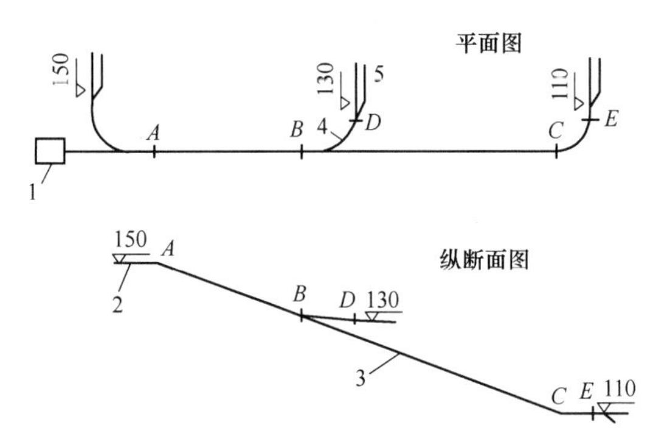

图7-23 甩车道斜坡提升线路
1—卷扬机房；2—上部平台；3—斜坡干线；
4—甩车道；5—调车平台

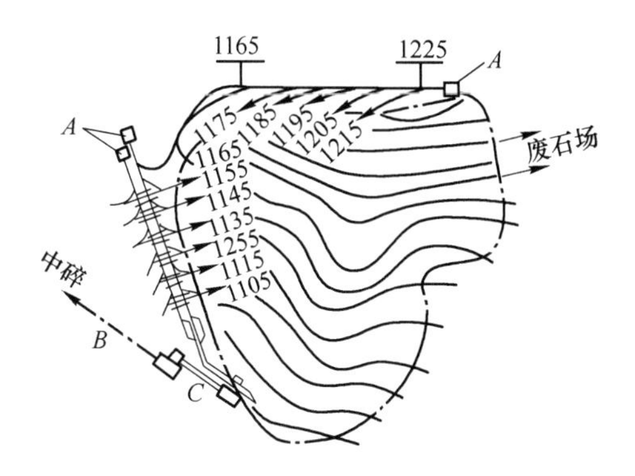

图7-24 山坡露天矿串车下放开拓示意图
A—卷扬机房；B—索道；
C—粗碎车间

7.4.2 公路（或窄轨铁路）-斜坡箕斗联合开拓

矿岩在露天采场内和地表需经两次转载，工作面和地面需用其他方式与之配合。

工作面运输常用汽车，也可用机车。在露天矿场内需设箕斗转载站，以便把矿岩从汽车转载到箕斗中。在地表也要设箕斗转载站，使矿岩通过矿仓向自卸汽车或矿车转载。

箕斗转载站的常见形式是跨越式栈桥（见图7-25），运输车辆在栈桥上向箕斗侧面卸载。

山坡露天矿，矿岩性质不允许采用溜井开拓时，可采用斜坡箕斗下放矿岩。斜坡箕斗道可布置在露天采场外的一侧或两侧。图7-26为山西峨口铁矿开拓图。

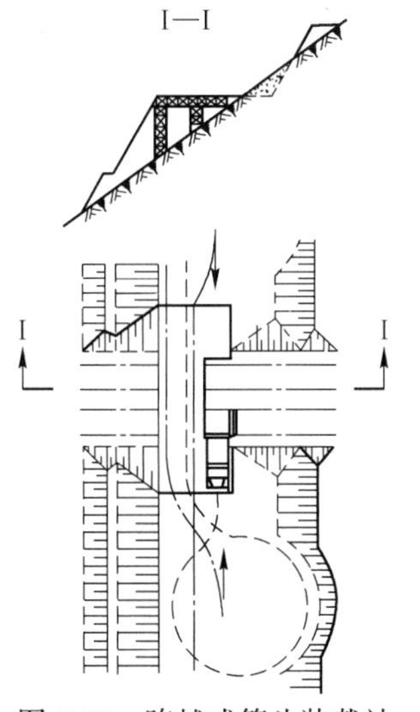

图7-25 跨越式箕斗装载站

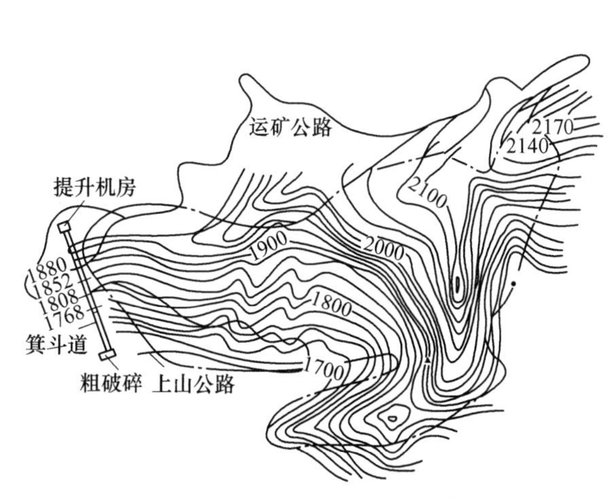

图7-26 峨口铁矿上部开拓示意图

7.5　平硐溜井开拓

平硐溜井开拓是借助开掘溜井和平硐来建立采场与地面间的运输联系。矿岩运输是靠自重沿溜井溜至平硐再转运到卸载地点，因此，它不能独立完成露天矿的运输任务，需与其他运输方式配合应用。在采矿场常采用汽车和铁路运输，在平硐内一般可采用铁路运输。

平硐溜井开拓主要适用于山坡露天矿。采用这种开拓方式的矿山，一般只用溜井溜放矿石，岩石则直接运至山坡排放。

7.5.1　溜井平硐的布置

溜井的位置需根据地质地形条件，考虑工作水平、开段沟的位置及进车方向、工业场地的位置、工作面与溜井的运输联系、平硐的长度以及过渡到深部开采时旧有设施的利用等因素来决定。溜井位置的合理性，应符合运输距离短，井巷工程量小，工作安全可靠这3个原则，特别是后者尤其重要。应保证穿过的岩层稳固，整体性强，避免穿过厚的软岩夹层、大断层、破碎带和裂隙发育区以及大的含水层。

采场内用汽车运输时，一般设置集中放矿溜井。这样能减少工程量和便于管理。集中溜井多布置于采场内部，并要设置用溜井，以保证正常生产。图7-27为齐大山矿平硐溜井开拓示意图。

采用铁路运输时，由于铁路运输机动灵活性差，故应设分散放矿溜井，每个溜井负担放矿的台阶数最多为2～3个。溜井一般是布置在采矿场境界以外的端部，如图7-28所示。

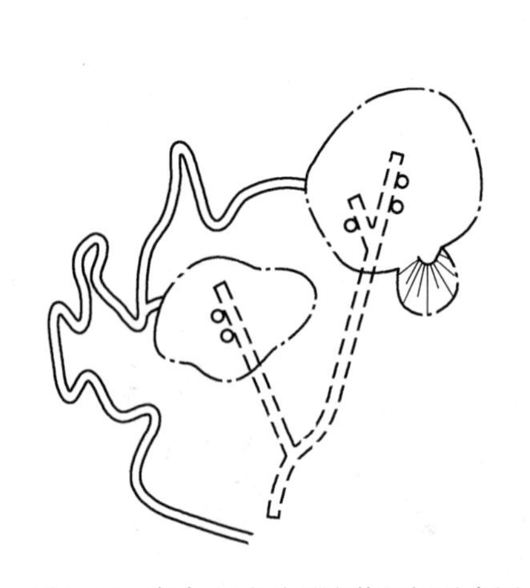

图7-27　齐大山矿平硐溜井开拓示意图

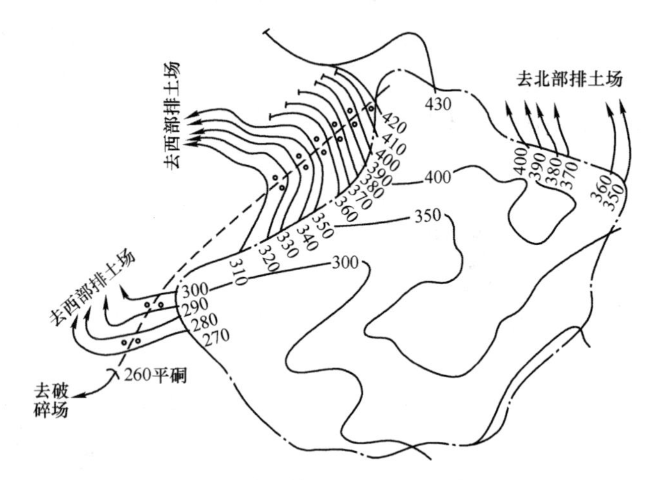

图7-28　采场外分散卸矿溜井布置图

7.5.2　溜井的结构要素

溜井是由井口、溜放段、贮矿段及放矿漏斗等部分组成的，其结构要素包括：深度、断面形状和尺寸、倾角及漏斗的规格。合理地确定这些要素，对保证溜井正常工作，防止事故发生具有重要的意义。

7.5.2.1 溜井深度

矿石在溜井中的运动情况如图 7-29 所示。矿石由卸矿平台沿抛射角 α 进入溜井，在重力作用下冲击井壁 A 点，这是冲击作用最严重的地点，称为冲击点。接着，矿石由 A 点反射抛掷角 β 反弹回来至 B 点冲击井壁。由于 $\beta<\alpha$，故 B 点冲击力小于 A 点冲击力。矿岩继续向下运动时，水平分力逐渐减弱，溜井深部磨损破坏作用减小。由此可见，冲击破坏磨损最严重的部位是溜井的上部，而与溜井深度的关系不大。因此，合理的溜井深度可根据溜井上、下部分磨损的均匀性和施工技术条件予以确定。只要采用合理的溜井断面形状和大小，增大贮矿高度，单段溜井的深度可以增加。实际上我国应用的溜井深度已达 300m 以上。

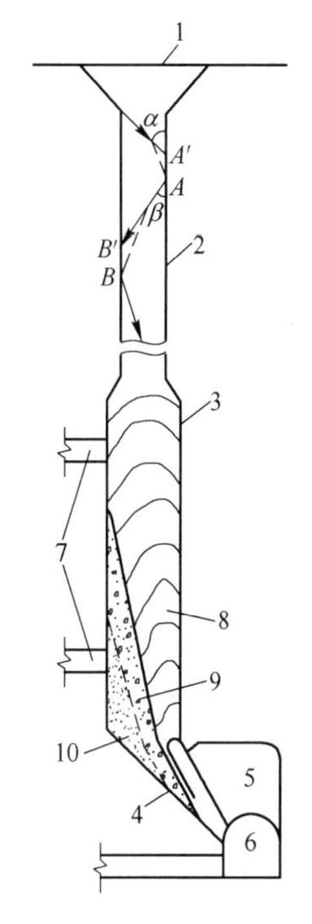

图 7-29 矿石在溜井内的运动规律

1—井口；2—溜矿段；3—贮矿段；4—放矿漏斗；5—装矿硐室；6—平硐；7—检查巷道；8—流畅区；9—滞流区；10—粉矿堆积区

7.5.2.2 溜井断面形状和尺寸

溜井的断面多开凿成圆形，这种形状有利于提高井壁的稳定性。

溜井断面尺寸是溜井工作可靠性的主要条件之一。如果断面不够大，矿石中又有块和湿矿粉，在停止放矿时贮矿粉被夯实，易发生矿石结拱的堵塞事故。为避免堵塞，溜井的直径不应小于允许最大放矿块度的 4~6 倍，如果粉矿较多且湿度较大时，贮矿段直径应大于最大块度的 5~8 倍。

7.5.2.3 溜井的倾角

采用垂直溜井较为优越。在倾斜溜井中，矿石对溜井溜放段的底板冲击磨损比较严重，甚至影响放矿，而下部贮存矿段的底板又经常堆积一层粉矿。粉矿的安定角可达 70°左右，故若贮矿段倾角小于 70°时，则粉矿堆积后将使断面减小，容易造成溜井堵塞。因此，必须采用倾斜溜井时，其倾角也以大于 70°为宜。

实践证明，对于地形复杂、距地面高差较大、坡度较陡的山坡露天矿，采用平硐溜井开拓是优越的。

7.6 开拓方法的选择

露天矿开拓是露天矿设计中带有全局性的一个重要问题，对矿山建设和生产具有重大影响。它一方面受露天矿地质地形及露天矿境界的影响，另一方面还影响着基建工程量、基建投资和基建时间，影响着矿山生产能力、矿石损失贫化、生产的可靠性和均衡性以及生产成本等。开拓系统一旦形成，如若改造它，会给生产带来困难，经济上造成很大损失。因此，选择开拓方法是一项深入细致的工作。

7.6.1　选择开拓方法的原则及其影响因素

选择开拓方法的主要原则是：

(1) 最大限度地满足产量和质量的要求。

(2) 力求缩短矿山建设时间，早日投产。

(3) 尽量采用先进的技术和装备。

(4) 要节约使用人力、物力、资源，力戒浪费。

此外，确定开拓方法还要有利于提高矿山劳动生产率，合理地利用资源，力求减少矿石的损失与贫化。

根据以上原则，在具体确定开拓方法时，必须充分考虑各方面的因素。

(1) 矿床埋藏的地质条件。

(2) 露天矿生产能力。

(3) 基建工程量和基建期限。

(4) 矿石损失贫化。

(5) 设备供应情况。

(6) 矿床勘探程度。

7.6.2　确定开拓方案的步骤

开拓方法常需要进行方案比较后确定，其步骤如下：

(1) 在充分考虑各有关影响因素的基础上，初步定出若干技术上可行的开拓方案。

(2) 对各方案进行初步分析。根据生产、设计经验，删去明显不合理的方案。

(3) 对留下的几个方案进行沟道定线或定位（井巷），确定运输方式和设备，布置开拓运输系统，并进行矿山工程量及生产工艺系统的技术经济计算。

(4) 对各方案的各项技术经济指标做综合分析比较，以确定其中最优的方案。

7.6.3　开拓沟道定线

开拓沟道定线，就是具体确定露天矿开拓沟道的空间位置。它是在拟定了开拓方法的基础上进行的，可分为室内图纸定线和室外现场定线。下面介绍以汽车运输回返坑线开拓的室内图纸定线。

定线所需的基础资料有：矿区地形地质图、露天矿总平面布置图和主要开采技术参数，如露天开采境界、台阶高度、沟道宽度和限制坡度、回头曲线要素以及连接平台长度等。

定线步骤如下：

(1) 在底平面周界和各水平最终境界已确定的平面图上［见图 7-30（a）］，根据排土场、卸矿点和地质地形条件等，确定出入沟口的位置，再按沟道各要素，自上而下初步确定沟道中心线位置。

(2) 根据出入沟的底宽和各种平台宽度，在图 7-30（a）上，自下而上画出开拓沟道和开采终了时台阶的具体位置，即形成图 7-30（b）。

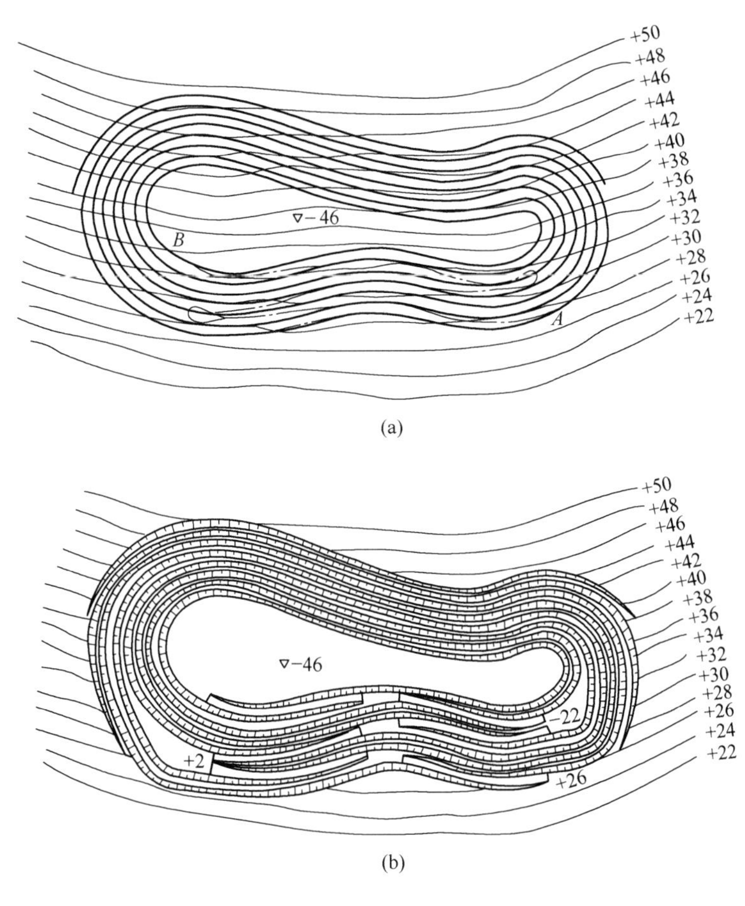

图 7-30　开拓沟道定线

（a）初步确定沟道中心线位置；（b）绘制沟道具体位置

7.6.4　开拓方案的技术经济比较

技术经济比较的内容包括：基建工程量、基建投资、各个时期的生产剥采比及生产经营费、生产能力保证程度、矿石损失贫化、投产及达产期限、生产的安全和可靠性等。

其中基建投资和生产经营费是经济比较的主要项目，比较时应把两者结合起来考虑。基建投资包括：基建工程费、基建剥离费和设备购置费、运杂费、安装费及其他费用。生产经营费一般按年计算，主要包括：辅助材料费（不包括机修设施所消耗的材料费）、动力和燃料费、生产工人工资、附加工资及车间经费（包括折旧费、维修费和车间管理费）。为保证计算迅速、准确和减少误差，应仔细地选取和审核消耗定额、单价等原始数据。

在上述经济计算的基础上，即可对各方案进行经济分析，通常只需比较各方案不同部分。若参加比较的各方案费用差额不超过允许误差的 10%，可视其经济效果相同。若费用差额较大，则应对各方案分别做经济评价。

7.7　掘 沟 工 程

在露天矿开采中，为使采矿场保持正常持续生产，需及时准备出新的工作水平，而新水平的准备工作包括掘进出入沟、开段沟和为掘沟而在上水平所进行的扩帮工作。掘沟速度在很大程度上决定着露天矿的开采强度，并因之而影响露天矿生产能力。

通常，掘沟速度 V(m/月) 可用下式表示：

$$V = Q/S$$

式中　Q——掘沟设备的生产能力，m^3/月；

S——堑沟的横断面积，m^2。

从上式可见，要提高掘沟速度，应合理地确定沟的几何要素和正确地选择掘沟方法，以减少单位沟长的工程量和提高掘沟设备的效率。

7.7.1　沟的几何要素

露天堑沟按其断面形状可分为双壁沟和单壁沟。无论是双壁沟或单壁沟，其几何要素都包括沟的底宽、沟帮坡面角、沟深、沟的纵断面坡度和沟的长度。

7.7.1.1　沟的宽度

其确定主要应考虑沟的用途、掘沟时所用的设备规格和掘沟方法。从堑沟的用途出发，出入沟的开掘是用以铺设运输线路的，因此其底宽取决于露天矿的开拓运输方式和沟内运输线路的数目。而开段沟是用于准备新水平的最初工作线，其沟底宽 b(m) 应保证初次扩帮爆破时不掩埋装车线路（见图 7-31），可按下式确定：

$$b \geqslant B + a - W \tag{7-1}$$

式中　B——扩帮爆破宽度，m；

a——线路要求的宽度，m；

W——一次爆破进尺，m。

此外，堑沟的底宽尚应满足所采用的挖沟方法的要求。

7.7.1.2　堑沟的深度和沟帮坡面角

在两水平之间开掘双壁沟时，出入沟是连接上下水平的一条倾斜堑沟，所以其沟深沿纵向是一个变化值，即最小值为零，最大值等于台阶高度，而开段沟的沟深即为台阶高度。

在山坡掘进单壁沟（见图 7-32）时，出入沟和开段沟的沟深 h'(m) 均按下式确定：

$$h' = \frac{b}{\cot\beta - \cot\alpha} = \varphi b \tag{7-2}$$

式中　b——沟的宽度，m；

β——山坡坡角，(°)；

α——沟帮坡面角，(°)；

φ——削坡系数。

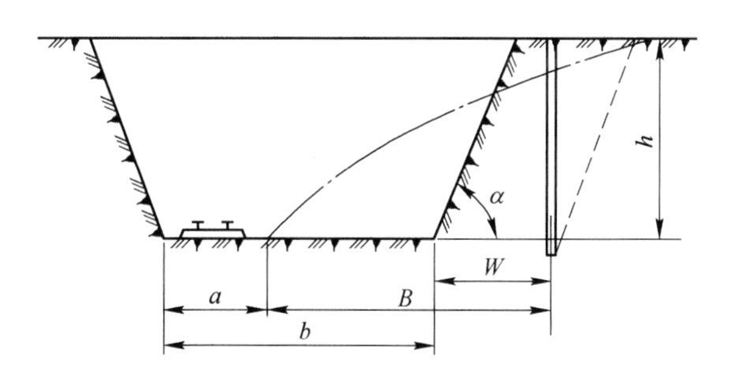

图 7-31 开段沟横断面要素图

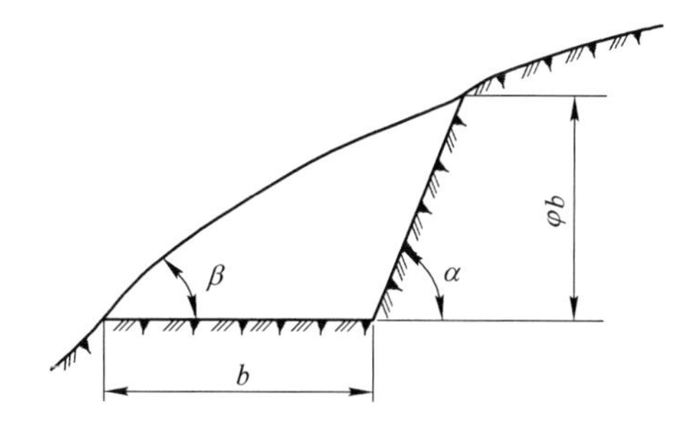

图 7-32 单壁沟横断面图

沟帮坡面角取决于岩石性质和沟帮存在期限。将来不进行扩帮采掘的一帮，其坡面角与非工作台阶坡面角相同，而进行扩帮采掘的一帮与工作台阶坡面角相同。其具体数据可参照类似矿山确定。

7.7.1.3 沟的纵向坡度及长度

出入沟的纵向坡度取决于开拓运输方式和运输设备类型。

两水平间出入沟的长度 L(m) 取决于台阶高度 h 和沟的纵向坡度 i，其关系式为：

$$L = \frac{h}{i} \tag{7-3}$$

开段沟通常是水平的，有时为了便于排水而采用了 3‰~5‰的坡度。其长度一般和准备水平的长度大致相等。

7.7.2 掘沟工程量计算

掘沟工程量取决于沟的几何要素。其计算方法如下。

7.7.2.1 分体积计算法

分体积计算法是把沟道分成若干个近似规则的几何体进行计算。如图 7-33 所示的出入沟，可近似分为一个三棱柱体（$ABCEFG$）和两个对称的三棱锥体（$ABCD$ 和 $EFGH$）。分别计算三棱柱体体积和三棱锥体体积，再求出总体积，计算公式如下。

三棱柱体体积 V_1(m^3)： $$V_1 = S_{底} h = S_{ABC} \cdot AF \tag{7-4}$$

三棱锥体体积 V_2(m^3)： $$V_2 = S_{底} h' = \frac{1}{3} S_{ABC} \cdot AD \tag{7-5}$$

出入沟总体积 $V_{总}$(m^3)： $$V_{总} = V_1 + 2V_2 \tag{7-6}$$

式中 h——三棱柱体高，等于图中 AF 线段长，m；

h'——三棱锥体高，等于图中 AD 线段长，m。

单壁出入沟，若一端与平坦地面相接，其沟量可划分为下列几个部分计算（见图 7-34），即沟的起端锥体 E、中段三角棱柱体 F、沟的末端锥体 G。由于 G 值很小，故可忽略不计，于是按上述几何体计算的方法，其沟量 V(m^3) 为：

$$V = E + F = \frac{\varphi b^2}{2i}\left(h - \frac{\varphi b}{3}\right) \tag{7-7}$$

式中 h——台阶高度，m；

i ——出入沟沟底的坡度（以小数表示）；

b ——沟底宽度，m；

φ ——削坡系数，$\varphi = \dfrac{1}{\cot\beta - \cot\alpha}$；

β ——山坡坡角，(°)；

α ——沟帮坡面角，(°)。

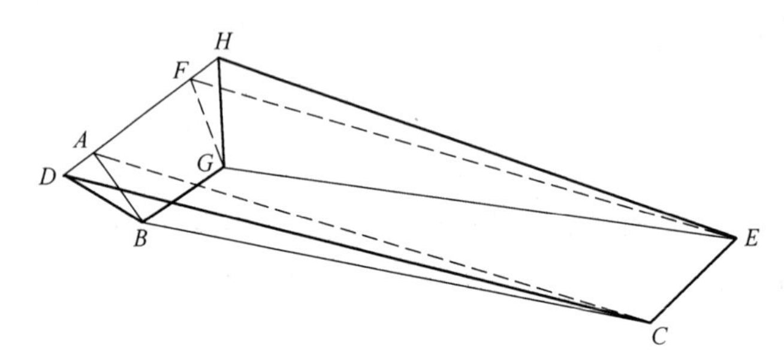

图 7-33　双壁出入沟的沟量计算图

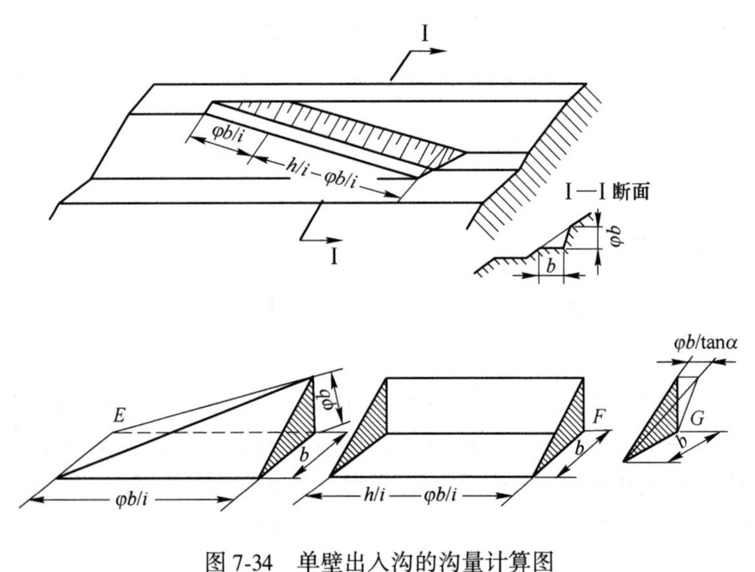

图 7-34　单壁出入沟的沟量计算图

开段沟末端部分的体积较小，可以忽略不计，于是双壁开段沟的沟量采用其横断面积乘以其沟长计算而得。沟量 $V(\mathrm{m}^3)$ 计算公式为：

$$V = (b + h\cot\alpha)hL \tag{7-8}$$

单壁开段沟的沟量为：

$$V = \frac{\varphi b^2}{2}L \tag{7-9}$$

7.7.2.2　平行断面法

该法是沿沟的纵轴每隔一段距离作一相互平行的断面，断面间距视地形变化大小而异，然后计算两相邻断面间的沟量，即沟量等于两断面间的平均面积乘以断面间距，则全沟的体积即上述求得的各块段体积之和。其计算公式可表示为：

$$V_{总} = \frac{S_0 + S_1}{2}L_1 + \frac{S_1 + S_2}{2}L_2 + \cdots + \frac{S_{n-1} + S_n}{2}L_n + V_m \tag{7-10}$$

式中 S_0，…，S_n——自起点算起各平行断面面积，m^2；

L_1，…，L_n——各块段的长度，m；

V_m——在最后一个横断面以外沟的末端体积，m^3。

7.7.3 掘沟方法

掘沟工作与采剥工作比较起来，虽然生产工艺环节基本相同，但掘沟工作却有其自身的特点。其特点是尽头区采掘、工作面狭窄、靠沟帮的钻孔夹制性大、采用铁路运输掘沟时装运设备效率低，尤其雨季沟内积水对掘沟影响更大。

在掘沟工作中，各种掘沟方法的主要区别取决于所采用的运输和装载方法。

7.7.3.1 汽车运输掘沟

汽车运输掘沟一般采用平装车全断面掘进的方法。汽车灵活，在保证汽车供应的条件下，掘沟铲的生产能力可达正常工作铲生产能力的 80%~90%，而平装车铁路运输时，生产能力仅为正常工作铲的 40%~60%。

为了提高掘沟速度，应确定合理的调车方式，汽车在沟内的调车方式，常用回返式和折返式两种，后者又分为单折返线调车和双折返线调车两种［见图 7-35，式（7-12）］。

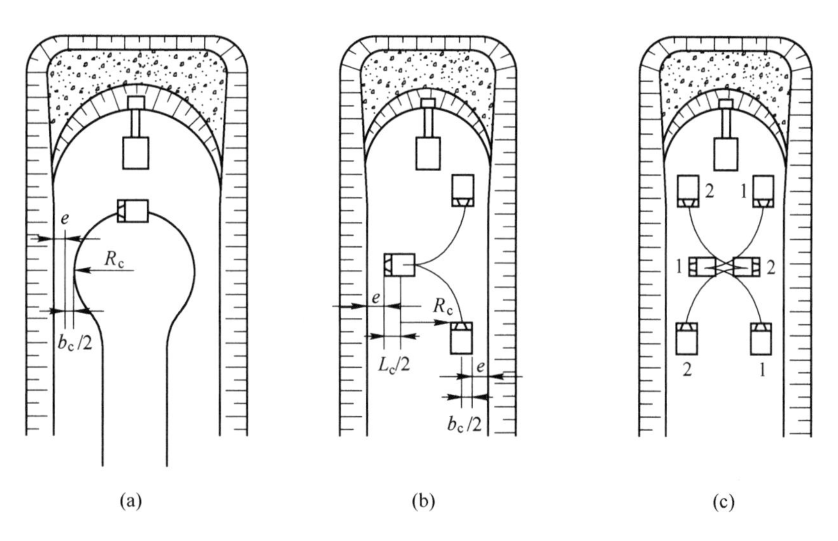

图 7-35 汽车在沟内的调车方法

（a）回返式调车；（b）单折返调车；（c）双折返调车

R_c—汽车转弯半径；e—汽车边缘至沟帮底线的距离；

b_c—汽车宽度；L_c—汽车长度；1，2—汽车编号

回返式调车又称环形调车，采用这种掘沟方法，空重车入换时间短，装运效率高。

单折返调车是汽车以倒退方式接近挖掘机，空重车入换时间比前者多 2~4 倍，装运效率比前者低。双折返调车是当一辆车装载结束，另一辆汽车已入换完毕，但所需汽车数

量较多。

不同的调车方法沟底宽度是不同的。出入沟的底宽按汽车的技术规格及其在沟内的调车方法确定。开段沟的沟底宽除考虑上述因素外，还要考虑初始扩帮的爆堆基本上不埋运输道路（图 7-31）。

出入沟沟底的最小宽度为：

$$b_{\min} = 2\left(R_{\mathrm{cmin}} + \frac{b_{\mathrm{c}}}{2} + e\right) \tag{7-11}$$

式中　$b_{\min}$——沟底最小宽度，m；

R_{cmin}——汽车最小转弯半径，m；

b_{c}——汽车宽度，m；

e——汽车边缘至沟帮底线的距离，m。

折返式调车时，$b_{\min}$ 为：

$$b_{\min} = R_{\mathrm{cmin}} + \frac{L_{\mathrm{c}}}{2} + \frac{b_{\mathrm{c}}}{2} + 2e \tag{7-12}$$

式中　L_{c}——汽车长度，m。

开段沟沟底最小宽度为：

$$b = B + a - W \tag{7-13}$$

式中　B——爆堆宽度，m；

a——道路宽度，m；

W——爆破带底盘抵抗线，m。

从上述计算公式可知，回返式调车的沟底宽比折返式调车时大。掘沟速度以双折返调车最高，单折返方式最低。因此，当汽车供应满足需要时，采用双折返调车法掘沟较优越。

7.7.3.2　铁路运输掘沟

铁路运输掘沟可分为平装车全段高掘沟、上装车全段高掘沟和分层掘沟。

（1）平装车全段高掘沟（见图 7-36）是将线路铺设在沟内，列车驶入装车线，挖掘机向自翻车装载，每装完一节车厢，列车被牵出工作面，将重车甩在调车线上，空列车再进入装车线装车，如此反复直至装完整个列车。重载列车驶向沟外会让站后，另一列空车方向可由车头推驶进入装车线进行装车。这种掘沟方法装运设备效率和掘沟速度底。

（2）上装车掘沟按挖掘机工作规格可分为上装车全段高掘沟和分层掘沟。

上装车全段高掘沟如图 7-37 所示，装车线铺设在沟帮上部，用长臂铲在沟内向上部自翻车装载，每装完一辆车向前移动一次。这种掘沟工艺，工作组织比平装车掘沟简单，掘沟速度快。

采用上装车掘沟时的深度和沟底宽度取决于长臂铲工作规格。

沟深的确定决定于挖掘机最大卸载高度和最大卸载半径，即

$$h \leqslant H_{\mathrm{xmax}} - h_{\mathrm{c}} - e_{\mathrm{x}} \tag{7-14}$$

$$h \leqslant (R_{\mathrm{xmax}} - R_{\mathrm{wz}} - c)\tan\alpha \tag{7-15}$$

式中　h ——沟深，m；

H_{xmax} ——最大卸载高度，m；

h_c ——沟顶水平至车辆上缘高度，m；

e_x ——铲斗卸载时铲斗下缘至车辆上缘间隙，一般 $e_x \geqslant 0.5 \sim 1.0$m；

R_{xmax} ——最大卸载半径，m；

c ——线路中心至坡顶线间距，m；

α ——沟帮坡面角，(°)。

沟底宽度的最小值和合理的最大值为：

$$b_{min} = 2(R + e - h_1 \cot\alpha) \tag{7-16}$$

$$b_{max} = 2R_{wz} \tag{7-17}$$

式中　R ——挖掘机回转半径，m；

e ——挖掘机体至沟帮安全距离，m；

h_1 ——挖掘机体底盘高度，m；

α ——沟帮坡面角，(°)。

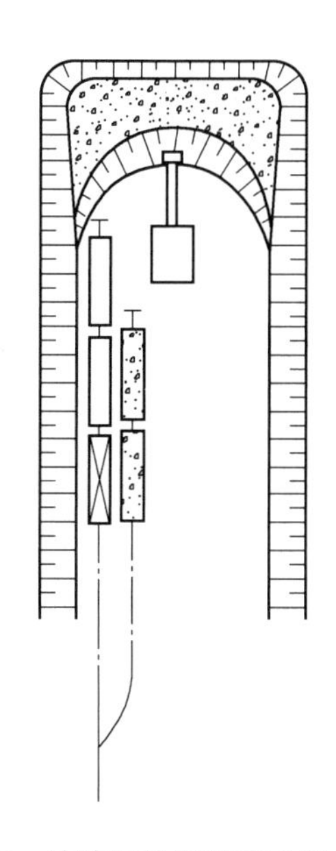

图 7-36　铁路运输平装车全段高掘沟

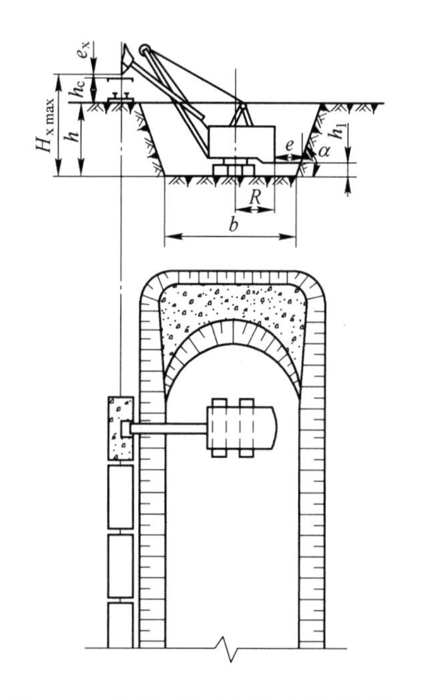

图 7-37　铁路运输上装车全段高掘沟

采用分层掘沟时，列车不需解体调车，装运设备生产能力较高。上装车分层掘沟如图 7-38 所示。

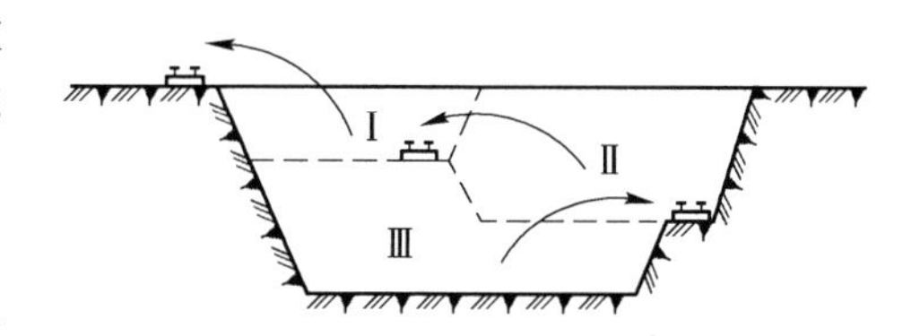

图 7-38　上装车分层掘沟

Ⅰ，Ⅱ，Ⅲ—掘沟顺序

7.7.3.3　联合运输掘沟

在铁路运输开拓的露天矿，为提高掘沟速度，加快新水平准备，可采用汽车-铁路联合运输掘沟（见图 7-39）；当掘沟岩土松软或爆破后的岩块较小时，也可采用前装机-汽车运输掘沟。

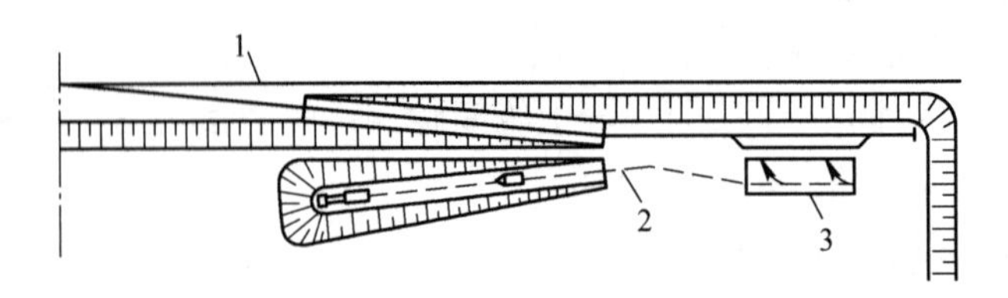

图 7-39　汽车-铁路联合运输掘沟
1—铁路；2—汽车道；3—转载平台

7.7.3.4　无运输掘沟

无运输掘沟分为倒堆掘沟和抛掷爆破掘沟。

(1) 倒堆掘沟如图 7-40 所示。用挖掘机将沟内岩石直接倒至沟旁的山坡堆置。

(2) 定向抛掷爆破掘沟。实质是沿沟道合理地布置药室，采用定向抛掷爆破方法将沟内岩石破碎，并将大部分破碎的岩石抛至堑沟的一帮或两帮（见图 7-41）。

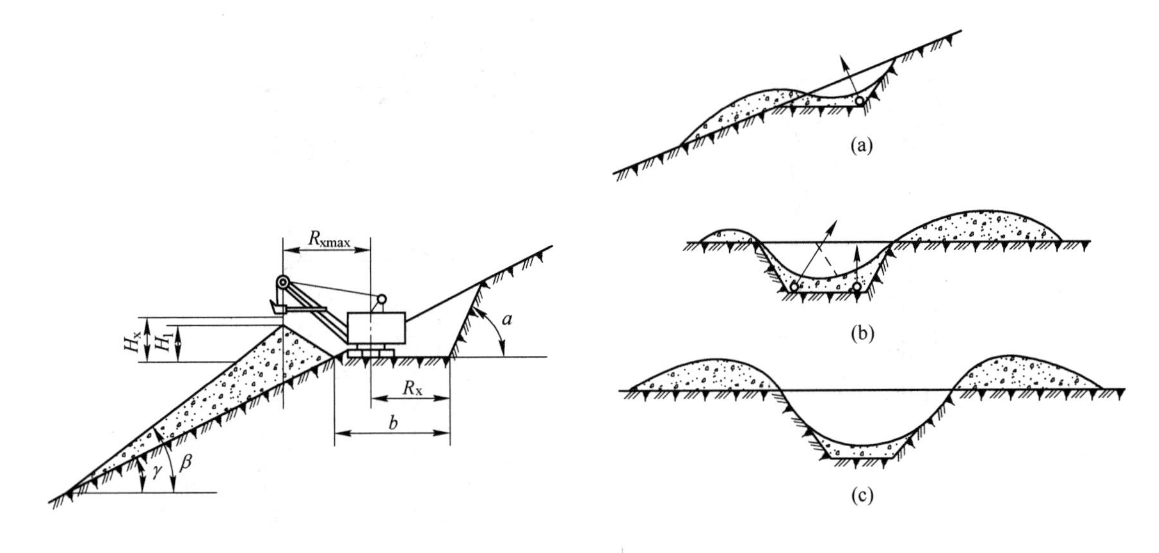

图 7-40　倒堆掘沟

图 7-41　定向抛掷爆破掘沟
(a) 山坡地形单侧定向爆破；
(b) 平坦地形单侧定向爆破；(c) 双侧定向爆破

复习思考题

7-1　露天矿公路运输开拓的特点及适用条件？

7-2　露天矿公路运输开拓的坑线布置形式有几种？

7-3　简要说明露天矿开拓方案选择的方法及步骤。

7-4　露天矿掘沟工程量怎样确定，掘沟方法有几种？

7-5　试计算图 7-42 中出入沟的掘沟工程量，图中单位为 m。

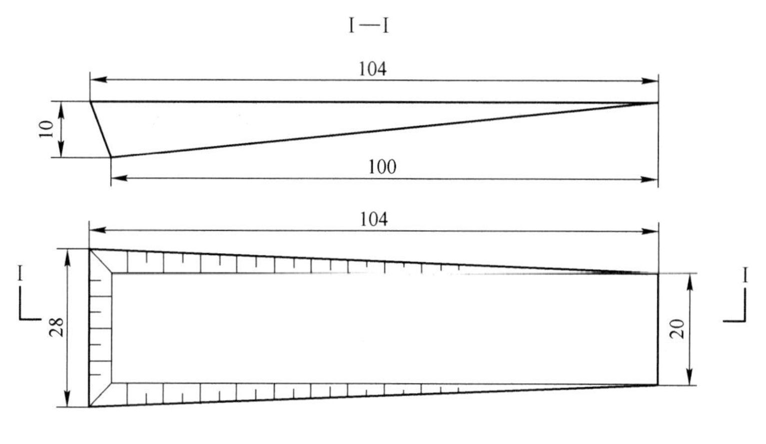

图 7-42 题 7-5 图

8 露天矿生产能力与采剥进度计划

8.1 生产剥采比

生产剥采比是露天矿开采的重要技术经济指标。生产剥采比是指露天矿在一定生产时期内剥离的岩石量与采出矿石量的比值，时间通常是以年、季、月为单位来计算。

生产剥采比是编制采剥进度计划的重要指标，它决定着露天矿采剥总量的大小。一个露天矿山的生产规模，不仅以矿石的产量来表示，而更主要的是应以采剥总量来衡量。特别是对于一些生产剥采比较大的黏土、有色金属和煤炭露天矿来说，剥离量远远超过采矿量，就更不能忽视岩石的开采了。

露天矿矿岩生产能力（采剥总量）与生产剥采比和矿石生产能力的关系为：

$$A = \frac{A_k}{\gamma_p} + n_s A_k = A_k\left(\frac{1}{\gamma_p} + n_s\right) \tag{8-1}$$

式中 A——露天矿矿岩生产能力，m^3/a；

A_k——露天矿矿石生产能力，t/a；

n_s——生产剥采比，m^3/t；

γ_p——矿石容量，t/m^3。

当生产剥采比的单位取 m^3/m^3（或 t/t），相应地 A_k 的单位取 m^3/a（或 t/a）时，式（8-1）可写成如下形式：

$$A = A_k(1 + n) \tag{8-2}$$

从式（8-2）可见，在一定的矿石生产能力下，露天矿的采剥总量取决于生产剥采比的大小，而露天矿的设备、人员和地面设施的规模等又主要是由矿岩生产能力所决定的。因此，生产剥采比往往是影响露天矿的基建投资和生产成本的重要因素。

露天矿是在一定的地质条件下，按照一定的开采境界进行开采的。矿山基建工程量的大小和生产剥采比的变化，决定于矿山工程发展程序。矿山工作人员的任务是认识生产剥采比的变化规律与矿山工程发展程序间的联系与制约关系，从而合理地安排矿山工程发展程序，控制生产剥采比的变化，使矿山达到经济合理和持续地进行生产。

8.1.1 生产剥采比的变化规律

在露天开采过程中，工作帮的范围和位置随着矿山工程的发展而不断改变。总的趋向是工作帮的范围由小而大，增加到最大限度后（工作帮达到露天矿地表境界时），则逐渐减小。显然，由工作台阶位置和数据的改变，相应的剥离岩石量和采出矿石量也在改变，从而使生产剥采比发生不断的变化。

8.1.1.1　露天矿工作帮

露天矿往往是在数个工作台阶进行开采，由这些进行开采的台阶组成的边帮叫露天矿工作帮。它是由若干个进行开采台阶的坡面和平盘构成的，其形态决定于组成工作帮的各台阶间的相对位置，也就是决定于台阶高度、平盘宽度和台阶坡面角等要素。

工作帮坡面角的不同，影响着生产剥采比的变化。现代露天矿，根据工作帮坡面角的不同，可分为缓帮（工作帮坡面角为8°~15°）及陡帮（工作帮坡面角为16°~35°）两种开采方式。

缓帮开采的特点是，组成工作帮的各工作台阶进行独立开采，故保证各工作平盘的正常宽度，是保证露天矿正常生产的基本条件。工作平盘的大小，决定于采掘、运输设备规格、运输线路数目及调车方式以及所需的回采矿量。只有在特殊情况下，工作平盘宽度可允许减至最小值，即除回采矿量宽度以外，布置采掘运输设备和正常作业所需的最大限度值，该值称为最小工作平盘宽度。因此，保持最小工作平盘宽度是露天矿生产的起码条件。缓帮开采的工作帮坡角，可用下式计算（见图8-1）：

$$\tan\varphi = \frac{h_2 + h_3}{b_2 + b_3 + B_2 + B_3} \tag{8-3}$$

当有 k 个台阶同时工作时，则

$$\tan\varphi = \frac{\sum_{i=2}^{k} h_i}{\sum_{i=2}^{k} h_i \cot\alpha + \sum_{i=2}^{k} B_i} \tag{8-4}$$

若工作帮上各台阶高度、台阶坡面角、工作平盘宽度均相等时，则

$$\tan\varphi = \frac{h}{h\cot\alpha + B} \tag{8-5}$$

式中　h——台阶高度，m；

α——台阶坡面角，(°)；

B——工作平盘宽度，m。

从式（8-5）可以看出，工作帮坡面角的大小取决于台阶高度、台阶坡面角和工作平盘宽度三个要素。通常 h 和 α 是定值，因此当 B 为最小值时，则工作帮坡面角 $\varphi=\varphi_{max}$。当单台阶逐个开采时，$\varphi=\varphi_{min}=0$，由此可知，露天矿工作帮坡角随着 B 值的调节而变化，其变化范围介于 φ_{max} 和 φ_{min} 之间。

随着露天矿山技术的发展及大型设备的使用，出现了陡帮开采工艺。陡帮开采工艺一般用于剥离陡帮的开采。它与缓帮开采的区别是，它不是每一个台阶都处于作业状态，只有一部分台阶进行作业，其余台阶暂不作业。作业台阶与暂不作业台阶轮换开采，故也称台阶轮流开采法。根据开采台阶轮换方式不同，陡帮开采可分为组合台阶开采和倾斜条带式开采两种主要开采方式。组合台阶开采是把台阶分为若干组，每组由一个作业台阶和若干暂不作业台阶组成（见图8-2）。每组台阶的最上一个台阶保留工作平盘宽度，其他台阶均保留安全平台宽度，一般由3~6个台阶组成一组。每组台阶由上而下逐个台阶轮流开采。上一个台阶推进到预定的宽度后，设备转到下一个台阶开采。当一组中每个台阶均推到预定宽度后，即完成一个开采循环。每组台阶一般只配一台挖掘机作业。循环周期一般为3~5a。

如图 8-2 所示，工作平台宽度 B_p 是扩帮宽度和安全平台之和，该值不能小于最小工作平盘宽度。它是根据采装和运输设备正常作业要求决定的。B_p 越小，工作帮坡面角 φ 越陡。根据我国部分矿石的设计资料，该值一般为 40~60m。

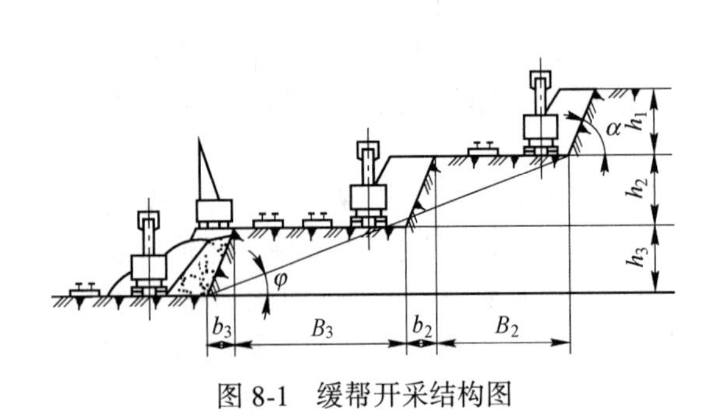

图 8-1　缓帮开采结构图

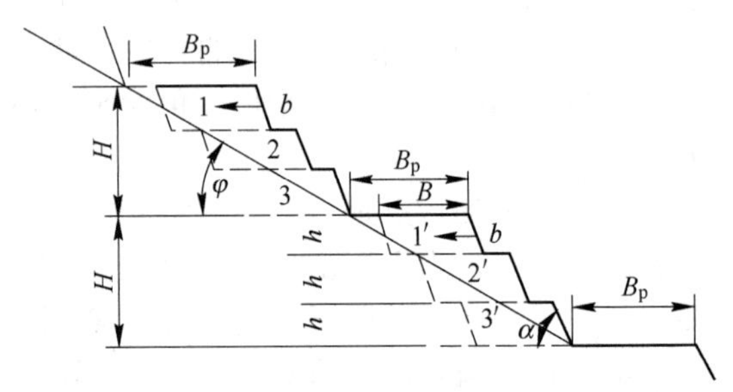

图 8-2　组合台阶结构

B—组合台阶一次推进宽度；b—安全平台宽度；
B_p—工作平台宽度；H—每组台阶高度；
h—台阶高度；φ—工作帮坡面角

安全平台宽度 b 以能截留大部分爆破滚石为原则，一般为 10~20m。

工作帮坡面角可按下式确定：

$$\tan\varphi = \frac{nh}{B_p + (n-1)b + nh\cot\alpha} \tag{8-6}$$

式中　n ——组内台阶数；

　　　α ——台阶坡面角，(°)。

倾斜条带式开采（见图 8-3），是把剥采工作帮划分为若干倾斜条带，由里向外扩帮，各台阶从上而下尾随式开采。尾随的工作平台长度根据运输方式和工作面运输线路布置确定，一般为 150~250m。各台阶除正在作业的地段有较宽的工作平台外，其余地段仅留安全平台即可。每个台阶一般设一台挖掘机，双侧进车时，可设置 2 台。当每个台阶均推进到预定宽度后，即完成一个循环，每个周期一般为 1~3a。

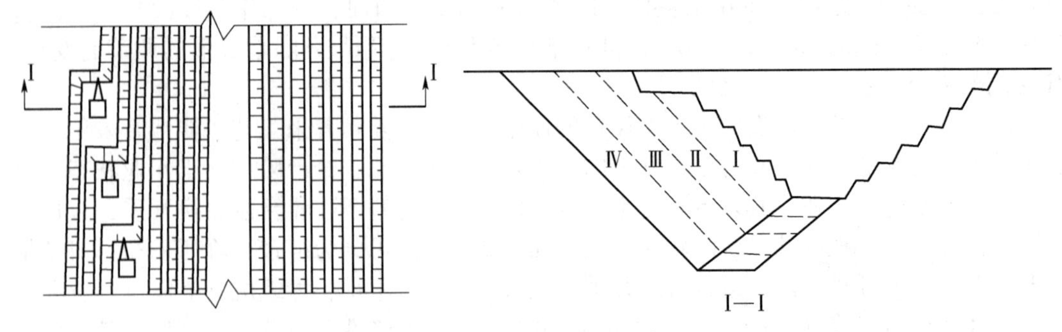

图 8-3　倾斜条带式开采

陡帮开采工艺的主要优点是基建剥离量小、投产早、达产快、初期生产剥采比小，另外推迟了最终边帮岩体的暴露，有利于边帮的确定与维护。我国不少露天矿正在使用陡帮开采或设计采用陡帮开采，如南芬铁矿、弓长岭铁矿独木采场、海南铁矿、德兴铜矿、齐大山铁矿、司家营铁矿等。随着露天矿公路运输的发展及采掘设备的更新，陡帮开采工艺在我国露天矿山将得到广泛的应用。

8.1.1.2　生产剥采比的变化规律

露天矿的生产按一定的工作帮坡面角发展时，其生产剥采比通常是变化的。下面用一个简单的例子来研究其变化规律。某露天矿矿体赋存情况和采场境界如图 8-4（a）所示。各水平均沿底帮掘沟，工作线由下盘向上盘推进，矿山工程延伸方向与矿体倾向一致，按某一固定的工作帮坡面角 φ 生产时，开采延伸到各个水平的工作帮推进位置如图 8-4 中一组平行的斜线所示。每延伸一个水平所采出的矿石量、剥离废石量及剥采比列入表 8-1 中，并用图 8-5 中的曲线表示。从这些图表中可以看出，工作帮坡面角不变时，生产剥采比随着矿山工程的延伸而变化。首先大量剥离不采矿，随后开始出矿，这时生产剥采比随着矿山工程的延伸而不断增大，达到最大值后逐渐减小。这个最大值期间叫剥离洪峰期或称剥采比高峰期。高峰期一般发生在凹陷露天矿工作帮上部接近露天矿地表境界部位。生产剥采比的这种变化规律是一般倾斜矿体具有的普遍规律。

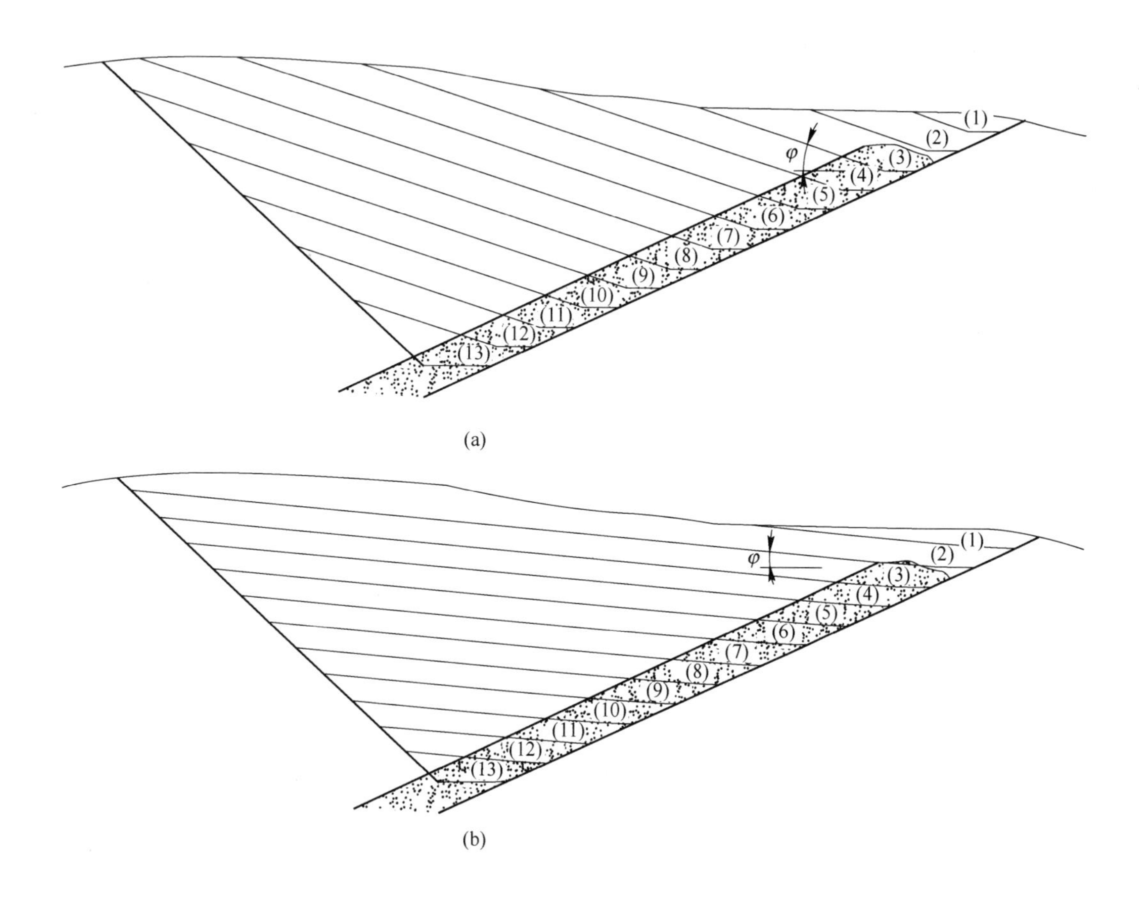

图 8-4　不同的工作帮坡面角对剥离洪峰期早晚的影响
（a）工作帮坡面角较大时；（b）工作帮坡面角较小时

表 8-1　某矿采剥量统计表

水平	矿石 /10^4t	土 /10^4m^3	岩石 /10^4m^3	土岩合计 /10^4m^3	累计		生产剥采比 /m^3·t^{-1}
					土岩/10^4m^3	矿石/10^4m^3	
1		56.2		56.2	56.2		∞
2		176.8		176.8	223.0		∞
3	102.5	303.0	14.5	317.5	550.5	102.5	3.10
4	158.0	367.9	248.4	616.3	1166.8	260.5	3.90
5	156.5	415.3	624.9	1040.2	2207.0	417.0	6.65
6	155.0	121.6	941.1	1062.7	3269.7	572.0	6.68
7	154.0		812.4	812.4	4082.1	726.0	5.28
8	152.0		662.2	662.2	4744.3	878.0	4.36
9	150.5		496.0	496.0	5240.3	1028.5	3.31
10	149.5		408.0	408.0	5648.3	1178.0	2.73
11	148.0		237.9	237.9	5886.2	1326.0	1.61
12	146.5		178.4	178.4	6064.6	1472.5	1.22
13	145.0		28.0	28.0	6092.6	1617.5	0.19
合计	1617.5	1440.8	4651.8				

工作帮坡面角的大小，对生产剥采比的变化有较大的影响。工作帮坡面角较大时［见图 8-4（a）］，剥采比上升较慢，剥离洪峰期来得较晚，发生在露天采场开采到较深的位置，高峰以后剥采比急骤下降。工作帮坡面角较小时［见图 8-4（a）］，剥采比初期上升较快，剥采洪峰发生较早，然后在一个很长时期内剥采比逐渐下降。此外，同一露天矿场，即在同一矿床埋藏条件下，采用不同的开拓方案、掘沟位置和工作线推进方向时，生产剥采比的具体变化情况也不相同。但是，无论哪一类矿床，采用哪种开拓、开采方法，只要矿山工程按不变的发展程序和固定的工作帮坡面角发展时，露天矿生产剥采比变化的共同规律是，生产剥采比随开采深度而变化，并经历一个由小到大，达到高峰后再逐渐减小的过程。

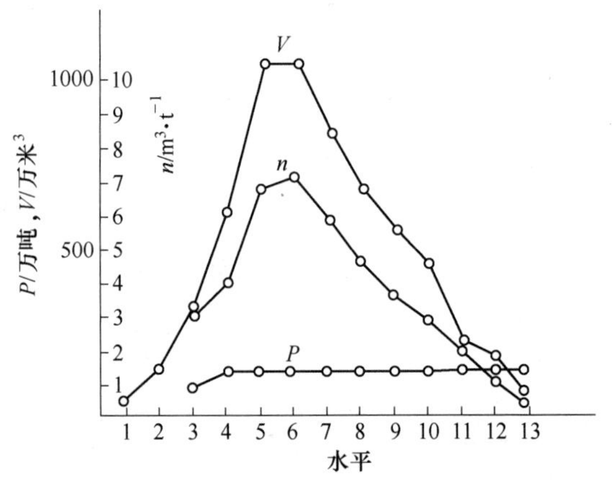

图 8-5　每延伸一个台阶所采出的矿石量、岩石量和生产剥采比

P—矿石量；V—岩石量；n—剥采比

上述生产剥采比的变化规律，必然给露天矿带来不利的影响，因为在正常情况下，要求露天矿的矿石产量大致不变，为了更有效地使用露天矿大型机械设备，其数量亦相对稳定。但如果生产剥采比不断变化，露天矿的矿岩总量也就逐年变化，这样在短期内就要改变采掘、运输设备的数量。例如到剥采比洪峰期，更要求短期集中大量的设备和相应的辅助设施，配备足够的人员，洪峰之后又要削减。这样短期的增减，必将降低设备的利用

率，使基建费用增大，生产成本增高，并且使露天矿的生产组织工作复杂化。因此，必须对生产剥采比进行调整，使之在一定时期内保持相对稳定，以达到经济合理开采矿床的目的。

8.1.2　生产剥采比的调整

生产剥采比的调整，就是设法降低高峰期的生产剥采比，使露天矿能在较长时期内以较稳定的生产剥采比进行开采。为此，应首先了解影响生产剥采比的变化因素，以便找出调整的具体方法。影响生产剥采比的因素很多，概括起来有两方面：

(1) 自然因素，包括地质构造、地形、矿体埋藏深度、厚度、倾角和形状等。这些因素是客观存在的，人们只能通过地质勘探工作充分认识它，以便准确地掌握生产剥采比的变化规律。

(2) 技术因素，主要是开拓方法、开拓沟道的位置、工作线推进方向、矿山工程延伸方向以及开段沟长度、工作帮坡面角等。这方面的因素是人为的，人们可以根据客观条件和需要予以改变，使生产剥采比达到较长时间的均衡。因此，生产剥采比的调整主要是通过改变矿山工程的发展方式来实现的。以下着重讨论改变台阶间相互位置、开段沟长度和矿山工程延伸方向对生产剥采比进行调整的方法。

8.1.2.1　改变台阶间的相互位置调整生产剥采比

用改变台阶间相互位置即改变工作平盘宽度的方法，可以将生产剥采比高峰期间的一部分岩石提前或移后剥离，从而减小高峰期生产剥采比的数值。

如图8-6所示，若在剥离高峰期前完成剥离量 ΔV_1，推后完成剥离量 ΔV_2，则减小的生产剥采比 Δn (m^3/t) 为：

$$\Delta n = \frac{\Delta V_1 + \Delta V_2}{P_h} \tag{8-7}$$

式中　P_h——剥离高峰期采出的矿石量，t。

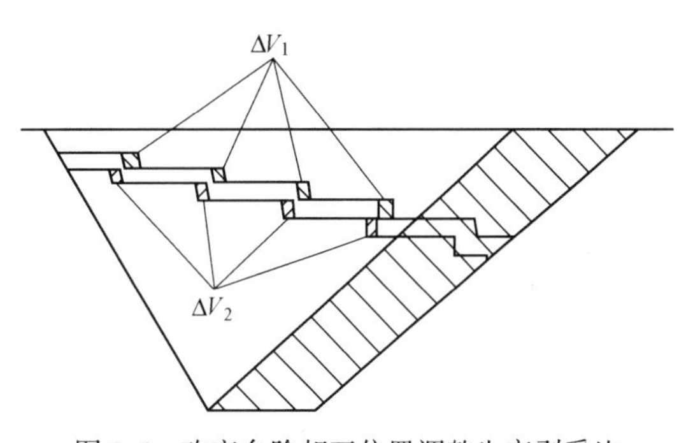

图8-6　改变台阶相互位置调整生产剥采比

用改变工作平盘宽度的方法调整生产剥采比是有限的。减小后的工作平盘宽度不得小于最小工作平盘宽度；加大的工作平盘宽度，应使露天矿保持足够的工作台阶数目，以满足配置露天矿采掘设备的需要。

改变工作平盘宽度容易实现，一般能适应原有的生产工艺，并不影响总的开拓运输系统，是调整露天矿生产剥采比的主要措施之一。实际上露天矿的工作平盘宽度经常是处于变动之中的。我们的任务是要掌握变动工作平盘宽度的规律，以便有效调整露天矿的生产和生产剥采比，使之满足于生产计划的要求。

8.1.2.2　改变开沟长度调整生产剥采比

开段沟的最大长度通常等于该水平的走向长度（工作线纵向布置时），最小长度一般不小于采掘设备所要求的采区长度。例如，用铁路运输时要求长一些，采用汽车运输时可以短一些，最短可以只挖一个基坑而使露天矿推进方向改变，由垂直走向推进变为沿走向推进。现举例说明改变开段沟长度对生产剥采比的影响。

与图 8-4 同样条件下，安排新水平开拓准备最初形成的开段沟长度等于走向长度的 1/3，约 700m，然后随矿山工程的发展逐步延长。也就是掘完 700m 开段沟长度后，在该水平就开始扩帮，这时扩帮与延长开段沟平行作业。这种发展方式是露天矿山工程发展程序的普遍形式。

矿山工程按上述方式发展时，每下降一个水平采出的矿岩量和生产剥采比如图 8-7 所示。图 8-7 中 13′和 13″为矿山工程延长开段沟和相应的在上部水平进行扩帮过程中采出的矿岩量。

由图 8-5 和图 8-7 的对比可以看出，在新水平开拓准备时，采用延长开段沟长度和扩帮平行发展的方式的矿山工程与掘完开段沟全长后再进行扩帮发展方式的矿山工程相比前者具有下列特点：生产剥采比变化相对比较平缓，高峰值下降；出矿前的剥岩量减小，有利于减少基建工程量。

显然，最初开段沟长度越短，上述差别越大，降低生产剥采比高峰值和减少基建工程量的效果越显著。由此可见，汽车运输无开段沟逐步扩展工作线的矿山工程发展方式是优越的。

此外，当矿体沿走向厚度不同时，生产剥采比达到高峰期，适当地减缓或停止推进矿体较薄区段的工作线，可以降低生产剥采比的高峰值。这是山坡露天矿经常采用的调整生产剥采比的措施之一。

应当指出，对于铁路运输的露天矿，由于要求的最小采区长度较长，改变开段沟长度的幅度不大。因此，单纯采用这种方法调整生产剥采比是很难得到明显的效果。这时就应采取其他的措施来配合。

8.1.2.3　改变矿山工程延伸方向调整生产剥采比

如图 8-8 所示，矿山工程初期沿山坡 *AB* 延伸可加速采出矿石和减少掘沟工作量。当生产水平最低标高达到 *B* 点，矿山工程改沿 *BC* 方向延伸，可减少初期生产剥采比。当露天矿最低水平达到 *C* 点之前，为了保证露天矿持续生产，应完成 *BCED* 或 *BCE′D* 的扩帮工程量。若扩帮工程由外向内进行时，则应完成 *BCED* 扩帮工程量。此时，矿山工程应由 *B* 沿山坡 *BD* 延伸到 *D*，然后，沿露天矿开采境界延伸到 *E*。若由内向外扩帮时，应完成

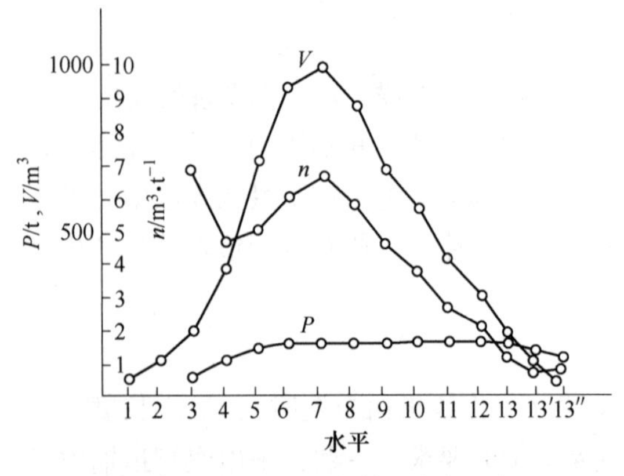

图 8-7　最初开段沟长度等于走向长度 1/3 时的 *P*、*V*、*n* 变化图

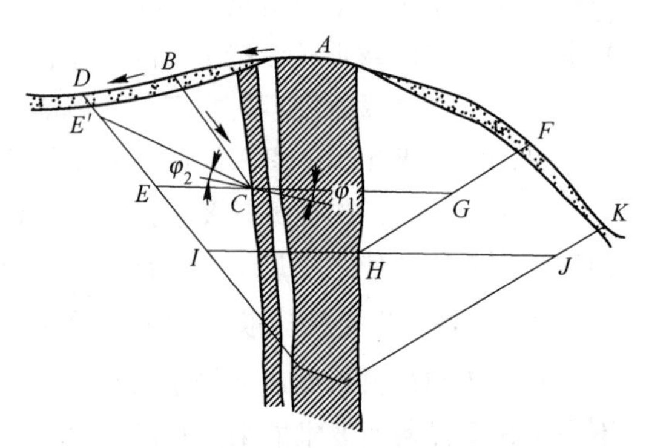

图 8-8　改变矿山工程延伸方向调整生产剥采比示意图

$BCE'D$ 扩帮工程量，此时，自上而下沿 BC 方向往外扩帮。此外，为了降低剥离高峰值，顶帮也可以同时采取压缩上部工作平盘宽度的措施，相当于设立临时顶帮开采境界 FGH。此时，$FHJK$ 的扩帮工程量应在工作帮达到 JH 位置之前完成。显然，由于改变矿山工程延伸方向而使不同时期的矿岩采出量得到改变，从而达到调整生产剥采比的目的。

除上述调整生产剥采比的方法外，用改变开段沟位置和工作线推进方向也可以对生产剥采比进行调整。但要指出，无论采用什么开段沟位置和工作线推进方向，只要工作平盘宽度保持不变，在整个生产过程中，仍然保持着生产剥采比变化的一般规律，仍然存在着生产剥采比高峰期。此时，仍需借助改变工作平盘宽度、开段沟长度等措施对生产剥采比做适当的调整，以利于露天矿持续、经济合理地开采矿石。

8.1.3 均衡生产剥采比的确定

露天矿山发展过程阶段生产剥采比的确定是规划露天矿设备、人员和辅助设施的重要指标，是生产前预计的数值，故称为计划生产剥采比。

改变剥采比是根据一定的矿山工程发展程序和生产剥采比变化的情况，经过调整后得出的，故称为均衡生产剥采比。以下重点讨论初步确定均衡生产剥采比的方法。

8.1.3.1 利用采剥关系发展曲线确定均衡生产剥采比

均衡生产剥采比的实质是，在整个生产过程中调整某些发展阶段的剥岩量，以求得在较长时期内稳定不变的生产剥采比。具体确定可在矿岩变化曲线 $V=f(P)$ 图上或生产剥采比变化曲线 $n=f(P)$ 图上进行。

A 利用 $V=f(P)$ 图确定均衡生产剥采比

$V=f(P)$ 曲线，又称 $P-V$ 图，是露天矿按一定矿山工程发展程序而得出的露天矿剥岩和采矿累计关系曲线，如图 8-9 所示。图 8-9 中横坐标为采出矿石累计量，它反映了露天矿不同开采深度下的采剥关系。露天矿只可能在两种极限条件范围内进行生产，即按最大工作帮坡面角生产和按最小工作帮坡面角进行生产。后者相当于露天矿逐层开采，工作帮坡面角为零。用矿岩变化曲线 P-V 图均衡生产剥采比，就是在两种极限情况下计算并绘出其相应的关系曲线，然后在这两个极限之中寻出一个均衡生产剥采比。一般不会逐层开采，而是尽量接近最大工作帮坡面角生产。因此，为了节省工作量，一般只讨论前一种极限情况，并根据它来寻求生产剥采比的均衡。在矿山工程发展程序确定之后，工作台阶仅保持最小工作平盘宽度。也就是按最大工作帮坡面角发展，绘出采矿场至各个水平的平面图以及各个水平的分层平面图，利用图中标出的工作线位置计算出延伸至各个水平的采剥量并编制成表 8-1 类型的矿岩量表。然后，以横坐标为矿石累计量，纵坐标为剥离岩石累计量，以矿岩量表中各水平的两种累计量作为曲线 $V=f(P)$ 上各点的坐标值，标出各点，连成曲线，如图 8-9 所示。显然，P-V 图上曲线的斜率为剥采比。曲线 $V=f(P)$ 斜率的变化反映了生产剥采比的变化。

根据上述原理，只要作出 $B=B_{\min}$ 时的 $V=f(P)$ 曲线之后，便可在接近该曲线处画出保持一定斜率的直线，此直线即代表某一时期的均衡生产剥采比。图 8-9 中第一期均衡生产剥采比为 ab 直线；第二期均衡生产剥采比为 bc 直线。以后随 $V=f(P)$ 曲线的变化，逐步减小生产剥采比，此时第一期均衡生产剥采比为：

$$n_1 = \frac{bb'}{ab'} = 5.5\text{m}^3/\text{t}$$

第二期均衡生产剥采比为：

$$n_2 = \frac{cc'}{bc'} = 2.5\text{m}^3/\text{t}$$

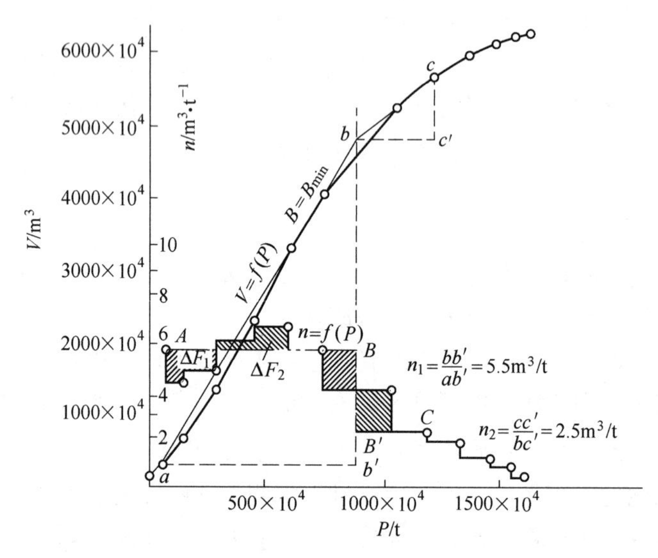

图 8-9　矿岩量变化曲线和生产剥采比变化曲线

在确定均衡生产剥采比时，可按上述方法同时作出几个方案，经详细比较后再择优确定。确定的一般原则是：

（1）尽量使初期剥岩量少，以利于减少基建投资和扩大再生产。

（2）最大均衡生产剥采比的数值最好小一点。在此之前，生产剥采比可逐步增大，以后再逐步减少。不要骤然波动，以免人员、设备随之发生突然变动。

（3）最大生产剥采比均衡的时间不宜过短，尤其是机械化程度比较高的矿山。因为生产过程中以最大生产剥采比进行生产的时间过短，就要相应的在一短的时间内大量增加设备和人员，这一段时间过去后又得大量缩减，这不仅使露天矿有关投资不能充分利用，同时也给生产组织工作带来很大困难。该段时间长短可根据具体条件确定，一般不短于 5～10a。通常机械化程度低的矿山取小值，反之取大值。露天矿附近有其他矿山，设备、人员便于调动，产量便于平衡时，也可取小值。

B　利用 $n=f(P)$ 图确定均衡生产剥采比

将图 8-9 的横坐标定为采出矿石累计量，纵坐标改为生产剥采比，即可作出 $n=f(P)$ 曲线。根据 $n=f(P)$ 图，可以将第一期生产剥采比调整为 AB 线，均衡生产剥采比 $n_1 = 5.5\text{m}^3/\text{t}$，第二期生产剥采比调整为 $B'C$ 线，均衡生产剥采比 $n_2 = 2.5\text{m}^3/\text{t}$。$AB$ 线上下的调整面积相等，即 $\Delta F_1 = \Delta F_2$。ΔF_1 和 ΔF_2 在数量上代表调整的剥岩量，ΔF_1 为提前剥岩量，ΔF_2 为高峰期减少的剥岩量。

利用 $V=f(P)$ 和 $n=f(P)$ 曲线图确定均衡生产剥采比各有优缺点。$V=f(P)$ 曲线图更为直观明确，而且可以表示出矿以前的剥岩量。$n=f(P)$ 曲线图则能比较清楚地表示生产剥采比的变化。因此，用上述两曲线来确定均衡生产剥采比是比较科学的，但在具体应用时，绘图和计算量很大，因而在实际设计中均未得到推广使用。

8.1.3.2 利用最大的相邻几个分层的平均剥采比作为均衡生产剥采比

其计算公式如下：

$$n_s=\frac{\sum V}{\sum P} \tag{8-8}$$

式中 n_s ——均衡生产剥采比，m^3/m^3；

$\sum V$ ——最大几个相邻分层的剥离总量，m^3；

$\sum P$ ——最大几个相邻分层的总采矿量（分层数与同时工作的台阶数相同），m^3。

这一经验公式，简单实用。从图 8-10 可知，在采用缓帮开采工艺时（工作帮坡面角 $\varphi \leqslant 15°$），生产剥采比曲线很接近分层剥采比（$\varphi=0°$）曲线，剥离洪峰出现较早，相邻几个最大分层的平均分层剥采比比较接近前期生产剥采比。因此，用这一方法求出的均衡生产剥采比来安排，露天矿进度计划一般问题不大。

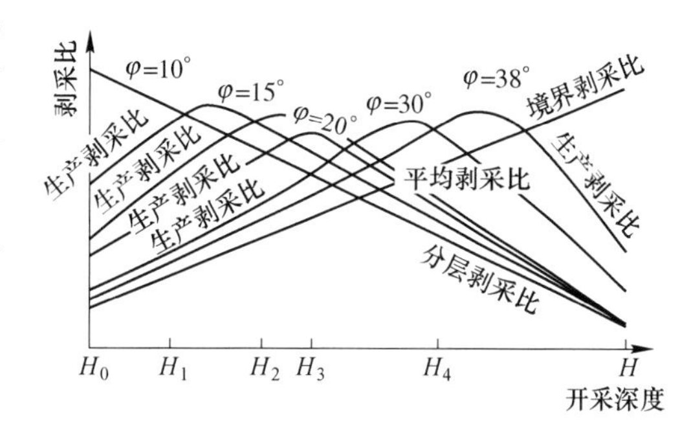

图 8-10 不同工作帮坡面角生产剥采比变化示意图

总之，上述确定均衡生产剥采比的方法，各有千秋。但是无论采用哪一种方法确定均衡生产剥采比，都是为编制采剥进度计划、安排采剥量时提供依据或作为参考的。最终，生产剥采比要通过编制采剥进度计划加以验证和落实。

8.1.4 减少初期生产剥采比和基建工程量的措施

减少露天矿初期生产剥采比和基建工程量，对节约基建投资和加速露天矿建设有重大意义。一个经济合理的开采方案，既要求均衡生产剥采比小，同时基建剥离工程量也应较小。因此，在最后确定均衡生产剥采比时，要考虑减少基建工程量的措施。

减少初期生产剥采比和基建工程量，主要是通过合理安排矿山工程发展程序来达到的，因为矿山工程发展程序本身与生产工艺、开拓运输系统密切相关，所以要求矿山工作人员能善于处理生产工艺、开拓运输系统、矿山工程发展程序和生产剥采比之间的矛盾，全面而合理地解决露天矿生产工艺和矿山工程发展程序等，以减少矿山基建工程量。

8.1.4.1 合理布置开段沟的位置

工作线推进方向与开段沟位置是密切相关的。然而，不同的开段沟位置和工作线推进方向，又要求与采用的生产工艺、开拓运输系统相适应。同一露天矿采用不同的开段沟位置，对生产剥采比和基建工程量有重大影响。

下面以一规则矿体为例，来分析不同的开段沟位置对生产剥采比和基建工程量的影响。如图 8-11 所示，在同一露天矿场中，沟的位置和矿山工程发展方向分别有：沿底帮开拓［见图 8-11（a）］；沿下盘开拓［见图 8-11（b）］；沿上盘开拓［见图 8-11（c）］；沿顶帮开拓［见图 8-11（d）］。由于都是采用折返沟开拓，其境界相同，故平均剥采比相等。4 个方案的工程量和剥采比指标计算结果列于表 8-2 中。表 8-2 中 λ 和 μ 值表示经济合理的两个指标，其计算公式为：

$$\lambda = \frac{n}{n_p - n_0} \tag{8-9}$$

$$\mu = \frac{n_0}{n_p} \tag{8-10}$$

$$n_0 = \frac{V_0}{P} \tag{8-11}$$

式中　n ——均衡生产剥采比；

n_p ——平均剥采比；

n_0 ——初始剥采比；

V_0 ——初始剥离量；

P ——露天矿总采矿量。

由式（8-9）和式（8-10）可知，若露天矿境界相同时，n_p 是一个常数，而系数 λ 和 μ 均随 n_0 的增大而增大。因此，μ 是表示基建工程量大小的系数，而 λ 则是能综合表示均衡生产剥采比 n 和初始剥采比 n_0 的系数。λ 值较小的方案，不仅正常生产时期的剥离量较小，而且基建时期的剥离量也不大。

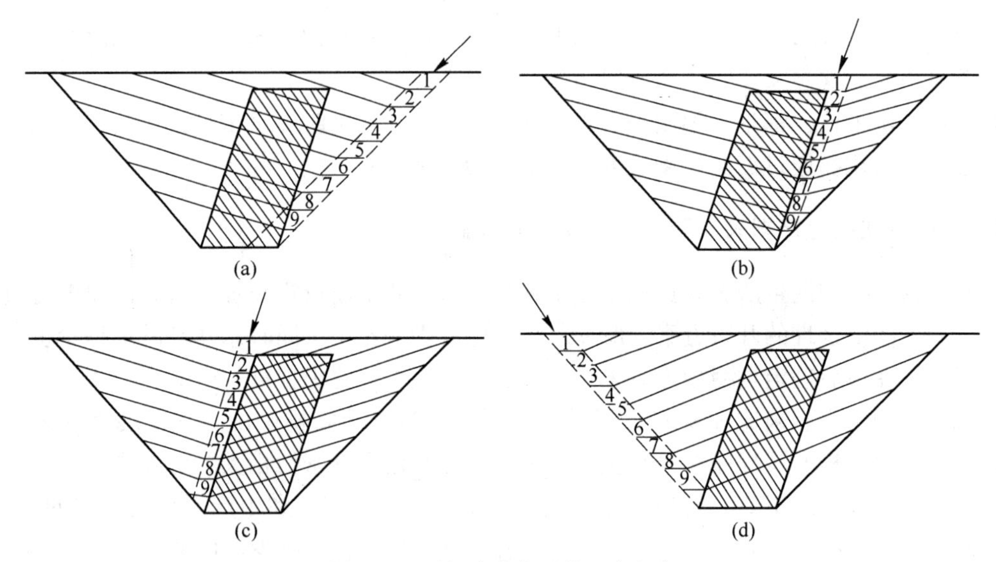

图 8-11　开拓沟道位置的 4 个方案

表 8-2　各种开拓沟道位置方案的剥采比指标

开段沟位置	n_p/m³ · m⁻³	V_0/m³	n/m³ · m⁻³	μ	λ
沿底帮开拓	2. 23	3. 1×10⁶	2. 66	0. 12	1. 36
沿下盘开拓	2. 23	1. 8×10⁶	2. 77	0. 07	1. 33

续表 8-2

开段沟位置	$n_p/m^3 \cdot m^{-3}$	V_0/m^3	$n/m^3 \cdot m^{-3}$	μ	λ
沿上盘开拓	2.23	2.2×10^6	3.34	0.09	1.64
沿顶帮开拓	2.23	8.0×10^6	2.53	0.31	1.64

从表 8-2 所列数值可见，沿底帮开拓、沿顶帮开拓方案分别在露天矿底帮和顶帮固定坑线位置掘沟，远离矿体，见矿晚，基建工程量大，均衡生产剥采比小。因此，为了减小初期生产剥采比和基建工程量，开段沟的位置应接近矿体和设在矿体较厚、覆盖岩层较薄地段，并以此决定工作线推进方向。然而，在矿体较陡的情况下，接近矿体掘开段沟，工作线向两侧推进，势必要采用移动坑线开拓，这对汽车运输开拓是更适宜的。

8.1.4.2 采用陡帮开采

工作帮坡面角的大小，对生产剥采比变化有较小的影响。工作帮坡面角越大，基建工程与初期生产剥采比越小，对降低初期生产成本、减少基建投资是有利的。随着近代大型挖掘机和汽车的使用，为陡帮开采提供了有利条件。目前，国内外不少露天矿都把这种开采方式作为降低初期生产剥采比的重要措施。

8.1.4.3 采用较短的开段沟长度

在生产工艺条件允许的情况下，采用较短开段沟的长度，以后再逐步延长和增加工作线长度，可以减小初期生产剥采比和矿山基建工程量。最小开段沟长度一般不短于采掘设备要求的采区长度。采用铁路运输时，用短开段沟开采较难实现。若采用汽车运输，则开段沟可以很短，甚至是无段沟而只挖一个基坑，在爆堆上设临时运输干线，工作线横向布置沿走向推进。这样就能达到减小初期生产剥采比和基建工程量的目的。

8.1.4.4 露天矿采用分期开采

开采大型露天矿时，露天矿的最终境界往往很大，此时为了减小初期生产剥采比和基建工程量，可采用分期开采的方法。

所谓分期开采，就是在开采大型矿床时，选择矿石多、岩石少、开采条件好的地段作为第一期开采或者是在露天开采最大的范围内，初期按小境界进行开采，形成了一定高度的固定边帮后，再过渡到按最终境界开采。这样就可以把大量的岩石推进到若干年后剥离，减少初期岩量。因此它是大型露天矿减小基建工程量的有效措施。

分期开采小境界划分为两类：一类沿倾向划分，一类沿走向划分。对于沿走向较长的矿体，特别是沿走向矿体厚度和覆盖层厚度不同的矿体，可以沿走向分期开采（又称分区开采）。初期在矿体较厚覆盖层较薄的区段先建矿，这样可以减少初期生产剥采比和基建工程量，而后由小而大逐步扩大开采范围。对于矿体厚度较大、延续较深、走向长度不大的矿体，分期境界可沿倾向（或深度）划分，如图 8-12 所示。根据矿体埋藏条件，露天矿一般多划分为两期开采，也有划分为多期开采的。然而，只要是分期开采，都存在过渡问题。

所谓过渡，就是由小境界向大境界扩帮开采的过程。它是指按小境界生产若干年后，在保证矿山正常生产的前提下，在小境界开采结束的同时，把按大境界生产时应该剥离而未剥离的岩石量剥除，使露天矿有计划有步骤地从小境界转入大境界生产。

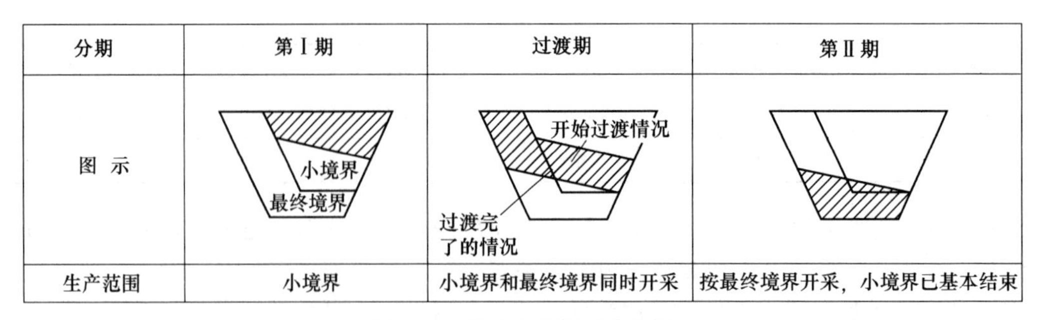

分期	第Ⅰ期	过渡期	第Ⅱ期
图　示	小境界 最终境界	开始过渡情况 过渡完了的情况	
生产范围	小境界	小境界和最终境界同时开采	按最终境界开采，小境界已基本结束

图 8-12　露天矿分期开采范围

8.2　露天矿生产能力

生产能力大小通常用矿石年产量和矿岩年采剥总量两个指标来表示。其关系可通过生产剥采比进行换算：

$$A = A_k + n_s A_k = A_k(1 + n_s) \tag{8-12}$$

或

$$A_k = \frac{A}{1 + n_s} \tag{8-13}$$

式中　A_k——矿石生产能力，t/a；

A——矿岩生产能力，t/a；

n_s——生产剥采比，t/t。

露天矿生产能力的确定方法：矿山的矿石生产能力通常是根据市场经济及矿区资源储量由企业进行初步拟定，设计部门的任务是根据矿山地质条件和开采技术条件，对给定的生产能力进行验算，以保证在一定的投资和设备供应的条件下，完成所规定的任务。

影响露天矿生产能力的因素主要有采矿技术和经济两个方面。采矿技术方面的因素包括：同时进行采矿的工作面数、矿山工程发展速度、运输线路的通过能力等；经济方面的因素有：露天矿工作储量的保有年限、基建投资、劳动生产率和矿石成本等。在确定露天矿生产能力时，应根据国家对矿石的需要、矿山资源情况、开采技术条件和经济合理性等，全面分析加以确定。

8.2.1　按采矿技术条件验算生产能力

验算方法很多，下面主要介绍按可能布置的挖掘机工作面数验证生产能力。

首先计算一个采矿台阶可能布置的挖掘机台数：

$$N_{wk} = \frac{L_T}{L_c} \tag{8-14}$$

式中　N_{wk}——一个采矿台阶可能布置的挖掘机台数，台；

L_T——台阶工作线长度，m；

L_c——采区长度，m。

然后计算同时采矿台阶数目。图 8-13（a）为工作线从下盘向上盘推进，图 8-13（b）为工作线从上盘向下盘推进。

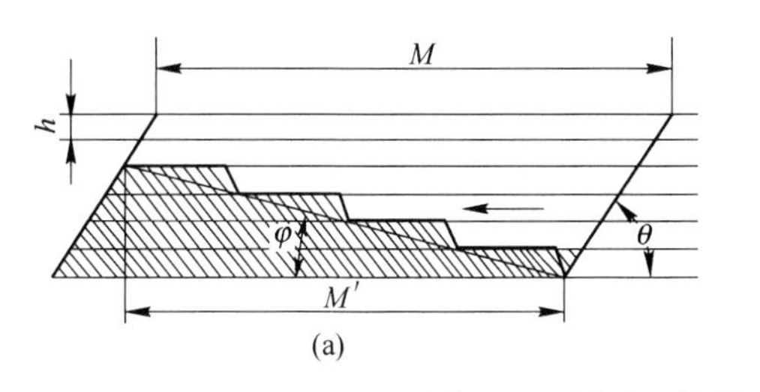

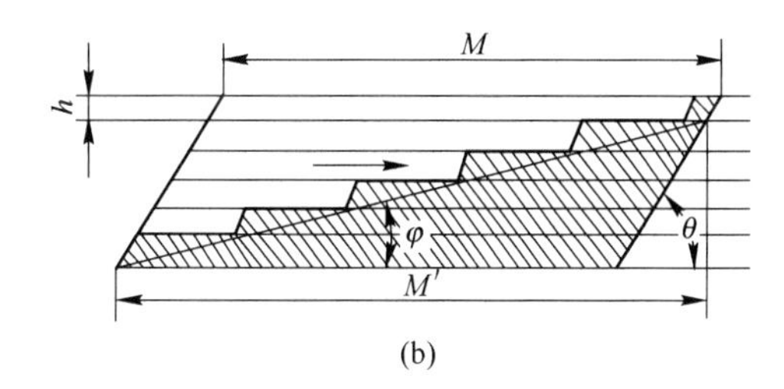

图 8-13 同时工作的采矿台阶数目计算示意图

采矿工作帮的水平投影长度为:

$$M' = \frac{M}{1 \pm \cot\theta\tan\varphi} \tag{8-15}$$

式中 M' ——采矿工作帮水平投影，m;

M ——矿体水平厚度，m;

θ ——矿体倾角，(°);

φ ——工作帮坡面角，(°);

± ——采矿工作从下盘向上盘推进取“+”，反之取“-”。

当工作平盘宽度相同时，可能同时工作的台阶数为:

$$m = \frac{M'}{B + h\cot\alpha} \tag{8-16}$$

式中 B ——工作平盘宽度，m;

h ——台阶高度，m;

α ——台阶坡面角，(°)。

将公式 (8-15) 代入公式 (8-16)，得

$$m = \frac{M}{(1 \pm \cot\theta\tan\varphi)(B + h\cot\alpha)} \tag{8-17}$$

露天矿可能的生产能力:

$$A_k = N_{wk} m Q_{wk} \tag{8-18}$$

式中 Q_{wk} ——采矿挖掘机平均生产能力，t/a。

8.2.2 按经济合理条件验算生产能力

关于露天矿经济合理的论证，我国金属露天矿在设计中，仍采用经济合理服务年限验证生产能力。

在一般情况下，露天矿工业储量一定时，随着生产能力增大，矿石生产成本下降，而基建投资增加。

露天矿生产费用 C 可以看成由两部分组成：一部分是与生产能力基本无关的部分，如排水费；另一部分是与生产能力大致成比例增加的部分 μA_k，如运输费。所以生产费用 C (元/年) 可用下式表示:

$$C = C_1 + \mu A_k \tag{8-19}$$

每吨矿石的生产成本 c(元/吨) 为:

$$c = \frac{C_1}{A_k} + \mu \tag{8-20}$$

式中　A_k——矿石生产能力，t/a；

C_1——与 A_k 无关的生产费用；

μ——系数。

同样，露天矿基建投资也可看成两部分组成；一部分是与生产能力无关的 K_1，如采矿基建工作、运输和技术构筑物等；另一部分是与生产能力大致成比例增加的部分 εA_k，如机电设备等。所以基建投资 K(元) 可用下式表示：

$$K = K_1 + \varepsilon A_k \tag{8-21}$$

每吨矿石所摊销的基建费 k(元/t) 为：

$$k = \frac{K_1 + \varepsilon A_k}{P'} \tag{8-22}$$

式中　P'——露天矿采出的总矿量，t；

ε——与 A_k 有关的备用系数。

基建投资和生产成本是评价经济合理性的两项指标。从式（8-21）和式（8-22）中可以看出，随着生产能力的提高，基建投资大，而生产成本降低。因此，可以找出一个基建投资和生产成本都较低的年产量，显然，该年产量在经济上是合理的。

用经济合理服务年限确定生产能力，其实质是在该年限内露天矿生产用的固定资产全部磨损，价值全部摊销在产品成本中回收。

在露天矿境界内矿石工业储量一定的情况下，生产能力的大小，决定了露天矿的服务年限，可用以下关系式表示：

$$T = \frac{Q\eta}{A_k(1 - \rho)} \tag{8-23}$$

式中　T——露天矿正常服务年限，a；

Q——露天矿境界内矿石工业储量，t；

η——矿石的实际回收率，%；

ρ——矿石贫化率，%。

在校验露天矿生产能力时，如果根据已知的年产量按式（8-23）求得的正常服务年限，符合规定的经济合理服务年限，则说明该年产量在经济上是合理的；反之，是不合理的，因为这时露天矿的设备、建筑物等固定资产，除采装运输设备和部分可拆移的设备外，均将提前废弃。选矿厂、冶炼厂附近如不能及时开发出新矿源接续供矿，则也将提前废弃。这在经济上是不合理的。

各类露天矿规模的划分和经济合理年限可参阅表 8-3。

一个经济上合理的建设规模，应该是投资收益率高、建设快、达产时间短和产量持续稳定。

8.2.3　生产准备矿量（储备矿量）

生产准备矿量，是指已完成一定开拓准备工程，能提供近期生产需要的矿量。它随生产的进行不断减少，又随开拓准备工程的进行而不断得到补充。

表 8-3 各类露天矿规模的划分和经济合理年限

矿山类型		矿石年产量/t	服务年限/a
特大型	黑色	$>1000\times10^4$	>30
	有色	$>1000\times10^4$	
	化学：磷矿	—	
	硫铁矿	—	
	石灰石	—	
大型	黑色	$200\times10^4\sim1000\times10^4$	>25
	有色	$100\times10^4\sim1000\times10^4$	
	化学：磷矿	$>100\times10^4$	
	硫铁矿	$>100\times10^4$	
	石灰石	$>100\times10^4$	
中型	黑色	$60\times10^4\sim200\times10^4$	>20
	有色	$30\times10^4\sim100\times10^4$	
	化学：磷矿	$30\times10^4\sim100\times10^4$	
	硫铁矿	$20\times10^4\sim100\times10^4$	
	石灰石	$50\times10^4\sim100\times10^4$	
小型	黑色	$<60\times10^4$	>10
	有色	$<30\times10^4$	
	化学：磷矿	$<30\times10^4$	
	硫铁矿	$<20\times10^4$	
	石灰石	$<50\times10^4$	

在露天矿中，生产准备矿量划分为开拓、回采二级矿量。开拓矿量是指在开采境界内，设计工作帮坡面角控制范围以上的岩土已剥离，地质工作程度达到相应要求，全部或部分完成开拓工程，形成运输、防排水系统，具备进行扩帮或回采工程条件的该水平以上的矿量。回采矿量是开拓矿量的一部分。它指矿体上部及侧面已揭露，地质工作程度达到相应要求，具备正常回采条件，最小工作平盘宽度以外的矿量（见表 8-4）。一般回采矿量保有时间为 3~6 个月，开拓矿量保有时间则根据各矿情况确定。

表 8-4 准备矿量的划分

台阶开拓情况	图　示
台阶开拓工程刚完成时开拓矿量最多	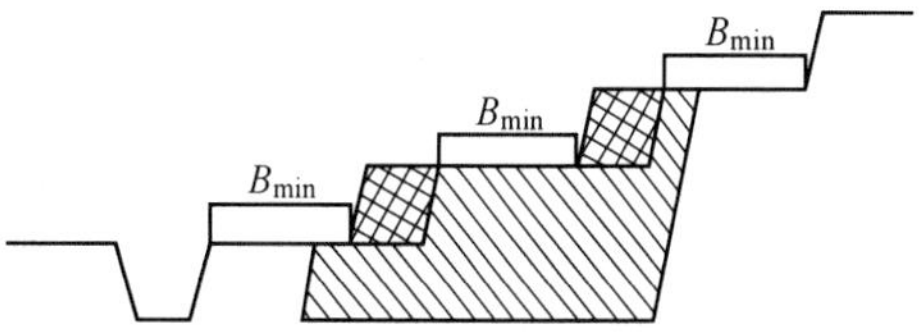 B_{min} B_{min} B_{min}
正常扩帮时开拓矿量逐渐减少	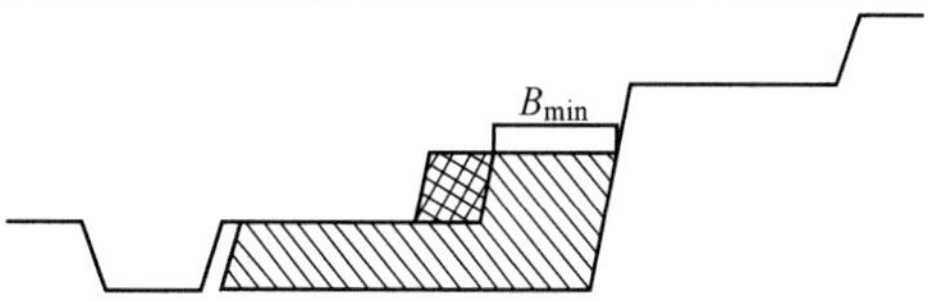 B_{min}

续表 8-4

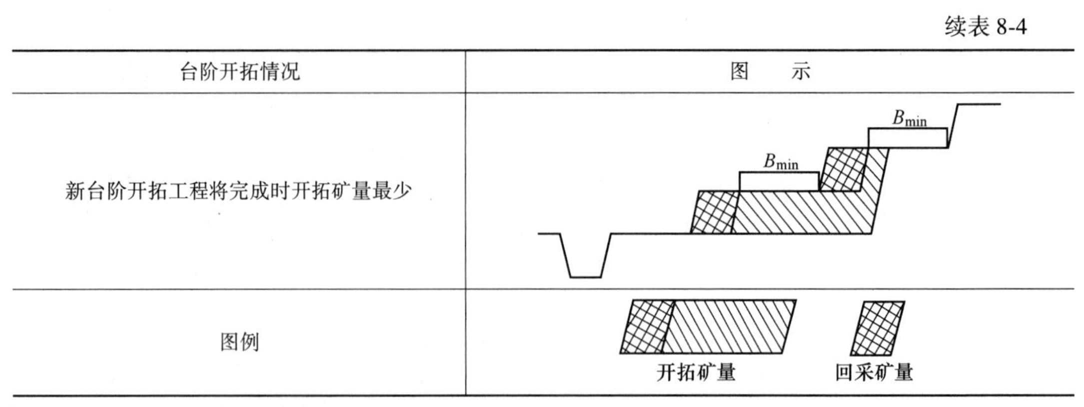

台阶开拓情况	图　示
新台阶开拓工程将完成时开拓矿量最少	B_{min}　B_{min}
图例	开拓矿量　回采矿量

注：B_{min}—最小工作平盘宽度。

8.3　露天矿采剥进度计划编制

露天矿采剥进度计划，是用图表表示露天矿工程发展的具体时间、空间和数量关系的矿山建设与生产计划。目的是把露天矿各生产工艺环节有机地组织起来，保持采剥工作的积极平衡，实现人力、财力、物力的合理部署和使用，以保证矿山持续地均衡生产。

露天矿采剥计划可分为两种：

（1）设计中按年编制的露天矿采剥进度计划。它具体地表示某一时间矿山工程发展的空间状态，包括工作线长度、工作平盘宽度、斜沟及开段沟的布置、上下水平的超前关系、保有的生产准备矿量、工作面线路和采装运输设备的配备等。

（2）生产矿山编制的年、季、月的采剥计划（又称生产作业计划）。它除了安排年末或各季末、月末的工作线推进位置外，还要详细地计算穿爆、采装、运输、排土、机修等主要生产工艺和辅助车间的生产能力，列出薄弱环节，制定出相应的措施计划。

8.3.1　基建工程

露天矿在投产前必须完成矿山正常生产所必须的基础建设，基建工程项目一般包括：

（1）露天矿达到设计规模所需完成的全部开拓及排水工程，主要包括：运输线路、卷扬机道（包括甩车道）、溜井、平硐、井筒以及排水疏干的井巷工程和排水沟等。

（2）投产以前掘进的开段沟和采矿剥离工程。

8.3.2　采剥进度计划编制的基本内容

采剥进度计划是矿山设计的重要文件，通过编制采剥进度计划，可能确定出矿山完成产量和质量指标的可能性，确定采剥规模、投产时间、达产时间及产量逐年发展情况。采剥进度计划需要完成的内容有：

（1）采剥进度计划图表，见表 8-5，表中有各年度的矿岩采出量、出入沟和开段沟工程量、挖掘机的配置和调动情况等。一般要逐年编制，编到设计计算年以后 3～5a。所谓设计计算年，是指矿石已达到规定的生产能力和以均衡生产剥采比开始生产的年度，其采剥总量开始达到最大值。

表 8-5 玉龙铁矿采剥进度计划表

工作水平/m	采剥量						工作内容	挖机编号	生产期/年					
	矿石		岩石		矿岩合计				2013	2014	2015	2016	2017	2018
	万立方米	万吨	万立方米	万吨	万立方米	万吨								
地表～3530	22.9	73.28	39.5	110.6	62.4	183.88	路堑 采剥	N1	12.7+12.4=25.1	10.2+27.1=37.3				
3530～3520	167.7	536.64	174.3	488.04	342.0	1024.68	路堑 采剥	N2 N3		13.8+21.6=35.4 12.1+16.2=28.3	21.7+21.4=43.1 17.8+25.4=43.2	19.9+25.2=44.1 28.2+20.6=48.8	26.8+23.4=50.2 27.4+20.5=47.9	
3520～3510	217.4	695.68	210.9	590.52	428.3	1286.2	路堑 采剥	N4 N5 N6		17.3+17.6=34.9	18.2+29.1=47.3 18.4+24.3=42.7	22.1+18.3=40.4 23.0+19.5=42.5 19.2+18.5=37.7	25.0+22.2=47.2 26.6+22.1=48.7	22.5+18.2=40.7 25.1+21.1=46.2
3510～3500	186.9	598.08	122.1	341.88	309.0	939.96	路堑 采剥	N1 N7			23.6+16.6=40.2	26.9+14.2=41.1 32.0+7.5=39.5	28.1+15.1=43.2 30.2+15.5=45.7	22.8+27.6=50.4 23.3+25.6=48.9
3500～3490	123.3	394.56	144.1	403.48	267.4	798.04	路堑 采剥	N8 N2				14.6+35.4=50.0	25.4+33.6=59.0	35.4+37.1=72.5 25.0+19.4=44.4
3490～3480	144.1	461.12	122.3	342.44	266.4	803.56	路堑 采剥	N4 N3		投产时间 2014年5月末		认产时间	10.5+17.4=27.9 2016年末	23.0+19.4=42.4 22.9+20.4=43.3
图例：路堑；采剥工程 矿石+岩石=矿岩合计				合计/万立方米					12.7+12.4=25.1	53.4+82.5=135.9	99.7+116.8=216.5	185.9+159.2=345.1	200+169.8=369.8	200+188.8=388.8
				剥采比	体积比/$m^3 \cdot m^{-3}$				0.98	1.54	1.17	0.86	0.85	0.94
					质量比/$t \cdot t^{-1}$				0.85	1.35	1.03	0.75	0.74	0.83
				挖掘机数/台					1	4	5	8	8	8

（2）具有年末位置线的分层平面图，如图 8-14 所示。分层平面图上有逐年矿岩量、作业的挖掘机数目和台号、出入沟和开段沟位置、矿岩分界线、开采境界以及年末工作线位置等。

（3）露天矿年末开采综合平面图，如图 8-15 所示。该图以分层平面图为基础编制而成，图上绘有各水平的工作线位置、出入沟和开段沟位置、挖掘机的配置、矿岩分界线、开采境界和运输站线设置等。

（4）产量逐年发展图和表。图 8-16 和表 8-6 是在采剥进度计划图表编制完成的基础上整理绘制出来的。采剥计划只编制到设计计算年后 3～5a，以后的产量可以 3a 或 5a 为单位粗略确定。

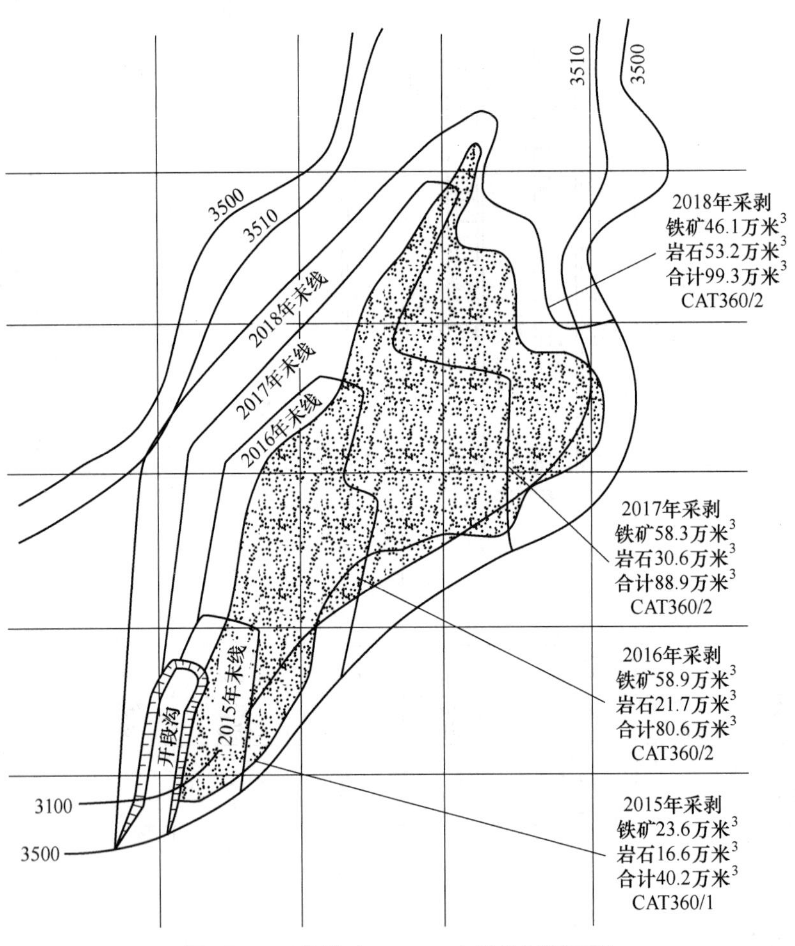

图 8-14　玉龙铁矿+3500m 水平分层平面图

8.3.3　编制采剥计划所需的原始资料

编制采剥进度计划，必须具备下列资料和数据：

（1）比例尺为 1∶1000 或 1∶2000 的分层平面图，图上绘有矿床地质界线、露天采矿场开采境界、出入沟的位置等。

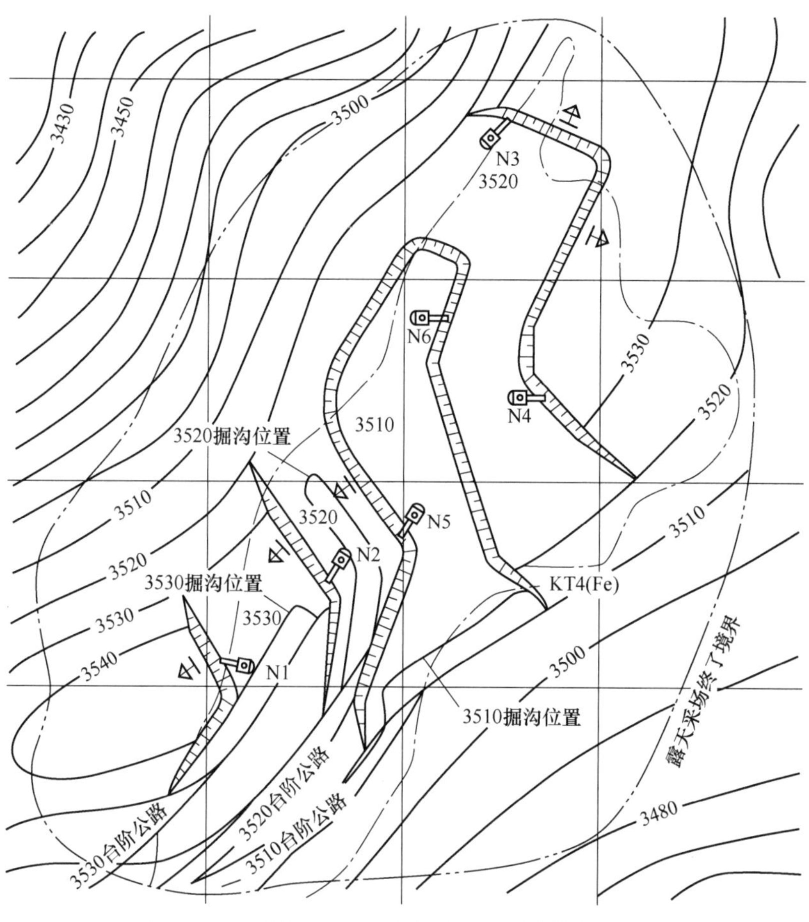

图 8-15 玉龙铁矿 2014 年年末采场开采综合平面图

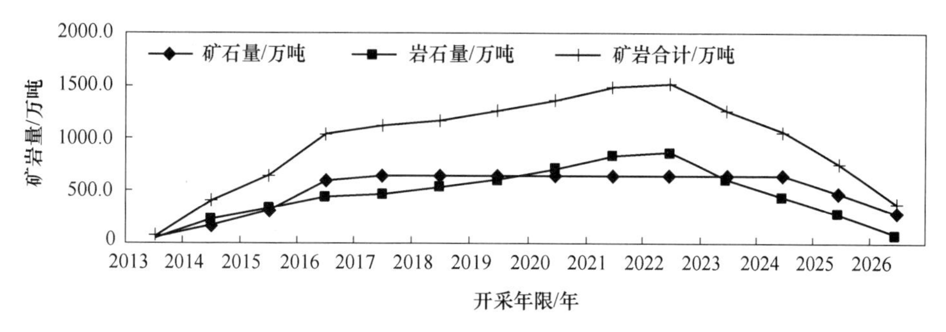

图 8-16 玉龙铁矿逐年产量发展曲线图

(2) 分层矿岩量表（包括各分层矿岩量，以及剥采比）。

(3) 露天矿最终的开拓运输系统图，对扩建和改建矿山，还要有开采现状图。

(4) 露天矿开采要素，如采掘带宽度、采区长度、最小工作平盘宽度等。

(5) 露天矿的延伸方式、工作线推进方向、新水平准备时间、沟的几何要素。

（6）采剥、运输设备规格，挖掘机的数目和生产能力。

（7）根据矿床的埋藏状态、开拓运输方式等因素核定的生产准备矿量指标。

（8）矿石的开采损失率与贫化率。

（9）露天矿开始基建的时间和要求投产的日期，以及规定的投产标准。

表 8-6　玉龙铁矿逐年产量发展表

开采年限/年		2013	2014	2015	2016	2017	2018	2019
矿岩开采总量	矿石量/万吨	40.6	170.9	319.0	594.9	640.0	640.0	640.0
	岩石量/万吨	34.7	231.0	327.0	445.8	475.4	528.6	614.3
	矿岩合计/万吨	75.4	401.9	646.1	1040.6	1115.4	1168.6	1254.3
	剥采比/$t \cdot t^{-1}$	0.85	1.35	1.03	0.75	0.74	0.83	0.96
挖掘机/台	$2m^3$	1	4	5	7	7	7	7
	$4m^3$				1	1	1	2
开采年限/年		2020	2021	2022	2023	2024	2025	2026
矿岩开采总量	矿石量/万吨	640.0	640.0	640.0	640.0	640.0	480.0	288.0
	岩石量/万吨	715.7	842.0	869.1	617.4	421.1	280.8	85.1
	矿岩合计/万吨	1355.7	1482.0	1509.1	1257.4	1061.1	760.8	373.1
	剥采比/$t \cdot t^{-1}$	1.12	1.32	1.36	0.96	0.66	0.59	0.30
挖掘机/台	$2m^3$	7	7	7	7	5	4	2
	$4m^3$	2	2	2	2	2	1	1

8.3.4　编制采剥进度计划的方法和步骤

在设计中，露天矿采剥进度计划是在确定了开采境界、开拓运输系统、工作面采掘要素、主要设备型号、生产剥采比及生产能力等主要技术内容之后，才着手进行编制的。

金属露天矿一般是利用分层平面图进行编制，而露天煤矿多采用综合平面图和横断面图进行编制。下面介绍利用分层平面图编制露天矿采剥进度计划的步骤和方法。

（1）确定挖掘机数目及生产能力。挖掘机是露天矿开采的主体设备，采剥进度计划的编制应以挖掘机生产能力为计算基础，同时工作的各水平内所有挖掘机所完成的采剥总量，即为露天矿的采剥生产能力。挖掘机的数目计算公式为：

$$N_{w} = \delta A_{k}\left(\frac{1}{Q_{wp}} + \frac{n}{Q_{wv}}\right) \tag{8-24}$$

式中　N_w——所需的挖掘机数目，台；

δ——开采中的沟量系数，一般为 1.05~1.1；

A_k——矿石生产能力，t/a；

Q_{wp}——采矿挖掘机平均生产能力，t/a；

Q_{wv}——剥岩挖掘机平均生产能力，t/a；

n——生产剥采比，t/t。

编制采剥进度计划的主要工作是配置挖掘机和确定各水平内各年年末工作线位置。汽车运输时，每个台阶可配 2~4 台挖掘机。

（2）绘制具有年末工作线位置的分层平面图。各水平挖掘机配好后，根据挖掘机生产能力，由露天矿上部第一个水平分层平面图开始，在分层平面图上画出各年年末工作线位置。年末工作线位置确定好后，分别计算出各年开采区域内的矿石量、岩石量及矿岩总量，并在图上标明采剥年度、采出的矿、岩量和挖掘机台号。

将各分层平面图中同一年的采剥工程量进行累计，得到各年采矿、剥离及采剥总量。并检查正常生产年度各年的采矿量、剥离量及采剥总量是否均衡。若出现某些年份采剥严重不均衡，则需要调整这些年份对应的各分层平面图中年末工作线位置，再重新计算并检查。这一工作往往需要反复进行调整。

（3）确定新水平投入生产的时间。上下两相邻水平应保持足够的超前关系，以保证各水平有足够的工作平盘宽度，挖掘机在上水平采剥出这个工作平盘宽度所需时间，即为下水平滞后开采的时间。

控制上下水平超前关系的方法是，在计算机上把各分层平面图中同一年的年末工作线位置线复合到同一张图中，检查其间距是否满足要求（大于最小工作平盘宽度），以此作为修正各水平各年末工作线位置的依据。

（4）编制采剥进度计划图表。在分层平面图上确定好各年年末工作线位置后，将计算得到的各分层内各年采矿量、剥离量及采剥总量填入表 8-5 对应的单元格中。统计出各年采矿总量、剥离总量及其采剥总量（将同一年各分层的矿石量、岩石量及矿岩总量累加得到），并填于表 8-5 右下角对应单元格内。

（5）绘制露天矿年末采场开采综合平面图。年末采场开采综合平面图是以地质地形图和采剥分层平面图为基础绘制成的。绘制时，将各分层平面图中同一年的年末工作线位置线复制到地形地质图中（作为台阶坡底线），再绘制出各台阶坡顶线及台阶坡面的示坡线。将该年末之前已采剥掉部分的地形等高线删除。绘制出矿石、废石运输线路、矿山车站、破碎站、排土场及公路等。

（6）绘制逐年产量发展曲线和图表。如图 8-16 所示，横坐标表示开采年度，纵坐标表示采剥总量、矿石量和岩石量。该发展曲线是根据采剥进度计划表中矿岩量数字整理绘制的。表 8-6 所示逐年产量发展表，也是根据采剥进度计划表中的矿岩量数字和挖掘机配置情况整理出来的。

复习思考题

8-1 生产剥采比的变化规律是怎样的？

8-2 调整生产剥采比的方法有几种？

8-3 怎样减少露天矿初期生产剥采比？

8-4 露天矿生产能力验算方法有哪些？

8-5 露天矿基建期应完成哪些基建工程？

8-6 简要说明露天矿采剥进度计划编制的内容及步骤。

9 砂矿床露天开采

砂矿床是有色金属、贵重金属、稀有金属以及非金属矿物的重要来源之一。砂矿床矿产品种类很多，如金、铂、金刚石、黑钨石、金红石、独居石等，其中又以金、金刚石、铂、锡等矿产较为重要。这些矿物具有高而特殊的工业价值，因此它们在国防工业、冶金工业、尖端科学和对外贸易方面占有极其重要的地位。又由于砂矿床埋藏深度一般接近地表，具有易找、易采、易选，且开采投资少、见效快等优点，因此，世界各国对砂矿床的开发利用十分重视，并给予优先发展。

我国砂矿资源丰富，开采历史悠久。新中国成立以来，砂矿露天开采技术发展很快，开采规模逐渐扩大，技术装备不断更新。为适应砂矿床开采迅速发展的需要，应培养出更多更好从事这方面工作的技术人才。

9.1 砂矿床分类

地壳中的原岩或原生矿床一经暴露地表，就要受到大自然的风化、侵蚀、剥离、搬运、分选和沉积等一系列作用；整个过程使其形成碎屑沉积物质，其中某部分沉积物质中的有用矿物富集程度达到具有工业开采价值时，便称之为砂矿床。

根据形成砂矿的搬运介质不同，砂矿床主要分为风成砂矿、冰川砂矿和水成砂矿三大类。

(1) 风成砂矿。由于风力运搬或原地风化作用生成的砂矿床，如常见于热带多雨国家的残留或腐泥土砂矿、风化坡积砂矿、风力搬运移去轻物质的砂矿等。

(2) 冰川砂矿，又称冰碛砂矿。由含有价矿物的冰川砾石，随冰川的迁移过程沉积而成。其中，成矿前未经水流分级的冰碛砂矿富集程度较低，棱角岩块多。它又分为冰砂矿和冰水砂矿，前者矿物富集程度较差，后者矿物富集程度较好。

(3) 水成砂矿。由水的搬运作用生成的砂矿，其分布广、种类多，可分为溪流、河流、滨海、阶地、洪积、沼泽淤积等砂矿，其中利用性较好的为冲积砂矿和滨海砂矿。冲积砂矿：河流变干或冲积形成的砂矿，可分为河床砂矿、河谷砂矿和阶地砂矿。滨海砂矿：平行于海岸分布，因陆地早期的原生矿在海水作用下沉积于海滨地带。

另外，具有利用前景的尾砂亦应作为一种二次资源的砂矿类型。

9.1.1 冲积砂矿

冲积砂矿是由河流的搬运作用形成的砂矿。它一般多形成于河流的中游和上游地段，其成矿地点一般是在河床由窄变宽，支流汇合，河流转弯内侧，河流穿过古砂矿，河床凹凸不平或河床坡度由陡变缓等地带（见图 9-1）。

根据冲积砂矿埋藏地带的地貌特征，冲积砂矿又进一步分为河床砂矿、河谷砂矿和阶

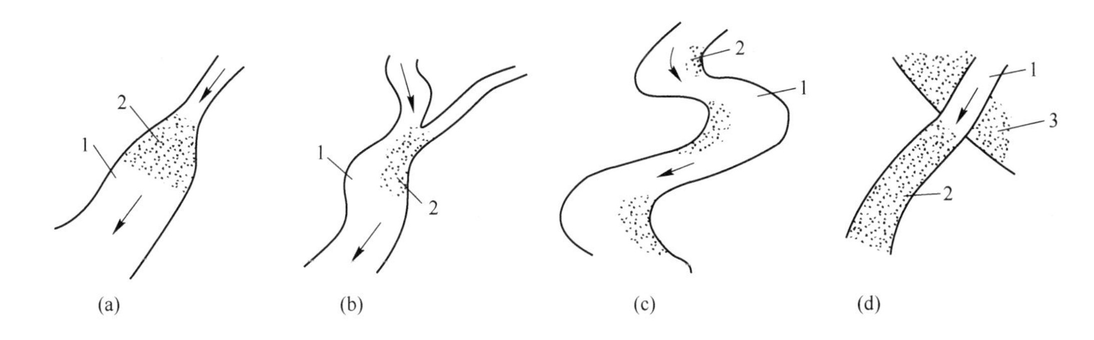

图 9-1 冲积砂矿的几种富集情况

(a) 河床由窄变宽；(b) 主支流汇集；(c) 河流转弯内侧；(d) 河流穿过古砂矿

1—河流；2—砂矿；3—古砂矿

地砂矿 3 种。

(1) 河床砂矿。它一般产于现代河床的底部，厚度一般不大，但延伸较远。形成河床砂矿的有利条件是，周围有原生矿体或早期形成的砂矿。

(2) 河谷砂矿。它是由于河道侧向迁移，使早期形成的河床砂矿露出水面或被冲积物覆盖的冲积砂矿，即由河床砂矿演变而成的砂矿，其矿床一般产于河谷底部或附近的河漫滩冲积层内，埋藏深度变化较大，可由几米到几十米。

(3) 阶地砂矿。在地壳上升地区，河流下切作用强烈，河床逐渐加深，结果使没有受到河流侵蚀的早期河谷砂矿高出河床，于是形成了阶地砂矿。它一般分布于河谷两侧的阶地上。

9.1.2 滨海砂矿

滨海砂矿平行于海岸分布，一般呈狭长条带形，出现在海水高潮线和低潮线之间。矿床中的有用矿物是由河流从大陆搬运而来，或海岸附近岩石受海蚀破坏而来，以后又由海浪作用，使它们在有利沉积成矿地带富集而形成矿床。滨海砂矿主要矿产物是锡石、金刚石、锆英石等。

9.2 砂矿床地质特征

9.2.1 砂矿床埋藏特点

砂矿床类型尽管很多，但它们均分布于第四纪冲积地层中，其共同的埋藏特点是矿床距离地表近，故适合于露天开采；矿床形成时期较晚，没有受到成岩作用，故矿岩松软，胶结性差而易于挖掘；砂矿床品位一般较低，且矿化不连续，分布极不均匀。

9.2.2 砂矿床形状

由于成矿条件的复杂性，砂矿床的平面形状多种多样（见图 9-2）。对于冲积砂矿而言，大多数矿床呈条带状沿河谷延伸。

9.2.3　有用矿物富集规律

尽管砂矿床种类较多，成矿条件各不相同，但在沉积成矿过程中，均服从按粒度和密度不同而分别沉积的规律，即粒度大、密度大的物质沉积在下部，粒度小、密度小的物质沉积在上部。因此，各类砂矿的地层顺序在垂直方向的排布大同小异。比如，常见的冲积砂矿地层顺序，由上至下一般为地表土层、含金层和基岩（见图9-3）。

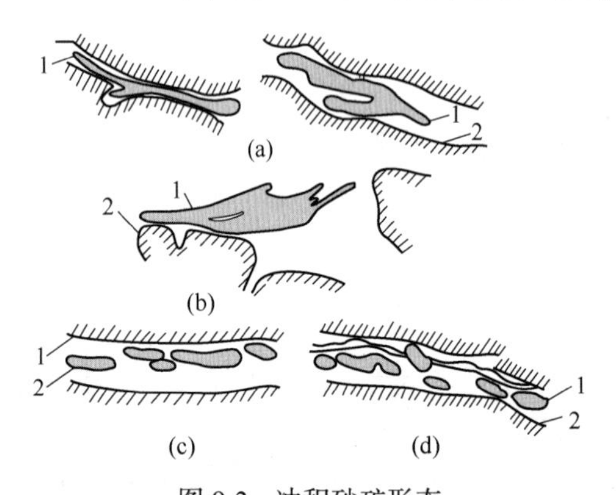

图9-2　冲积砂矿形态

（a）条带状；（b）无规则状；（c）串珠状；（d）鸡窝状

1—矿体；2—河岸

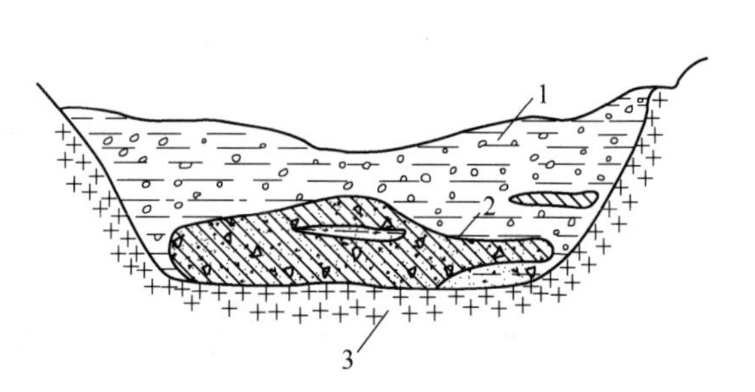

图9-3　冲积砂矿地层

1—表土层；2—含金层；3—基岩

（1）表土层。覆盖于含金层之上，不含有用矿物或其含量达不到工业品位的冲积物质，统称表土层。它一般是由泥质层和砂层组成，其厚度在几米到几十米之间。泥质层主要包括腐殖土、淤泥、亚砂土、黏土等。砂层主要是由粒径为0.01～1.0mm的砂粒组成。

（2）含金层。位于表土层之下基岩之上，有用矿物含量达到工业品位的冲积层称含金层。它一般是由以砂为主要成分的砂砾层和以砾石为主要成分的砾石卵石层组成，颗粒较大，有时含巨砾，其厚度一般在0.1～3m之间。实践表明，在基岩与含金岩的接触面和风化基岩的裂隙中，有用矿物最为富集。粗粒的重金属矿物通常在矿床底板和基岩裂隙中存在。

（3）基岩。冲积层之下较坚硬的岩石。它一般是石灰石、花岗岩、砂岩、页岩等，其表面常有0.1～1.5m深的裂隙存在。有时砂矿床不一定直接沉积在基岩上，而常是在致密的黏土层上，通常称其为假底。

当基岩为石灰岩时，则矿床底板常呈现凹凸不平形态，使矿床开采困难，这种底板也称喀斯特底板。

综上所述，在垂直方向上大部分重矿物主要富集在冲积层层底部的砂砾石或砾石卵石层中，而在矿床底板或底板基岩裂隙中，通常是重矿物最富集的地方。此外，沿河谷走向重矿物的富集规律是：上游比下游含矿品位高；矿床宽地段较窄地段含矿品位高。对于现代河床，在河流转弯处的凸岸，河流由窄变宽处，主支流汇合的下方处含矿品位较高。

9.3 砂矿床土岩分类

9.3.1 土岩分类的意义

由于砂矿床之间成矿条件不同，其土岩的颗粒组成和物理力学性质也不相同，因此各矿床开采的难易程度相差很大。

根据开采的难易程度，对不同土岩进行科学的分类，并以此为依据选择确定开采方式、设备类型和功率，这对于提高砂矿开采的技术经济效果具有重要意义。

9.3.2 土岩分类

土岩分类方法，主要是通过对砂矿床实际开采统计资料进行，根据对不同土岩开采时的难易程度进行分类的。土岩的颗粒分类见表9-1，土岩的开采分类见表9-2。

表9-1 颗粒分类表 (mm)

颗粒名称	粒级名称	颗粒大小
漂石（滚圆的）或碎石（棱角的）	大	800
	中 粒	800~400
	小	400~200
卵石（滚圆的）或小碎石（棱角的）	大	200~100
	中 粒	100~60
	小	60~40
细砾（滚圆的）或角砾（棱角的）	最大	40~20
	大	20~10
	中 粒	10~4
	小	4~2
砂	大	2~1
	中 粒	1~0.5
	小	0.5~0.25
粉砂	粉砂	0.25~0.1
	大粒粉砂	0.1~0.05
	细粒粉砂	0.05~0.01
	淤泥质粉砂	0.01~0.005
黏土	粗粒黏土颗粒	0.005~0.001
	细粒黏土颗粒	<0.001

表 9-2　链斗式采砂船开采砂矿床土岩分类

类　别	土 岩 性 质	松散系数
Ⅰ	无树根泥炭，松散植物层、泥炭卵石和尾砂堆，非黏结的中粒和粗粒石英和石英-长石砂、有时混有少量卵石和碎石，非黏结的砂石、很少有大卵石的淤泥质或夹有少量的亚黏土杂质，砂质-黏土（亚砂土，有时夹有卵石和碎石），黏结性弱的砂-碎石-卵石土岩；这类土岩易于用挖斗从基岩上分离出来，易于冲洗，此时满斗系数大于1，而每分钟通过的斗数最多	1.12
Ⅱ	夹有少量卵石和碎石（30%）的砂-卵石或卵石充填压实或胶结的土岩（黏土胶结）；这种土岩要用一定的力才能挖出，因而挖斗速度和生产能力降低	1.20
Ⅲ	夹有砾石的黏性黏土（粒径小于 50cm 的占 15%以上）、残积层、有棱角的底岩碎块（碎石、条石、片石），由黏土黏结，碎块黏土质、砂质-黏土质、碳质、云母质和石灰质片岩；该类土岩比较致密，挖斗运动速度不小于Ⅱ级，冲洗性不好。满斗系数小，必须停船清扫溜矿口和斗架	1.25
Ⅳ	夹有砾石的黏性黏土（粒径>50cm 的占 30%），没有破坏黏土胶结的泥灰岩和砂岩、带裂隙的火成岩、胶结弱的砾岩；挖掘此种土岩时，挖斗运动速度小于Ⅲ级，且由于冲洗性不好，底板坚固，挖斗满斗系数小；为清除漂石，打扫斗架和溜矿口以及观察挖斗是否夹住、处理脱链等，必须停船	1.30
Ⅴ	特别黏的黏土（不易从挖斗卸下）带有砾石（粒径>50cm 占 50%），半破碎的大块砂岩，砂-黏土质和云母片岩，裂隙发育的火成岩，黏土（胶结）质岩石（易于挖掘但冲洗性不好）；挖掘该类土岩时要经常检查挖斗是否被夹；挖斗常脱链，挖斗不易倒空，所以满斗系数下降；底板坚硬，也导致满斗系数下降；为排除砾石以及打扫斗架和矿溜口，必须常停船	1.35
Ⅵ	冻结土岩（永久冻土和季节冻土）、节理发育的未松动的变质结晶页岩、火成岩和坚硬的沉积岩；该类岩石很坚硬，所以挖斗装满系数最小，但挖斗运动速度变大，因为挖斗在土岩上打滑	1.40

9.4　采砂船开采

采砂船是一种漂浮在水上开采砂矿的采选联合装置。它可以开采金、锡、金刚石、锆英石、钛铁矿等多种矿物。采砂船具有挖掘、洗选、动力供应、供水、排弃尾矿和行走移动等功能，其开采特点是在船艏采挖矿砂，船上洗选矿物，船尾排弃尾矿

采砂船开采具有生产能力大，劳动生产率高，开采成本低，投资少，见效快等优点，因此广泛地用于内陆和大陆架砂矿床开采，而且应用范围有日益扩大的趋势。

采矿船开采的主要缺点是：其对矿床开采条件要求严格，若矿区水源不足，矿床储量小，矿床含巨砾或黏土多，则不适于采砂船开采。此外，采砂船在开采中机动灵活性较差。

9.4.1　采砂船分类

采砂船一般按以下特征进行分类。

(1) 按挖掘设备分类。按采砂船挖掘设备的不同可分为链斗式、吸扬式、铲斗式和抓斗式采砂船 4 种。

（2）按移动方式分类。按采砂船移动方式的不同，可分为桩柱式、钢绳式、混合式和自航式采砂船4种。

（3）按动力分类。按采砂船采用的动力不同，可分为电动式和内燃机式两种；根据供电方式不同，电动式又可分为岸上供电和船上供电两类。

（4）按挖斗容积分类。按采砂船斗容的大小分为小型（斗容小于100L）、中型（斗容为100~250L）、大型（斗容大于250L）。

（5）按挖掘深度分类。按采砂船挖掘深度的大小，可分为浅挖型（挖深小于6m）、中挖深型（挖深为6~18m）、深挖型（挖深为18~50m）、超挖深型（挖深大于50m）。

目前，国内外对内陆砂矿和大陆架砂矿的开采中，应用最多的是链斗式采砂船，其数量占世界总数的70%以上。其次为吸扬式采砂船，它主要应用于浅海大陆架砂矿的开采。

9.4.2　链斗式采砂船工作原理

桩柱式链斗采砂船（见图9-4）的挖掘装置是一条由许多挖斗组成的斗链2，工作时斗链被上导轮带动回转，而上导轮则是由主驱动14传动的。当上导轮转动时，斗链由斗桥1上的托辊和下导轮3引导，以一定的速度回绕上下导轮及斗桥运转，其挖斗在重力作用下铲入土岩，并将其切削挖掘上来。

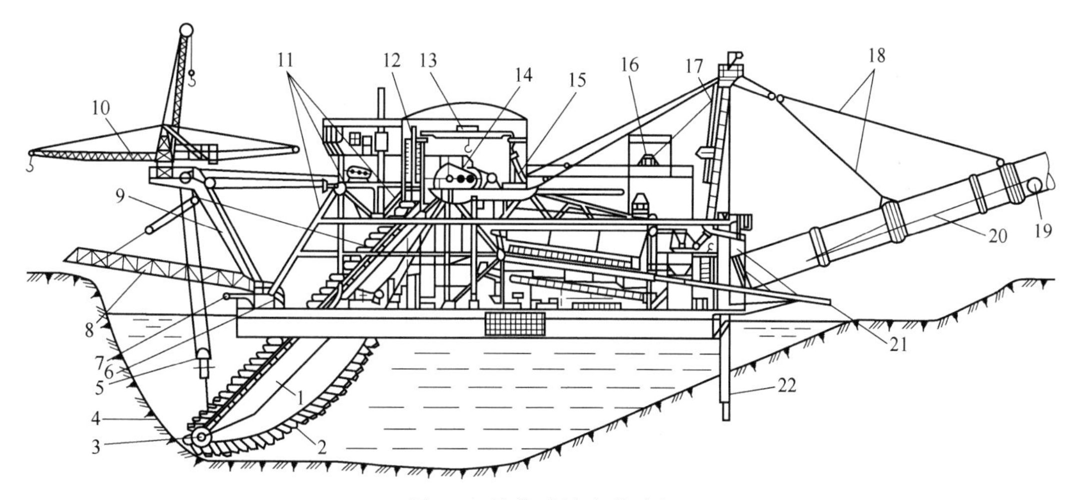

图9-4　桩柱式链斗采砂船

1—斗桥；2—斗链；3—下导轮；4—工作面；5—提升斗桥滑轮组；6—浮桥；7—水枪；8—上岸桥；9—前桅架；10—艏起重机；11—主桁架；12—电梯；13—桥式起重机；14—主驱动；15—桩柱绞车；16—皮带机绞车；17—后桅架；18—排砾皮带机固定钢绳；19—皮带机传动装置；20—排砾皮带机；21—尾砂溜槽；22—桩柱

斗桥的上端固定在由两个轴承座支撑并与上导轮同心的支撑轴上，因此斗桥连同斗链可以在垂直面上绕支撑轴上下摆动。斗桥的下端由钢绳通过提升斗桥滑轮组5悬吊在前桅架9上，钢绳的另一端绕在起落斗桥的绞车上。斗桥的悬吊装置可以调整和保持斗桥在需要的挖深层位挖掘土岩。在船的尾部有两个用以固定采砂船的桩柱22。船工作时，其中一个提起，称非工作桩，另一个下放并插入尾砂堆中称工作桩。船工作时是以工作桩为圆心，在水面上做扇形的圆弧运动。由上可知，挖斗既有回绕上下导轮及斗桥的运动，又有以工作桩为中心的圆弧运动，因此挖斗的运动是一种复合运动。挖斗挖掘上来的土岩，随挖斗沿斗桥提升到上导轮处翻卸，并通过受矿漏斗卸入圆筒筛。圆筒筛的主要作用是冲洗、碎散和筛分土岩。经筛分的筛土砾石和杂物由排砾皮带机 20 排到船尾采空区。排砾皮带机是由传动装置 19 带动，并由钢绳 18 悬吊在后桅架 17 上。排砾皮带机可通过绞车 16 进行起落调整高度。筛分下来的矿砂进入选别设备进行选矿，选别出来的细泥砂尾矿由尾砂溜槽 21 排弃到船尾采空区。船的移动主要是靠两个桩柱 22 进行的。移动前先将斗桥提升到地表以上，然后通过两个桩柱交替提升和下放，同时船配合其进行往复回转而实现向前移动一个步距。船挖掘时，先放下斗桥，然后开动横移绞车，使斗桥由工作面的一角转到另一角。挖掘一个分层后，斗桥再下放一个分层厚度，开动返程绞车，向另一角回转并挖掘下一分层矿岩。如此反复，由地表一直挖到砂矿底板为止。当一个步距由上至下采完后，船再向前移动一个步距，然后放下斗桥再进行挖掘。

综上所述，采砂船整个工艺过程大致分为：挖掘、卸矿、碎散筛分、选矿、尾矿排弃、移动进船等环节。

9.4.3　采砂船开采应用条件

桩柱式链斗采砂船主要用于开采内陆砂矿。为能充分发挥其技术性能，要求砂矿床必须具备如下开采条件。

（1）水源条件。应用采砂船开采的砂矿，一个最重要的条件是矿区要有充足的水源，其水量不仅要能保证船在水池中处于漂浮移动状态，而且还要满足船的生产用水需要。此外，为有利于选矿工作，还要不断地向采池输送清洁水以替换浑浊水，始终保证采池中的水有一定的清洁度。不同斗容采砂船每分钟所需补充水量见表 9-3。

（2）矿床储量。为保证采砂船开采的经济合理性，要求矿床具有足够的储量来保证采砂船能有一定的合理服务年限。矿床储量，采砂船生产能力和服务年限三者之间必须有合理的关系。不同斗容采砂船合理服务年限和其所要求的矿床储量见表 9-3。

（3）矿床宽度。采砂船受其自身外形尺寸限制，有一个最小挖掘宽度。若矿床宽度小于此值，则开采时矿石将严重的贫化，甚至无法为工业所利用。不同斗容采砂船所要求的最小矿床宽度见表 9-3。

（4）矿床底板坡度。矿床底板坡度一般要求小于 0.025。

（5）基岩情况。砂矿底板基岩应比较平坦，凹凸不平的喀斯特地形较发育的底板，则不适合采砂船开采。

（6）矿床巨砾含量。砾石尺寸大于采砂船挖斗宽度 2/3 的称巨砾。矿床中巨砾含量不应超过 10%，否则因处理巨砾将占用过多生产时间而严重影响船的生产能力。不同斗容采砂船对巨砾规格的要求见表 9-3。

（7）砂矿的可选性。矿砂应冲洗碎散容易，含泥量少。黏土含量过多的矿砂会使挖斗卸矿困难，同时也难于碎散和洗选。

表 9-3 适合采砂船开采的砂矿床开采条件

斗容 /L	砂矿厚度（不考虑剥离岩土厚度）/m					河谷坡度	采池最小补充清水量/L·s^{-1}	允许最大巨砾尺寸 /mm	采场最小宽度 /m	砂矿储量 /万立方米	服务年限 /a
	全厚	水上	水下								
			最大	最小							
				夏季	冬季						
50	7	1	5	1.7	2	0.025	50	300	30~40	>150	5~8
100	9	1.5	7.5	2.2	2.5	0.025	75	350	45	200~250	8~10
150	11	1.7	9.3	2.5	2.7	0.020	100	400	50	300~500	8~10
210	13	2	11	3.1	3.3	0.015	150	500	55	1200~1500	10~12
250	14.5	2.5	12	3.7	4.0	0.015	150	600	60	1200~1500	12~15
380	18.4	3	15.4	4.5	5.2	0.010	200	700	70	1800~2300	12~15
380①	30	4	30	4.8	5.6	0.010	250	700	90	1800~2300	12~15
600	60	10	50	5.2	6	0.010	300	800	120	3000	12~15

①深挖型 380L 采砂船。

9.5 水力机械开采

水力机械开采是砂矿床露天开采方法之一，所采用的主要方法是水枪开采法。水枪开采法具有投资少、见效快、设备简单、劳动生产率高等优点。

水枪开采法是利用水枪喷射出的高压水射流来冲采和破碎较松散的土岩，冲采下来的土岩与水混合形成矿浆，并沿运矿沟流入矿浆池，然后用砂泵或自流水力运输方法将矿浆输往选矿厂。水枪开采法所采用的设备主要有：水枪、砂泵、水泵和管路等。

9.5.1 水枪

水枪是形成高压水射流，对矿床进行冲采的主要设备。它主要是由枪筒、喷嘴、球形活动接头、水平旋转结构、上弯管、下弯管及稳流片组成（见图 9-5）。其中，枪筒和喷嘴是水枪的关键部件，它们直接影响着射流质量的好坏。

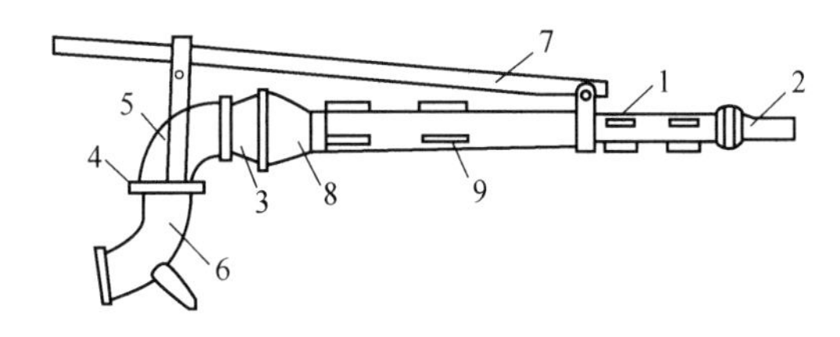

图 9-5 水枪外形

1—枪筒；2—喷嘴；3—球形活动接头；4—水平旋转结构；5—上弯管；6—下弯管；7—操纵杆；8—锥形管；9—稳流片

9.5.1.1 喷嘴

喷嘴通常采用圆形收敛形状。水流经过喷嘴收敛后，形成高压水射流喷射出来。其射流冲击强度的大小，主要取决于喷嘴结构参数及其加工质量以及水源压力大小。

为创造优质的射流，喷嘴结构（见图 9-6）及其加工精度应达到如下要求：

（1）圆锥收敛角以 8°~12°为好。

（2）喷嘴结构应具有圆柱段。圆柱段长度 A 主要取决于喷嘴直径 d_0的大小。中小型水枪的 $A=(2\sim4)d_0$；大型水枪的 $A=(1.8\sim2.0)d_0$。

（3）喷嘴内壁加工光洁度越高越好，圆柱段内壁光洁度不得低于 5 级。

（4）喷嘴长度 L 与喷嘴直径关系通常为 $(4\sim5)d_0$，最大为 $(7\sim8)d_0$。

9.5.1.2　枪筒

枪筒一般均采用圆锥收敛形，它一端与球形活动接头连接，另一端与喷嘴连接。枪筒的主要作用是收缩压力水流，以增加射流速度。枪筒长度通常为 1.2~2.3m。

为充分利用压力水能量，使喷嘴射出的水流集中和加大射流的有效射程，枪筒内必须安装稳流器。稳流装置的形式较多（见图 9-7），我国较多采用星形稳流器［见图 9-7（e）］。据国外研究表明，蜂房 16 格［见图 9-7（b）］形状的稳流器最好，在国外已被广泛应用。

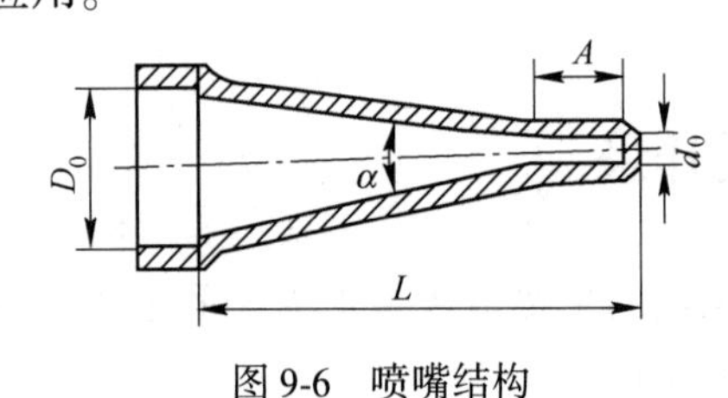

图 9-6　喷嘴结构

D_0—进水管径；L—喷嘴长度；A—圆柱段长度；α—圆锥收敛角；d_0—喷嘴直径

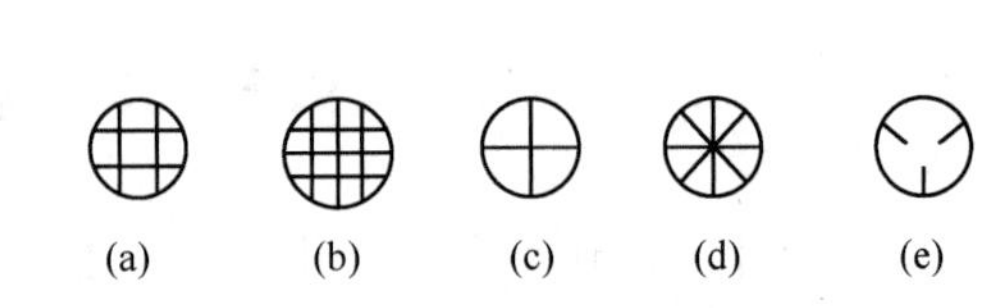

图 9-7　各种稳流器类型

（a）9 格；（b）16 格；（c）4 格；（d）8 格；（e）星形

9.5.1.3　常用水枪类型

我国砂矿床开采中，常用的水枪类型主要有 SQ 型和平桂型两种，其技术性能见表 9-4。

表 9-4　国产水枪技术性能

技术性能	型号				
	SQ-80	SQ-150	SQ-250	平桂-Ⅰ	平桂-Ⅲ
进水管径/mm	80	150	250	100	150
喷嘴直径/mm	20，30，35	44.5	45，55，60，65，70，80	43	38，44，50
枪筒长/mm	1458	2302	2290	1100	1200
水平转角/(°)	350	360	360	360	360
上下仰俯角/(°)	30	30	30	26	29°20′
长/mm	2081	2807	4800		2239
宽/mm	360	398	500		350
高/mm	1088	1297	1500		1200
质量/kg	59	160	275	50~60	90

9.5.1.4 胶管水枪

当开采起伏不平，特别是喀斯特地形发育的砂矿床时，适宜用体积小、质量轻、操作灵活方便的胶管水枪（见图 9-8）。胶管水枪无定型规格，可根据需要自行设计制造。

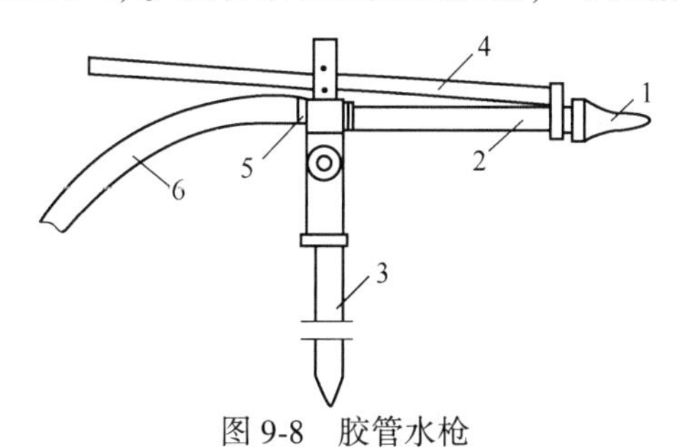

图 9-8 胶管水枪

1—喷嘴；2—枪筒；3—支柱；4—操纵杆；5—旋转三通；6—胶管

9.5.2 开拓工作

水枪开采时，开拓工作是指挖掘供安装设备的基坑（或堑沟）及开辟采矿工作面，建立供水、供电和水力运输等生产系统。

水枪开采的开拓方法主要有基坑开拓法和堑沟开拓法。

9.5.2.1 基坑开拓法

基坑开拓法就是在适当位置，挖掘一个具有一定尺寸的基坑，坑底标高应达到矿床的底板；在坑内设置砂泵和水枪，然后对矿床进行开采。这种方法一般在矿床赋存条件不具备采用自流水力运输方法运输矿浆时采用。

（1）基坑位置的选择。选择合理基坑位置时，应考虑基坑位于矿床赋存最低地段，这样可以使冲采工作面由基坑逆矿床底板倾斜方向推进发展，有利于采场内矿浆能够自流运输进入砂泵的矿浆池。另外，还要考虑基坑尽可能位于供水、供电条件好的地点。

（2）基坑尺寸。基坑尺寸应能满足安置砂泵和供水管路及水枪能正常进行冲采工作所需要的空间。基本尺寸可参考图 9-9 中的参数确定。

9.5.2.2 堑沟开拓法

当矿床地形和矿床埋藏条件适合自流水力运输矿浆时，可采用堑沟开拓法。堑沟开拓是掘进明沟通达矿床（见图 9-10），为自流运输矿浆开拓出一条通道。堑沟的坡度可根据自流运矿沟所要求的坡度确定。堑沟的位置应根据地形和矿床赋存条件确定，尽可能使一个块段的绝大部分矿量能自流进入运矿沟，同时又要使掘沟工程量尽可能小。

堑沟的宽度，可根据运矿沟和供水管路的敷设要求以及开挖堑沟所用设备要求的工作空间来确定。如云锡公司采用的堑沟底宽为 25m，堑沟帮坡角为 45°。

9.5.3 冲采工艺

9.5.3.1 冲采方法

按水枪射流的喷射方向与冲采下来的矿浆流动方向的相对关系，水枪开采法可分为逆向、顺向和逆-顺向 3 种冲采方法。

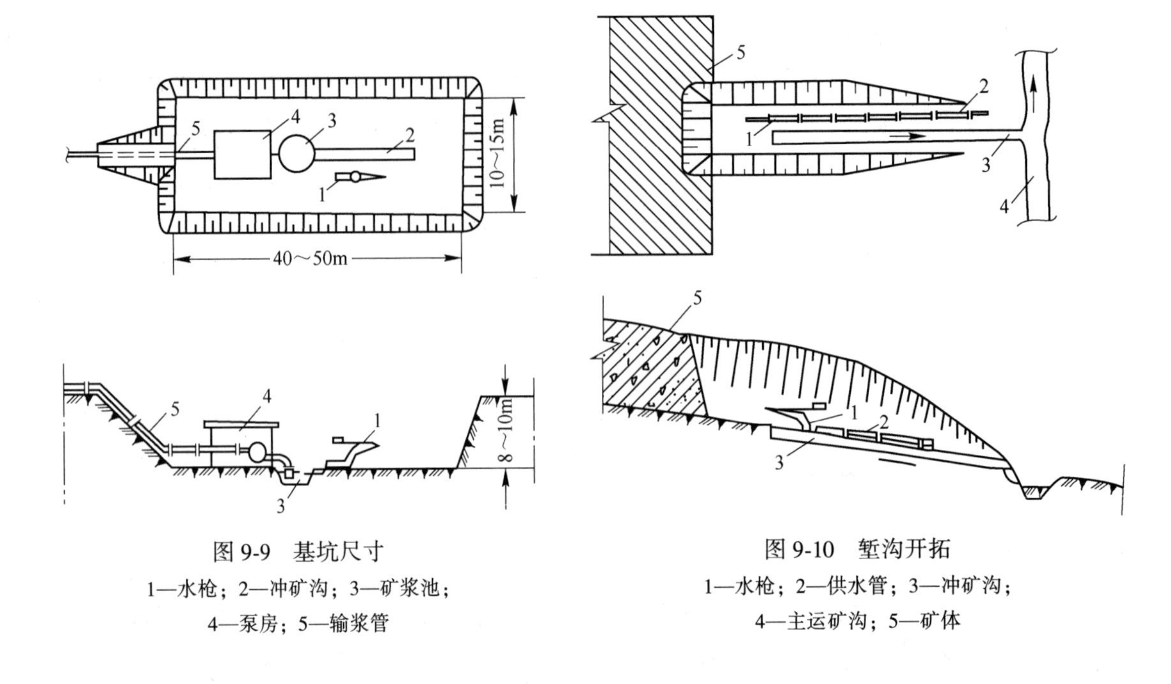

图 9-9　基坑尺寸
1—水枪；2—冲矿沟；3—矿浆池；
4—泵房；5—输浆管

图 9-10　堑沟开拓
1—水枪；2—供水管；3—冲矿沟；
4—主运矿沟；5—矿体

A　逆向冲采法

逆向冲采法是水枪开采普遍采用的方法［见图 9-11（a）］。冲采时水枪位于工作面台阶下平盘，射流垂直工作面冲采。首先在工作面最下部掏槽，以使上部的土岩失去支撑而塌落，然后再冲采塌落下来的土岩，按此顺序反复进行。冲采时形成的矿浆，逆射流方向流入矿浆池或运矿沟内，然后通过自流运输或砂泵输送至洗选厂。

逆向冲采时，因射流垂直工作面冲采，所以具有冲击力大，能量利用充分，冲采效率高，单位矿砂耗水最小等优点；其缺点是不能借用射流力量将大颗粒物料冲离工作面。

逆向开采法一般适用于开采矿床厚度大，土岩致密难冲采，矿砂易于流运的砂矿床。

B　顺向冲采法

顺向冲采法的特点是：水枪位于台阶上平盘靠近工作面处［见图 9-11（b）］，射流的冲采方向与矿浆的流运方向一致。水枪冲采时可利用射流推赶矿浆并能将大颗粒砾石冲离工作面。

顺向开采法的缺点是：由于射流顺工作面冲采，使冲击力减小，冲采效率下降，耗水量较大；此外，冲采时不能利用矿岩的重力崩落土岩。

顺向开采法适用于矿床厚度较薄（3~5m），土岩松散，胶结性差，含砾石较多而难于流运的砂矿。

C　逆-顺向冲采法

逆-顺向冲采法如图 9-11（c）所示。此法具备逆向和顺向冲采法的优点。冲采时水枪安装在台阶的下部平盘，先用逆向冲采法形成一个超前工作面，然后顺向冲采残留在工作面附近的土岩。此时，由于射流方向与矿浆流运方向一致，因而改善了矿浆流运条件，故此种方法的优点是冲采效率高，耗水量小。

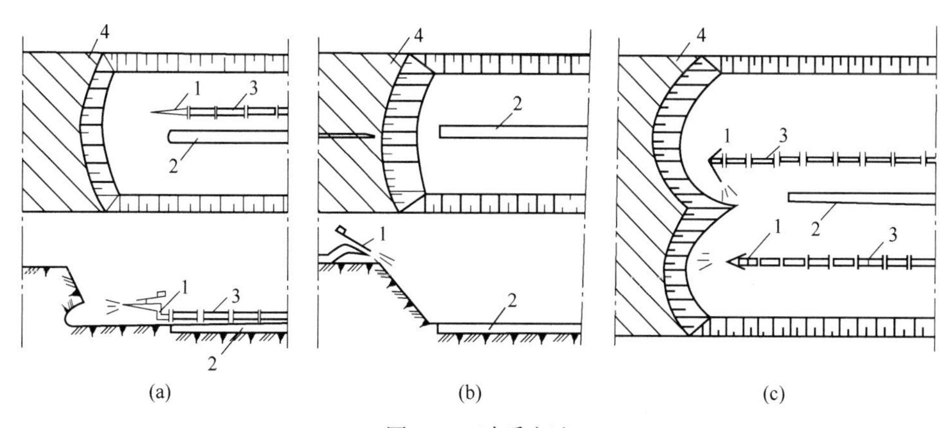

图 9-11　冲采方法

（a）逆向冲采法；（b）顺向冲采法；（c）逆-顺向冲采法

1—水枪；2—冲矿沟；3—供水管；4—矿体

9.5.3.2　工作面冲采参数

工作面冲采参数包括：水枪距工作面距离、采掘带宽度、台阶高度、水枪移动步距。

A　水枪距工作面距离

水枪距工作面的最小距离，主要是根据土岩崩落时能保证人员和设备的安全来确定。根据土岩性质的不同，其计算公式为：

$$L_{min} = \beta H \tag{9-1}$$

式中　L_{min}——水枪距工作面的最小距离，m；

H——台阶高度，m；

β——系数，其值与土岩性质有关，通常是致密黄土与黏土 $\beta=1.2$，泥质土 $\beta=1.0$，砂质黏土 $\beta=0.6\sim0.8$，砂质土 $\beta=0.4\sim0.6$。

水枪距工作面距离及台阶高度见表 9-5。

表 9-5　水枪工作面冲采参数实例

矿山名称	水枪距工作面距离 /m	台阶高度 /m	工作压头 /10^4Pa	采掘带宽度 /m	工作面底板坡度 /%
云锡砂矿	14~18	8~15	100~120	25~30	6~8
平桂砂矿	6~13	5~10	50~100	20~30	5~6
八一锰矿	8~16	3	50~90	20~30	7~8
南山海稀土矿	6~9	9	10~30	15	4
坂潭锡矿	7~9	7~11	40~60	25	5
澜沧砂铅矿	6~12	8~14	60~80	12.5	8~10

B　水枪采掘带宽度

采掘带宽度主要取决于土岩性质和水枪的最大有效射程，一般按下式进行确定：

$$A = (1.0 \sim 1.5)L_{max} \tag{9-2}$$

$$L_{max} = (0.35 \sim 0.5)H_0 \tag{9-3}$$

式中　A——水枪采掘带宽度，m；

L_{max}——水枪最大有效射程，m；

H_0——射流工作压头，10^4Pa。

式（9-2）和式（9-3）中系数，对于致密难冲采的土岩取小值，对于松软土岩取大值，实际生产矿山采掘带宽度见表 9-5。

C　水枪移动步距

水枪冲采时，工作面不断向前推进，当推进距离超过水枪的有效射程时，水枪需向前移动，其移动步距为：

$$S = L_{max} - L_{min} \tag{9-4}$$

式中　S——水枪移动步距，m；

其他符号意义同前。

实际生产中，移动步距通常取每节管长，一般为 6m 左右。

9.5.3.3　开采顺序及工作面布置

水枪冲采的开采顺序，主要根据矿区地形、矿区赋存条件、矿段的土岩性质及品位等因素统一规划。其基本原则是：先近后远，先易后难，先富后贫，由下而上逆矿床底板倾斜方向推进。如图 9-12 所示，当矿床底板横向倾斜时，采用横向推进；当矿床底板纵向倾斜时，则采用纵向推进；如果矿床底板坡度较小时，则可采用放射状推进。

在一个采场内最好有 3 个工作面，其中一个进行冲采，一个移动水枪和接管，另一个则清理废石，构成所谓三循环工作面。若受开采条件限制，则最小也不能少于 2 个工作面。

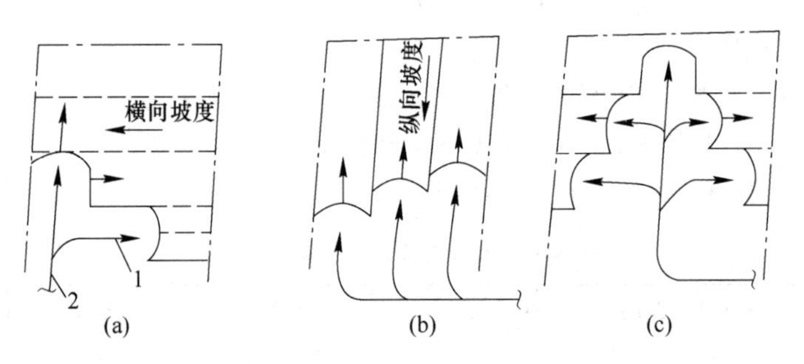

图 9-12　冲采工作面推进方向

（a）横向推进；（b）纵向推进；（c）放射状推进

1—水枪；2—供水管

9.5.3.4　残矿回采

A　残矿的形成

水枪冲采时形成的残矿，是指那些用大水枪不能一次采尽，而必须采取辅助设置进行回采的矿量。

形成的残矿主要有两部分：一部分是砂浆在由工作面自流运输到矿浆池的过程中，由于自然沉积而形成的残矿，通称冲积残矿；另一部分是由于矿床底板起伏不平而残留在凹陷部分内的矿量以及采场边角和石缝中的残矿。

冲积残矿的多少，主要取决于矿床底板坡度和矿浆流运距离。随工作面向前推进，冲积残矿量将增加，若不及时回采，则将会影响冲采工作的正常进行。

B 残矿回收方法

残矿回收的方法主要有人工回采和浅眼爆破-水枪冲采法。

人工回采法适用于回收采场边角和岩缝中的残矿，其回收率高。

浅眼爆破-水枪冲采法通常用于回收冲积残矿，也可以回收因底板起伏不平而残留的砂矿。这种方法一般是先进行浅眼爆破松动残矿，然后用胶管水枪冲采，并由小型移动式砂泵输送矿浆至运矿沟或砂浆池运走。

9.5.3.5 土岩预先松动

水枪冲采中，预先松动Ⅱ类以上的致密性土岩有着重要意义，它不仅能提高水枪的冲采效率，而且在降低射流工作压头，减少单位矿砂耗水量方面有显著效果，见表9-6。

表9-6 预先松动与未松动土岩比较表

矿山名称	项　目	预先松动	未预先松动
云锡古山	台时冲采效率/m^3	70~144	40~52
	耗水量/$t \cdot t^{-1}$	1.0~1.1	1.5~2.0
云锡黄茅山	台时冲采效率/m^3	140	40
	耗水量/$t \cdot t^{-1}$	1.2~1.5	1.8~2.2
平桂珊瑚矿	台时冲采效率/m^3	33.1	21.3
	耗水量/$t \cdot t^{-1}$	6.5	10.3

预先松动土岩的常用方法有机械松动法和爆破松动法。

机械松动法就是采用推土机、挖掘机、前装机等对土岩进行松动。

爆破松动法是利用浅孔、中深孔和硐室爆破的方法对土岩进行松动。

9.5.4 水枪水力计算

水枪水力计算包括下述几项。

9.5.4.1 单位耗水量和工作压头

水枪的工作压头可由下式计算：

$$H_0 = (1.1 \sim 1.3)Kf \tag{9-5}$$

式中 H_0——工作压头，10^4Pa；

K——土岩的孔隙渗透系数；

f——土岩普氏硬度系数。

水枪的耗水量和工作压头，也可参照表9-7选取。

表 9-7　水枪压头和耗水量

土岩组别	土岩名称	阶段高度/m								
		3～5			5～15			>15		
		单位耗水量 /$m^3 \cdot m^{-3}$	压头 /10^4Pa	工作面最小允许坡度/%	单位耗水量 /$m^3 \cdot m^{-3}$	压头 /10^4Pa	工作面最小允许坡度/%	单位耗水量 /$m^3 \cdot m^{-3}$	压头 /10^4Pa	工作面最小允许坡度/%
Ⅰ	预先松散的非黏结性土	5	30	2.5	4.5	40	3.5	3.5	50	4.5
Ⅱ	细粒砂	6	30	2.5	5.4	40	3.5	4	50	4.5
	粉状砂		30	2.5		40	3.5		50	4.5
	轻亚砂土		30	1.5		40	2.5		50	3
	松散黄土		40	2.0		50	3		60	4
	风化泥炭		40	—		50			60	—
Ⅲ	中粒砂	7	30	3	6.3	40	4	5	50	5
	各种粒子砂		40	1.5		50	2.5		60	3
	中等亚砂土		50	1.5		60	2.5		70	3
	轻砂质黏土、致密黄土		60	2		70	3		80	4
Ⅳ	大粒砂	9	30	4	8.1	40	5	7	50	6
	重亚砂土		50	1.5		60	2.5		70	3
	中及重砂质黏土		70	1.5		80	2.5		90	3
	瘦黏土		70	1.5		80	2.5		90	3
Ⅴ	含砾石土	12	40	5	10.8	50	6	9	60	7
	半油性黏土		80	2		100	3		120	4
Ⅵ	含卵石土	14	50	5	12.6	60	6	10	70	7
	油性黏土		100	2.5		120	3.5		140	4.5

9.5.4.2　水枪射流流量

$$Q = 3.29 d_0^2 \sqrt{H_0} \tag{9-6}$$

式中　d_0——水枪喷嘴直径，m；

　　Q——水枪射流流量，m^3/s。

射流流量和水枪压头的关系，见表 9-8。

表 9-8　水枪压头、喷嘴和流量的关系

水枪工作压头 /10^4Pa	水枪喷嘴出口处水流速度 /$m \cdot s^{-1}$	每立方米水的耗电量 /kW·h	水枪喷嘴直径/mm											
			32	38	44	50	62.5	75	87.5	100	125	150	175	200
			喷嘴流量/$m^3 \cdot h^{-1}$											
10	13.32	0.032	38	54	72	96	148	212	288	378	602	893	1153	1593
20	18.80	0.064	54	76	102	133	209	294	407	537	840	1207	1620	2125
30	23.07	0.096	66	93	125	166	256	368	504	656	1027	1477	1980	2575
40	26.60	0.128	76	108	144	191	292	425	576	765	1188	1703	2225	2850
50	29.70	0.160	85	121	162	212	328	475	648	846	1315	1890	2530	3310

续表 9-8

水枪工作压头 $/10^4$Pa	水枪喷嘴出口处水流速度 $/m \cdot s^{-1}$	每立方米水的耗电量 /kW·h	水枪喷嘴直径/mm											
			32	38	44	50	62.5	75	87.5	100	125	150	175	200
			喷嘴流量 $/m^3 \cdot h^{-1}$											
60	32.60	0.192	94	132	177	230	360	522	702	925	1440	2070	2770	3710
70	35.20	0.224	101	143	191	248	389	558	760	1010	1548	2250	2835	4015
80	37.60	0.256	108	152	204	266	414	594	817	1073	1657	2412	3205	4250
90	39.90	0.288	115	161	217	284	439	630	868	1134	1764	2598	3420	4500
100	42.10	0.320	121	170	228	299	464	666	915	1195	1854	2685	3600	4720
110	44.15	0.352	127	179	240	313	486	702	958	1258	1940	2810	3745	4940
120	46.15	0.382	132	187	250	328	508	731	1000	1370	2027	2930	3910	—
130	48.00	0.416	138	194	261	339	529	760	1044	1365	2110	3053	4050	—
140	49.80	0.448	143	202	271	349	547	787	1080	1420	2188	3168	—	—
150	51.60	0.480	148	208	278	360	565	817	1116	1470	2267	3278	—	—

9.5.4.3 水的单位耗电量 $E(\mathrm{kW \cdot h/m^3})$

$$E = 3.2 \times 10^{-3} H_0 \tag{9-7}$$

9.5.4.4 水枪生产能力 $A(\mathrm{m^3/h})$

$$A = \frac{Q}{q} \tag{9-8}$$

式中 Q——水枪射流量，$\mathrm{m^3/h}$；

q——土岩单位耗水量，$\mathrm{m^3/m^3}$。

9.5.4.5 水枪需用台数 M(台)

$$M = \frac{Q_1}{Q} \tag{9-9}$$

式中 Q_1——按土岩生产能力计算的需水量，$\mathrm{m^3/h}$，其计算公式为：

$$Q_1 = \frac{V_1 q}{t_1 t \eta} \tag{9-10}$$

V_1——土岩生产能力，$\mathrm{m^3/a}$；

t_1——年工作天数，d；

t——昼夜工作小时数，h；

η——事件利用系数，0.65~0.75。

9.5.5 自流水力运输

水枪开采中，水力运输是整个工艺过程中的重要环节。水力运输分为加压水力运输和自流水力运输。自流水力运输是利用重力来流运矿浆，因无需设备，故是一种经济的运输方法。

自流运输分为沟槽和管道两种方式。因沟槽运输可就地取材，基建投资少，而被广泛采用。

9.5.5.1　自流运输的应用范围

水枪冲采中，应用自流运输的范围是：冲采形成的矿浆，自流进入到砂泵的吸浆池内，运距一般为20~150m；矿浆自采场主运矿沟开始自流到选矿厂砂泵的吸浆池内，运距由数百米到几千米；冲采剥离的泥浆自流排弃到排土场；选矿排弃的尾矿自流到尾矿库。

9.5.5.2　自流运输的使用条件

采用自流运输的必要条件是起点和终点必须有一定的高差，并满足下式：

$$\frac{H_1 - H_2}{L} \geqslant i \tag{9-11}$$

式中　H_1——工作面台阶底部标高，m；

H_2——选厂矿浆池或排土场顶部标高，m；

L——沟槽线路长度，m；

i——运输矿浆所需坡度。

9.5.5.3　自流运输沟道线路的选择

自流运输沟道线路的选择应遵守如下原则：必须保证全线各段沟槽的坡度大于矿浆流运的临界水力坡度；尽可能使挖填方工程量最小，架空部分也最短；沟道尽可能为直线，避免转弯过多，线路转角一般不小于120°，转弯曲线半径应大于沟底宽度的20倍。

9.5.5.4　自流运输参数

自流运输的主要参数有沟槽坡度、矿浆浓度和流速。这些参数可参考类似矿山生产实际参数选取，见表9-9。

表9-9　矿山生产实际参数

厂矿	矿石平均粒度/mm	矿石含泥量/%	矿石比重	矿浆浓度		冲矿沟坡度/%			矿浆流速/m·s^{-1}			备　注
				单位耗水/t·t^{-1}	浓度/%	最大	最小	平均	最大	最小	平均	
老厂和平坑新冠	0.72~1.1	55~65	2.75	2.6	27.0	7	5	6	2.8	2.2	2.5	临界流速，流运情况良好
	0.72~1.1	55~65	2.75	3	24.4	—	—	6	—	—	2.7	临界流速，流运情况良好
	0.373	80.13	2.58	3.9	20.0	18	6	9	8	5	6.5	高流速，流速很大，冲刷力很大
	0.41	80.00	2.58	3.2	23.3	—	—	4	—	—	3.1	临界流速，流运情况良好
黄茅山	0.53	68	2.5	2.9	25.0	6.5	5	6	2.6	2.0	2.3	临界流速，流运情况良好
	1.29	57.4	2.82	3.4	22.3	—	—	11	—	—	3.1	临界流速，流运情况良好
	0.9	65	2.8	3.5	21.7	5.0	4.5	4.8	2.96	2.8	2.9	临界流速，流运情况良好

续表 9-9

厂矿	矿石平均粒度/mm	矿石含泥量/%	矿石比重	矿浆浓度		冲矿沟坡度/%			矿浆流速/m·s^{-1}			备　注
				单位耗水/t·t^{-1}	浓度/%	最大	最小	平均	最大	最小	平均	
卡房	1.24	60	2.8	1.5	39.5	—	—	7	2.4	2.2	2.3	临界流速，流运情况良好
	1.82	50	2.8	2.5	27.8	—	—	7	—	—	1.98	临界流速，流运情况良好

9.5.5.5　沟槽断面形式

生产中广泛采用矩形和梯形断面［见图 9-13（a）（b）］。矩形断面的优点是，流深较大，开挖工程量小，砌筑方便；其缺点是更换沟底衬板不方便，大泥团较多时容易堵塞。梯形断面的优缺点与之相反。综合两者的优缺点，采用上帮为矩形，下帮为梯形的断面为好［见图 9-13（c）］。

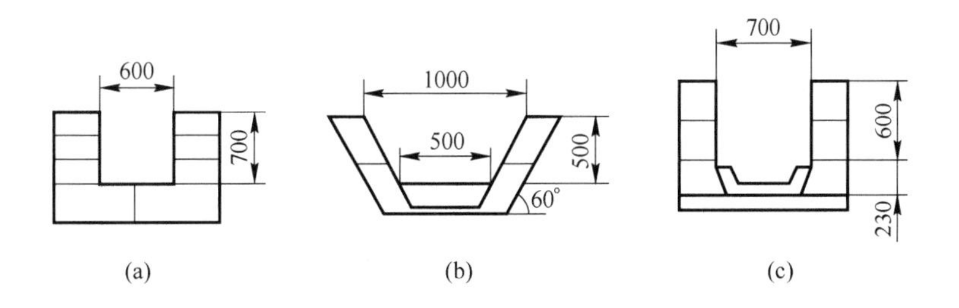

图 9-13　常用沟槽断面形式
（a）矩形断面；（b）梯形断面；（c）梯形和矩形断面

9.5.6　水枪开采法评价

9.5.6.1　水枪开采的适用条件

应用水枪开采法的开采条件是：矿床应具有一定的储量，服务年限不小于 3a；土岩松散，胶结性差，埋深不大于 15m 的矿床；矿床底板裂隙不发育，渗透水小，以能保证矿浆的流运；大块砾石（粒径大于 100mm）的含量不超过 10%，小块砾石（50~100mm）含量不超过 30%的矿床；矿区有足够的水源和电源。

9.5.6.2　水枪开采优缺点

采用水枪开采埋深浅、土岩松散、胶结性差的小而富矿体，能获得较好的经济效果。

水枪开采主要优点是：设备简单，易于维修，投资少，见效快；工艺具有连续性，开采效率较高；对于矿床底板凹凸不平的矿床，开采适应性较强，资源回收率高。

水枪开采的缺点是：耗水量、耗电量大，通常耗电量为 6~10kW·h/m^3，开采条件困难时，可高达 20kW·h/m^3；开采中清理工作面废石工作较复杂；设备磨损快，且移动频繁。

9.6 露天机械开采

露天机械开采是指用推土机、机械铲、前装机、拖拉铲运机、索斗铲等作为采运设备，与洗选机组配合对砂矿床进行开采。它一般适用于中小型矿床，特别是在干旱缺水地区的小型砂矿床。

露天机械开采具有投资少、见效快、机动灵活等优点。目前我国应用露天机械开采砂矿床所占比例已超过20%，并有逐渐增长的趋势。

9.6.1 露天机械开采工艺特点

露天机械开采的工艺特点是：

（1）剥离深度达矿床顶板。露天机械开采中，剥离工作必须超前采矿工作进行。首先将矿床上部表土层剥离，直到接近含矿层顶板。为避免矿砂损失，在矿床顶板上部应预留0.2~0.5m厚的保护层，然后回采含矿层。通常含矿层厚度为1.0~3.0m。

（2）必须进行采场疏干工作。适合露天机械开采的矿岩最优湿度为8%~14%；当矿岩湿度超过25%时，机械设备作业困难。为保证开采工作正常进行，常需要对采场进行疏干。疏干工作一般包括：在矿体内外设置排水沟、防水沟，以及对地表河流改道。

（3）洗选机组位置常需移动。露天机械开采中，洗选机组的尾矿排弃工作具有定期定量的特点。由于受尾矿排弃高度的限制，当尾矿堆达到最大容量时，洗选机组需移动位置。

（4）供水距离经常变化。露天机械开采中的选矿用水，通常是由水泵供给的，故供水距离和扬程经常随洗选机组位置的移动而变化。

9.6.2 推土机开采

推土机开采一般适用于埋深小于8m的砂矿床，通常是在运距不大于50m的开采条件下，同其他采矿设备配合对砂矿进行开采。

9.6.2.1 推土机在砂矿开采中的应用

推土机在砂矿开采中的应用主要有：当用机械铲、索斗铲、水枪或皮带运输机开采砂矿时，可利用推土机为其推运矿砂，以提高这些设备的作业效率；开采小规模的坡积、阶地、干旱的河谷砂矿床时，可用推土机单独作为采装运设备与洗选机组配合来开采砂矿；砂矿开采中，可利用推土机用于筑路、修筑堤坝、基坑等土方工程，以及作为表土、冻土的剥离，平整排土场、进行覆土造田的主要设备。

9.6.2.2 推土机开采方法

A 推土机-皮带运输机开采法

这种方法是利用推土机推运矿砂，由皮带运输机将矿砂运往洗选机组（见图9-14）。开采前先将矿床划分为若干个采区，其面积不能大于（150×150）m^2，以保证推土机平均运距不大于70m。在采区中间设置装载漏斗，利用推土机将矿砂推运至漏斗中，然后由皮带运输机将矿砂运往选矿地点。安装皮带机的堑沟坡度不能大于18°。

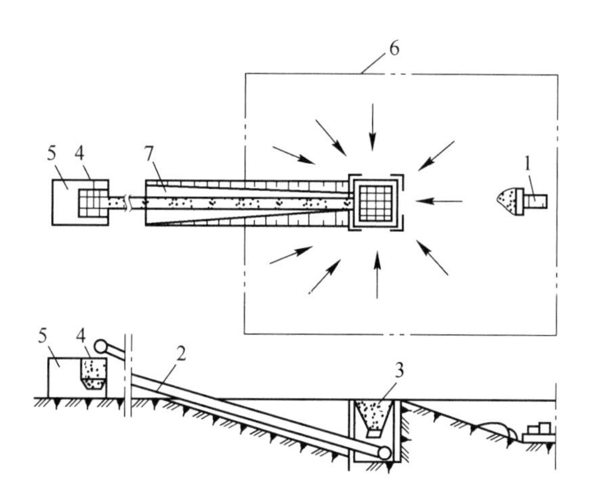

图 9-14　推土机-皮带运输机开采法之一

1—推土机；2—皮带运输机；3—装载漏斗；4—选矿仓；5—洗选机组；6—采区境界；7—堑沟

实际生产中，采区块段形状是多种多样的，因此装载漏斗的位置和推土机的推运方式也不相同（见图 9-15）。

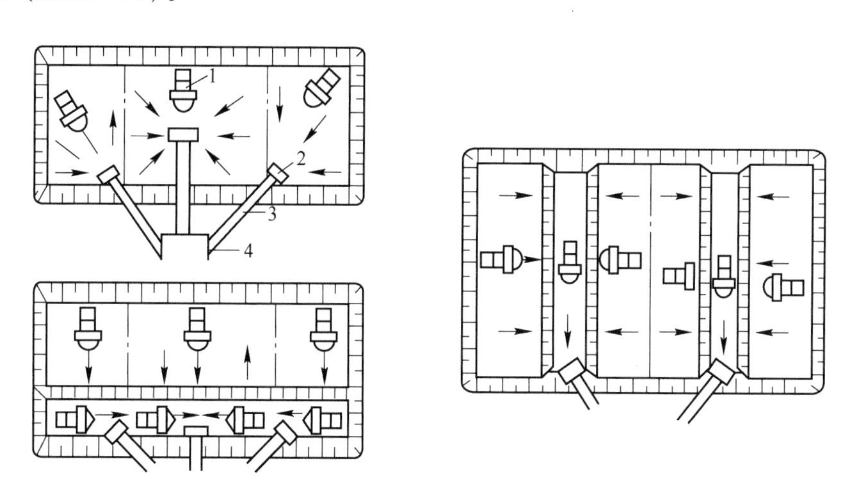

图 9-15　推土机-皮带运输机开采法之二

1—推土机；2—装载漏斗；3—皮带运输机；4—洗选机组

B　推土机-机械铲-皮带运输机开采法

在利用机械铲开采砂矿时，为减少机械铲的移动，以提高其采装效率，可利用推土机为机械铲推集矿砂。根据矿床赋存条件的不同，设备之间可以有不同的配合方式（见图 9-16）。

图 9-16（a）所示为机械铲横向采装，即推土机沿纵向短距离推集矿砂。采完一个采掘带宽度 *A* 后，设备向前移动。这种采装方法适合开采宽度较大的矿床。图 9-16（b）为机械铲纵向采装，推土机以放射状推集矿砂。这种方法适合开采宽度较窄的砂矿床。

C　推土机-索斗铲-皮带运输机开采法

这种方法是利用推土机配合索斗铲开采埋深较大的砂矿（见图 9-17）。由于索斗铲可站立于地表向下挖掘土岩，且其挖掘半径和卸载半径很大，因而它可以开采埋深很大的砂矿床。

索斗铲工作时，可将挖掘上来的表土直接排弃到地表的排土场上，而将挖掘上来的矿砂直接卸入皮带运输机受矿漏斗中。为提高索斗铲采装效率，可利用推土机为其推运矿砂。这样可充分发挥两者各自开采的特点，提高设备作业效率，因此这种方法很有扩大应用的趋势。

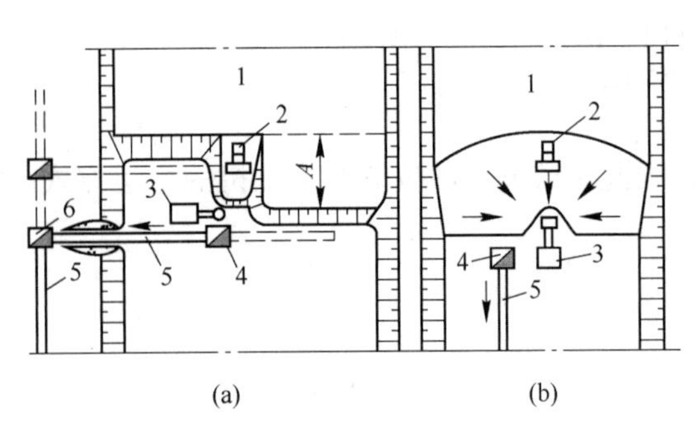

图 9-16　推土机-机械铲-皮带运输机开采法
(a) 机械铲横向采装；(b) 机械铲纵向采装
1—已剥离采区；2—推土机；3—机械铲；
4—装载漏斗；5—皮带运输机；6—转载漏斗

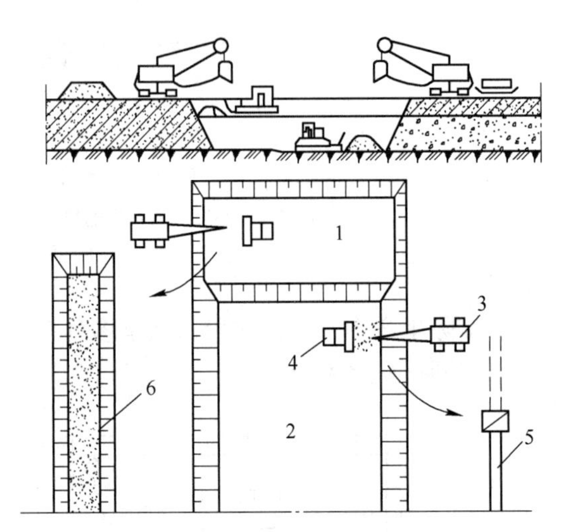

图 9-17　推土机-索斗铲-皮带运输机开采法
1—剥离区；2—采矿区；3—索斗铲；4—推土机；
5—皮带运输机；6—排土场

D　推土机-水枪开采法

推土机-水枪开采法（见图 9-18）的特点是利用推土机推运土岩，利用水枪冲采造浆，然后利用水力运输的方法将矿浆输送到选矿地点。

推土机-水枪开采法的优点有：当开采薄层砂矿（小于 2m），利用推土机推运矿砂，可大大减少水枪和砂泵的移动工作量，同时又可提高水枪冲采效率，减少单位耗水量；可缩短矿浆的流运距离，减少矿床底板渗透水的损失，保证矿浆浓度的稳定和提高有用矿物的回收率。

E　内排土场推土机捣堆开采法

此种方法（见图 9-19）的实质是在首采地段先挖掘基坑，以此作为相邻块段开采时的内排土场。而相邻块段回采结束后，留下的采空区作为下一个块段开采所需要的排土场地。其具体做法是，根据矿床的实际宽度，将其划分为 70～100m 宽的采幅，然后以采幅中心线为界划分为两条进路，进路长度方向上每隔 40～60m 划分一个矿块，两条进路的矿块轮流进行剥离和回采工作，剥离和采矿区互不干扰。

矿块开采前，预先将耕植土剥离到采幅两侧或一侧，同时形成防洪坝。待回采结束

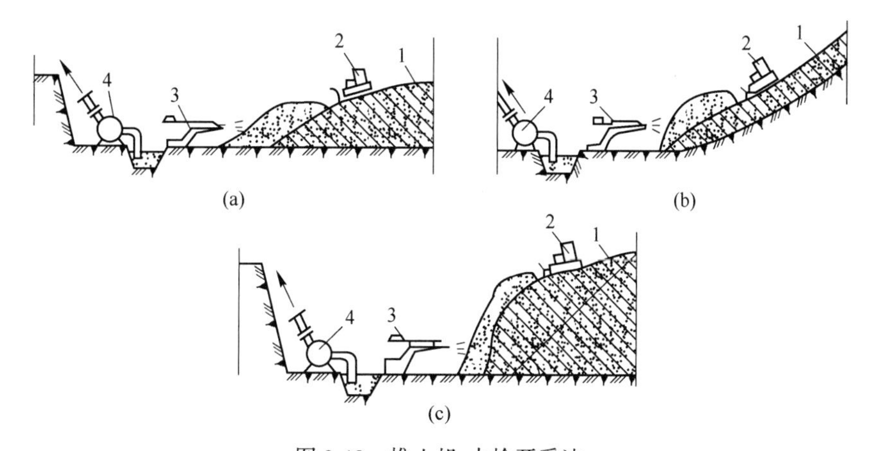

图 9-18 推土机-水枪开采法

（a）薄层砂矿；（b）薄层坡积砂矿；（c）致密难冲采砂矿

1—砂矿；2—推土机；3—水枪；4—砂泵

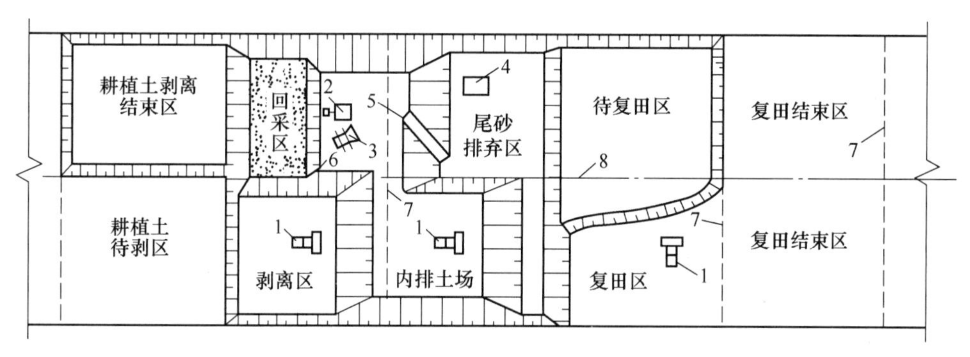

图 9-19 内排土场推土机捣堆开采法

1—推土机；2—机械铲；3—前装机；4—洗选机组；5—运输道；

6—含矿层；7—矿块界限；8—采幅中心线

后，再将耕植土推回，覆土造田。

矿块采后留下的采空区，作为相邻矿块剥离表土的内排土场，这样可避免废石的二次搬运。

回采含矿层时，可利用机械铲松动挖掘土岩，用前装机采装并将矿砂运至洗选机组的受矿漏斗中。洗选机组位于内排土场的废石堆上，圆筒筛上的砾石可用皮带运输机排弃至采场底板上堆放，而经选别废弃的尾砂可就地排弃在废石堆上。

这种方法一般适用于埋深小于 6m，且少水干燥的矿床。

9.6.2.3 推土机开采法的评价

推土机具有结构简单、性能可靠、机动灵活等优点。在砂矿开采中，推土机常被用作剥离表土的设备。

实践证明，利用推土机与其他采矿设备配合开采砂矿床，能取得较好的经济技术指标。

推土机开采的主要缺点是：经济合理推运距离小以及重载爬坡能力较低。当其推运距离超过允许运距时，推土机生产效率将降低。

不同功率推土机开采的合理参数，见表9-10。目前推土机开采砂矿的发展趋势是增大推土机的功率，国外已相继使用385hp、480hp、500 hp的推土机。特别是使用大功率带裂土器的推土机，可直接松动坚硬土岩和冻土，进一步扩大了推土机的应用范围。

表9-10 不同功率推土机开采合理参数

推土机功率 /kW，hp	采区宽度 /m	允许剥离厚度 /m	允许运距 /m
74.6，100	50	≤4	80
104.4，140	80	≤5	125
224，300	100	≤5	125
287，385	100	≤3	150

9.6.3 机械铲开采

机械铲开采就是用机械铲作为采装设备，同其他运输设备配合开采砂矿床。我国砂矿开采中，通常采用中小型正向机械铲挖掘土岩。

一般情况下，砂矿床土岩松软易掘，机械铲可直接挖掘土岩装车。当机械铲以平装车方式作业时，台阶高度一般不大于机械铲的最大挖掘高度，同时也不能小于其推压轴高度的2/3。

9.6.3.1 机械铲开采法

目前采用正向机械铲开采砂矿的方法主要有机械铲-窄轨铁路开采法和机械铲-汽车运输开采法两种。

A 机械铲-窄轨铁路开采法

这种方法是利用机械铲挖掘土岩并装入矿车中，由电机车牵引矿车组，通过窄轨铁路将矿砂运往选矿地点，将废石运往排土场。我国某砂矿即采用这种方法开采砂矿，该矿所选用的主要设备类型见表9-11。

表9-11 某砂矿采装运设备类型

机械铲	矿 车	柴油机车功率 /kW	铁 道		
			轨距/mm	轨型/kg · m^{-1}	限制坡度/%
W1001型 斗容1m^3	V型 容积1m^3	QL-90A QL-90Ⅱ 功率67	762	24	15

B 机械铲-汽车运输开采法

此种方法是利用机械铲挖掘土岩，并装入汽车，矿砂运往选矿地点，废石运往排土场。开采时可利用推土机配合机械铲采装矿砂。我国某砂矿即采用这种方法进行开采，该矿选用1m^3机械铲采装矿岩，选用3t和5t载重量的汽车运输。

该矿矿床属河谷阶地砂矿，矿床呈条带状分布，表土层较厚。该矿地处干寒地带，矿区干燥且地形平缓，适合于汽车运输。

开采时，先用推土机按 30m 宽度进行表土剥离，将表土直接堆弃采空区。推土机的推运距离一般为 30m。

剥离后采用机械铲挖掘含矿层，含矿层厚度为 1.5～2.0m，采掘宽度为 15m，即推土机每剥离一个条带，机械铲分两个采掘带挖掘回采。采掘工作线推进方向为横向推进。

9.6.3.2 机械铲开采法评价

机械铲开采法适用于开采干旱少水的砂矿床。机械铲开采具有安全可靠，挖掘效率高，对致密坚硬土岩或含巨砾石较多的砂矿，开采适应性较强等优点。该方法的主要缺点是不适于开采湿度较大或多雨地区的矿床。这是因为若工作面多水，则采矿设备工作时，常发生设备沉陷、机械铲黏斗，汽车打滑等现象，使采矿设备的生产效率显著降低。

9.6.4 前装机开采

前装机是一种具有采装、运输、卸矿和其他辅助作业能力的多功能采矿设备。前装机与索斗铲相比，具有质量轻、体积小，价格便宜、机动灵活、爬坡能力强、操作简单、一机多用、不需电力等优点。其主要缺点是挖掘铲切力小，生产能力小，轮胎磨损快，寿命短，采装费用高。与机械铲相同，前装机一般适合于开采干燥少水的矿床。

9.6.4.1 前装机在砂矿开采中的应用

前装机在砂矿开采中的应用主要有：作为采装设备，作为采装运设备，作为辅助设备。

A 用作采装设备

在砂矿开采中，可用前装机作为主要采装设备，来挖掘较松散的矿岩，然后向汽车，窄轨矿车或皮带运输机受矿漏斗装卸。当采用汽车运输时，前装机在工作面的作业方式如图 9-20 所示。

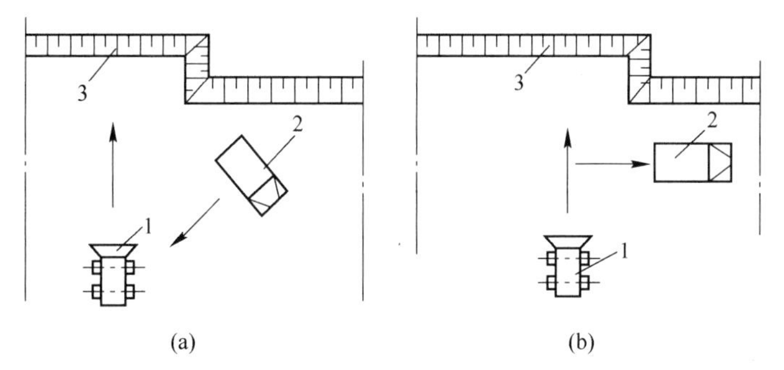

图 9-20 前装机作业方式

（a）V 型装载；（b）横向装载

1—前装机；2—汽车；3—采矿工作面

B 用作采装运设备

当运距不大（小于 400m）时，可利用前装机将挖掘的矿砂直接运往选矿地点。

C 用作辅助设备

作为辅助设备，前装机可完成维护道路，筑堤修坝，平整作业场地，短距离牵引运送设备，清理积雪等工作。

9.6.4.2　前装机开采的评价

前装机在砂矿开采中，具有投资少、见效快、机动灵活、一机多用等优点。主要缺点是挖掘铲切力小，不适应开采较致密坚硬的砂矿，以及轮胎磨损快等。为克服上述缺点，目前前装机有向大功率、大斗容方向发展的趋势。为避免轮胎磨损快，目前已研制出钢制链板铠装轮胎和装有保护链环的轮胎，并已投入使用且效果良好。

复习思考题

9-1　砂矿床有哪些类型?

9-2　简述链斗式采砂船工作原理。

9-3　水枪主要由哪几个部分组成?

9-4　水力机械开采的开拓方法有哪些?

9-5　水力机械开采的冲采方法有哪些?

9-6　简述常见的几种露天机械开采工艺特点。

10 露天矿开采环境保护

10.1 环境保护的概念和意义

环境保护就是研究和防止由于人类生活、生产建设活动使自然环境恶化，进而寻求控制、治理和消除各类因素对环境的污染和破坏，并努力改善环境、美化环境、保护环境，使它更好地适应人类生活和工作需要。环境保护就是运用环境科学的理论和方法，在更好地利用自然资源的同时，深入认识污染和破坏环境的根源及危害，有计划地保护环境，预防环境质量恶化，控制环境污染，促进人类与环境协调发展，提高人类生活质量，保护人类健康，造福子孙后代。

人生活在自然环境中，所以自然环境是人类生存的基本条件，是发展生产、繁荣经济的物质源泉。如果没有地球这个广阔的自然环境，人类是不可能生存和繁衍的。随着人口的迅速增长和生产力的发展，科学技术的突飞猛进，工业及生活排放的废弃物不断地增多，从而使大气、水质、土壤污染日益严重，自然生态平衡受到了猛烈的冲击和破坏，许多资源日益减少，并面临着耗竭的危险；水土流失，土地沙漠化也日趋严重，粮食生产和人体健康受到严重威胁，所以，维护生态平衡，保护环境是关系到人类生存、社会发展的根本性问题。

10.2 环境保护的主要法规

我国的环境保护法是在20世纪70年代末以后迅速发展起来的，目前已经初步形成了包括环境保护的宪法规范。环境保护基本法、环境保护单行法和环境保护法规、规章组成的体系，成为我国整个法律体系中的一个独立法律法规体系。我国环境保护法的范围主要包括：环境污染防治法，如水污染防治法、大气污染防治法、噪声污染防治法等；自然环境要素保护法，如森林法、水法、野生动物保护法、水土保持法等；文化环境保护法，如风景名胜区保护条例、自然保护区条例等；环境管理、监督、监测及保证法律实施的法规，如环境监测管理条例、建设项目环境保护管理办法、报告环境污染与破坏事故的暂行办法、环境保护行政处罚办法等。

另外还有各种环境标准，包括环境基础标准和方法标准、环境质量标准和污染物排放标准。随着环境保护事业的发展和环境法制工作的加强，我国环境保护法的内容将不断充实和完善。目前，露天矿开采设计环境保护的主要规定如下：

（1）环境保护设计必须执行防治污染和其他公害的设施与主体工程同时设计、同时施工、同时投产使用的规定。

（2）在初步设计阶段，必须有环境保护篇（章），具体落实环境影响报告书（表）及其审批意见所确定的各项环境保护措施。

（3）矿山的剥离物、废石、表土及尾矿等，必须运往废石场堆置排弃或采取综合利用措施，不得向江河、湖泊、水库和废石场以外的沟渠倾倒。

（4）为保障矿山文明生产，必须落实和保证必要的环境投资。

（5）输送含有毒有害或有腐蚀性物质的废水沟渠，管道，必须采取防止渗漏和腐蚀的措施。

（6）凡属有利用价值的固（液）体废物必须进行处理，最大限度地予以回收利用。对有毒固（液）体废物的堆放，必须采取防水、防渗、防流失等防止危害的措施，并设置有害废物的标志。

（7）严禁在城市规划确定的生活居住区、文教区、水源保护区、名胜古迹、风景游览区、温泉、疗养区和自然保护区等界区内建设排放有毒有害的废气、废水、废渣（液）、恶臭、噪声、放射性元素等物质（因子）的工程项目。在上述地区原则上也不准开矿，如要开矿必须经国家有关主管部门审批。

（8）环境保护设计必须按国家规定的设计程序进行，建设项目的各设计阶段必须有相应的环保措施和要求进行设计。如主要环保措施较初步设计有重大更改时，除必须满足环保要求外，还应征得项目审批部门的同意。

（9）施工图设计阶段，各专业必须按已批准的初步设计及其环境保护篇（章）所确定的各项环保措施和要求进行设计。如主要环保措施较初步设计有重大更改时，除必须满足环保要求外，还应征得项目审批部门的同意。

（10）露天采矿场和排土场中的废水含有害物质时应设置集水沟（管）予以收集，导入废水调节池（库），并采取相应的废水处理措施。

（11）排土场必须分期进行覆土植被。如排土场有可能发生滑坡和泥石流等灾害的，必须进行稳定处理。

（12）各散尘设备必须设置密封抽风除尘系统，选用高效除尘器。

（13）选金工艺流程的选择，除其工艺本身的技术经济合理外，还应考虑“三废”处理技术的可能性和可靠性。在多种可供选择的选金工艺中应优先选用易于进行“三废”处理，并有成熟的处理经验的选金工艺，新建选矿厂不得采用混汞法选金工艺。

（14）新建、扩建冶金企业应根据其规模组成和生产工艺，按照现行的冶金企业环境监测站有关设计规定建立相应的环境监测站。

10.3　露天开采对环境的危害

露天采矿形成的最终边坡，受地质构造、边坡岩体自身强度、地表水及地下水等作用的影响，容易产生滑坡、塌陷、水土流失、泥石流等一系列地质灾害，进而诱发地面变形、地下水位下降等危及周边地区的工业企业和居民建筑的安全。排土场既占用大量的土地，又对周边环境有较大的影响，排土场边坡失稳或泥石流将危害下游建筑、人员安全，既造成巨大的经济损失，又破坏了原来的生态地质环境。

《2001 年中国地质环境公报》显示，露天采矿、开挖和各类废渣、废石、尾矿的堆置，侵占和破坏土地 586 万多公顷，破坏森林 106 万多公顷，破坏草地 26.3 万多公顷。

地表植被破坏和大量堆放的尾矿，导致严重的水土流失和土地荒漠化。

在辽宁大孤山铁矿、湖北盐池河磷矿，都发生过几百立方米甚至几百万立方米的滑坡和崩塌，除造成交通运输和生产中断、附近建筑物遭受破坏外，还严重影响人民群众的生命安全。我国秦岭西峪沟金矿，由于乱采滥挖，并将数万立方米的矿渣堆放在沟底，以致河道严重受阻，形成的泥石流沿沟下泄，使道路、生产、生活设施遭受严重破坏，并造成51人丧生。山西峨口铁矿，由于尾矿坝被洪水冲垮，溃坝使下游的代县一带6000亩（1亩=666.7平方米）农田被毁。

采矿产生的废气严重污染大气，排出的废水则严重污染地表水和地下水，引发一系列水环境问题。据统计，我国每年因采矿产生的废水、废液的排放量占全国废水排放量的10%以上，而处理率仅为4.28%，大量未经处理的废水排入江河湖海，污染极其严重。湖北省的大冶湖，是长江中游的一个湖泊，面积约86.5平方千米。20世纪60年代以来，该湖每天接纳来自大冶铁矿、铜录山铜矿和大冶冶炼厂的废水3万多吨，使整个湖泊水体严重污染，鱼体内剧毒金属镉的含量就比其他地方同类鱼高6~8倍。我国北方岩溶地区的矿山，每年要排矿坑水12亿吨，70%左右未经处理自然排放。江西省一多金属矿，排放酸性矿坑水，造成河水污染，鱼虾绝迹，水草不生，25km长的河道河水不能饮用，同时还使土壤物理性质变坏，造成农田污染，农作物生长受到严重损害。

我国一些矿山还由于冶炼硫黄排放大量有毒气体，产生大量废水及汞、砷、镉等有害物质，通常炼1t硫黄需排放1万立方米有害气体，如二氧化硫等。湖北、云南、贵州、四川等地的土法炼硫生产是一种毁灭生态的社会公害。此外，废渣、尾矿对大气的污染也相当严重，河南等地一些有色金属矿山的粉尘含量超标十多倍甚至几十倍。

10.4 露天矿环境治理技术介绍

10.4.1 大气污染防治技术

10.4.1.1 穿爆干/湿式防尘技术

干式防尘技术是指露天矿钻孔牙轮钻和潜孔钻机采用三级干式捕尘系统，压气排出的孔内粉尘经集尘罩收集，粗颗粒沉降后的含尘气流进入旋风除尘器作初级净化，布袋除尘器作末级净化。

湿式防尘技术是指通过喷雾风水混合器将水分散成极细水雾，经钎杆进入孔底，补给粉尘形成泥浆。风流将孔内泥浆吹出并排向孔口一侧，并沉积该处。泥浆干燥后呈胶结状，避免粉尘二次飞扬。

钻机三级干式捕尘系统的除尘效率达99.9%，排放粉尘浓度可降为6mg/m^3；其他措施可减少粉尘和有毒气体产生，减少大气污染。

10.4.1.2 运输路面防尘技术

运输路面防尘措施主要是沿路铺设洒水器向路面洒水，同时路面喷洒钙、镁等吸湿盐溶液或用覆盖剂处理路面。

10.4.1.3 覆盖层防尘技术

通过喷洒系统将焦油、防腐油等覆盖剂喷洒在废石堆表面，利用覆盖剂和废石间的黏结力，在废石表面形成薄层硬壳，从而减少粉尘飞扬。

该技术可减少扬尘，使粉尘浓度达 1mg/m^{3}以下，可减少料堆雨水侵蚀和物料流失，防止水土污染。适用于废石场、排土场、尾矿库以及矿石转载点料堆等场所的扬尘控制。

10.4.1.4　就地抑尘技术

应用压缩空气冲击共振腔产生超声波，超声波将水雾化成浓密的、直径 1~50μm 的微细雾滴，雾滴在局部密闭的产尘点内捕获、凝聚细粉尘，使粉尘迅速沉降，实现就地抑尘。

就地抑尘技术比其他除尘系统节省 30%~50%投资，节能 50%，且占据空间小，节省场地，无需清灰，避免二次污染。该技术适用于矿石破碎、筛分、皮带运输转载点等细尘扬尘大的产尘点，对呼吸性粉尘捕获效果更佳。

10.4.1.5　固体物料浆体长距离管道输送技术

固体物料浆体长距离管道输送技术是以有压气体或液体为载体，在密闭管道中输送固体物料，从而防止粉尘外排。

该技术对地形适应性强，占用土地少，基建投资和运营成本比铁路运输低 30%~50%。环境影响小。适用于精矿的输送作业。

10.4.1.6　袋式除尘技术

利用纤维织物的过滤作用对含尘气体进行过滤，当含尘气体进入袋式除尘器后，颗粒大、比重大的粉尘，由于重力的作用沉降下来，落入灰斗，含有较细小粉尘的气体在通过滤料时，粉尘被阻留，气体得到净化。

布袋除尘器一次性投资约为 10 元/(m^3·h)，换料、电耗等运行费约 60 元/万吨矿石。袋式除尘技术除尘效率高，但运行维护工作量较大，滤袋破损需及时更换。为避免潮湿粉尘造成糊袋现象，应采用由防水滤料制成的滤袋。对布袋收集的粉尘进行处理时可能产生二次污染。

该技术对于粒径 0.5μm 的粉尘，除尘效率为 98%~99%，总除尘效率可达 99.99%，排放浓度可达 20mg/m^{3}或更低。适用于选矿厂破碎筛分系统的粉尘治理。

10.4.1.7　高效微孔膜除尘技术

含尘气体进入除尘器后，大颗粒靠自重沉降，小颗粒随气流通过微孔膜滤料被阻留，清洁空气通过微孔膜后排出。粉尘在膜上积到一定厚度时在重力作用下脱落，粘在膜上的粉尘由 PLC 定时控制的高频振打电机振打脱落。

高效微孔膜除尘技术具有阻力低、透气性好、寿命长、耐潮、除尘效率高等特点。除尘效率大于 99%，选矿厂破碎筛分系统中的粉尘排放浓度为 30~50mg/m^3。该技术适用于矿山破碎筛分系统的粉尘治理，尤其适用于潮湿性粉尘。

10.4.1.8　高效湿式除尘技术

颗粒与水雾强力碰撞、凝聚成大颗粒后被除掉，或通过惯性和离心力作用被捕获。高效湿式除尘技术的除尘效率可达 95%，排放浓度达 50mg/m^{3}以下。该技术运行成本低，适用于新建和已建矿山破碎筛分系统除尘。

10.4.1.9　旋风除尘技术

含尘气流沿某一方向作连续旋转运动，粉尘颗粒在离心力作用下被去除。多管旋风除尘器结构简单、工作可靠、维护容易、体积小、成本低、管理简便。旋风除尘技术多用于收集粗颗粒，对于粉尘细微的矿山选矿厂破碎点的粉尘，多管旋风除尘器仅可达 60%~80%的除尘效率。该技术通常作为矿山除尘系统的前级除尘，以提高除尘系统的总除尘效率。

10.4.1.10　静电除尘技术

含尘空气进入由放电极和收集极组成的静电场后，空气被电离，荷电尘粒在电场力作用下向收集极运动并集聚其上，释放电荷；通过振打极板使集尘落入灰斗，实现除尘。

静电除尘技术的除尘效率通常为 90%~95%，在运行良好的情况下可达 99%。适用于比电阻在 104~109Ω 范围内的矿尘治理。使用该技术时，设备清灰过程对环境有一定影响。灰斗收集的干粉尘可直接进入选矿流程。

10.4.1.11　传统湿式除尘技术

传统湿式除尘技术是指尘粒与液滴或水膜的惯性碰撞、截留的过程。粒径 1~5μm 以上颗粒直接被捕获，微细颗粒则通过无规则运动与液滴接触加湿彼此凝聚增重而沉降。湿式除尘器主要包括水膜除尘器、泡沫除尘器和冲击除尘器，以冲击除尘器为主。

湿式除尘器对粒径小于 5μm 的粉尘捕集效率较低。在北方冬季结冻地区，传统湿式除尘技术的使用受到限制。

10.4.2　废水控制与治理技术

废水控制与治理技术包括：

10.4.2.1　矿坑涌水控制技术

通常采用以下技术措施预防矿山废水的产生：

（1）矿山边界设排水沟或引流渠，截断地表水进入露天采场或排土场。

（2）露天开采的下边坡应留矿壁，防止地面水流入采场。

（3）对废石堆进行密封或防范处理。

预防和控制矿坑涌水是从源头预防废水产生的重要措施，对已建和新建的矿山均适用。

10.4.2.2　硫铁矿酸性水控制技术

硫铁矿酸性水是由于硫铁矿（Fe^{2+}）的氧化、水解而产生具有腐蚀性的 H_2SO_4形成。硫铁矿酸性水来源有地下采场、覆盖岩层剥离后露天采场、废石场等，控制措施有：

（1）废石场实行分台阶排土，含硫较多的废石或表外矿石集中排放和管理，也可分层掺和石灰粉，废石场储用后及时复垦、植被，以减少硫化矿氧化。

（2）在采场、排土场、尾矿库周围修截流水沟渠，对酸性水源上游进行截水，既减少与硫铁矿接触，又可清污分流；采矿技术采用陡帮开采，减少矿体暴露和推迟矿体暴露时间。

（3）对产生的酸性废水设截水沟、蓄水池，部分废水经中和泵送回采场，用于采场降尘用水。

10.4.2.3　酸性废水处理

酸性废水成分复杂多样，在众多方法中，中和法技术成熟，应用广泛。

中和法处理酸性废水是指以碱性物质作为中和剂，与酸反应生成盐，从而提高废水的pH值，同时去除重金属等污染物。对于矿山酸性废水，可直接投加碱性中和剂，在反应池中进行混合，发生中和和氧化反应，将Fe^{2+}氧化生成$Fe(OH)_3$，经沉淀去除。常用的中和剂有石灰石、氧化钙、电石渣和氢氧化钠等。处理工艺有中和反应池、中和滤池、中和滚筒、变速膨胀滤池等。

石灰中和法处理技术具有反应速度快，占地面积小，出水水质好，排泥量小，污泥含水率低等优点。但中和反应后生产泥渣，存在二次污染；适用于已建和新建矿山的酸性废水治理。

10.4.2.4 选矿废水循环利用技术

该技术是采用循环供水系统，使废水在生产过程中多次重复利用，将尾矿库溢流水闭路循环用作选矿生产用水。选矿厂设置废水沉淀池，洗矿水、碎矿水及尾矿水进入沉淀池，经化学沉淀净化处理后，出水全部循环利用，其底流排入尾矿库。

此技术可使选矿废水全部循环利用，从而节省水资源，减少水环境污染。同时选矿废水循环利用可提高选矿指标；该技术适用于已建和新建矿山选矿厂。

10.4.2.5 含汞废水处理

含汞废水处理方法主要有铁屑过滤法和硫化沉淀法。

(1) 铁屑过滤法是指含汞废水经砂滤后，再经铁屑还原处理，在pH值为3.0~3.5时汞离子被还原成金属汞而被过滤去除。

(2) 硫化沉淀法是指将废水中悬浮物除去后，加入硫化钠，生成硫化汞沉淀，并加入铁盐或铝盐使之沉淀，焚烧沉淀物可回收汞。经硫化法处理的出水再经活性炭处理，废水中残留的汞被活性炭吸附去除。

10.4.2.6 含镉废水处理

含镉废水处理技术主要是化学沉淀法，是指在碱性条件下形成氢氧化镉、碳酸镉或硫化镉沉淀。处理时向废水中加碱或硫化钠，在pH值达10.5~11时，经沉淀去除镉。

10.4.2.7 含铅废水处理

含铅废水处理可采用化学沉淀-过滤法，是指向废水中加碱或硫化钠维持pH值在9~10之间使铅沉淀分离，再经过滤或活性炭吸附进一步除铅。处理过程中严格控制pH值，若pH值在11以上时，则形成亚铅酸离子，沉淀物再度溶解。

10.4.2.8 含铬废水处理

含铬废水处理通常采用化学还原法、钡盐法、电解还原法。

(1) 化学还原法是指利用硫酸亚铁、亚硫酸钠、硫酸氢钠等作为还原剂，使六价铬还原为三价铬，然后加碱调节pH值，使三价铬形成氢氧化铬沉淀得以去除。

(2) 钡盐法是指向废水中投加碳酸钡、氯化钡，形成铬酸钡沉淀。钡盐法除铬效果好，出水可排放或回用。

(3) 电解还原法是指在废水中加入一定量食盐，以铁板为阳极和阴极，通直流电进行电解，析出Fe^{2+}把六价铬还原成三价铬，形成三价铬和三价铁的沉淀，电解后的水进入沉淀池沉淀分离。

10.4.3 固体废物处置及综合利用技术

固体废物处置及综合利用包括下述技术。

10.4.3.1 铁尾矿再选技术

铁尾矿按选矿不同阶段可分为浓缩机前、浓缩机至尾矿库前和尾矿库中的尾矿。尾矿再选技术是指对尾矿进行二次选矿的技术，主要有单一磁选；尾矿初选后再选、再磨，尾矿内部回收流程；单一重选及干/湿尾矿再磨的磁选-重选联合流程。

该技术内部回收流程可生产品位大于66%的铁精矿，单一重选可获得含铁57%~62%的铁精矿。该技术可提高金属回收率和资源利用率，减少固体废物排放。适用于已建和新建铁矿山的尾矿。

10.4.3.2 废石、尾矿生产建筑材料技术

废石、尾矿生产建筑材料技术是以废石、尾矿作为原料生产建材产品，如空心砖，路面砖、饰面砖、免蒸砌块，代替黄砂做混凝土骨料等。

该技术能够提高尾矿资源利用率，减少尾矿、废石排放和对水体、大气的污染，保护生态环境。该技术适用于已建及新建矿山。

10.4.3.3 尾矿制造微晶玻璃技术

针对含钛磁铁矿和高铁尾矿含铁高的特点，以尾矿及石灰石、河砂、石英为原料，生产微晶玻璃。

尾矿制造微晶玻璃技术通常采用水淬法，其主要工艺流程如图10-1所示。

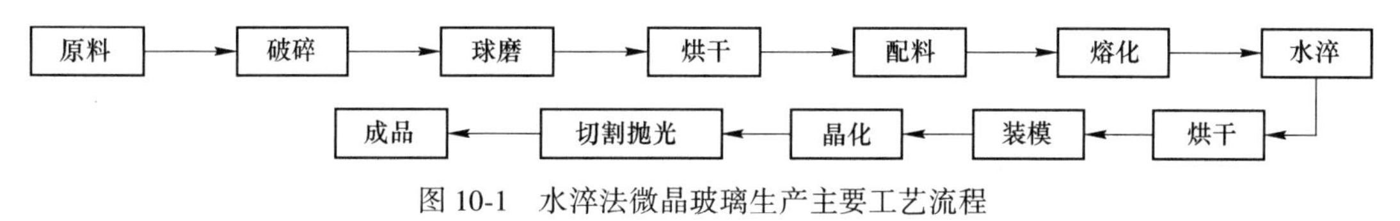

图10-1 水淬法微晶玻璃生产主要工艺流程

微晶玻璃生产的关键技术是热处理工艺，是尾矿微晶玻璃成核和晶体成长的关键，采用阶梯制度微晶化比等温制度微晶化更有利于提高晶化率和产品性能。

该技术能够充分利用矿产资源，可获得显著经济效益，可使尾矿得以资源化利用。减少尾矿、废石排放，消除和减少尾矿、废石的环境污染。

10.4.3.4 固体废物排放采空区技术

将采选矿固体废物排放于矿山地下采空区、露天矿坑或地表塌陷区等废弃采空空间。采空区固体废物回填量：采出1t矿石可回填0.25~0.4m^3的固废。

该技术可有效利用采空空间，减少了废石、尾矿的堆放空间，消除或减少废石、尾矿对水和大气环境的污染，改善生态环境。该技术适用于有地下采空区、露天矿坑或地表塌陷区等废弃空间且稳定的矿山。

10.4.4 生态恢复技术

根据矿山开发的不同时段，实施不同的生态恢复技术。

施工期的生态恢复技术包括开拓运输道路、工业广场、露天矿剥离工序等的生态恢

复，主要内容为：选址尽量少占土地，设置表土场，将施工的土石方及剥离的表土集中堆放，以便日后复垦时作为覆土利用。运输道路两侧及工业广场四周设置排水沟，防止水土流失。

运营期对露天开采应边采矿边复垦，宜使用采掘机械复垦。对缓倾斜薄矿体，剥离表土可边采边回填采空区，使剥离物不占用土地。

闭坑期，对矿山各类废弃地进行全面复垦，其中包括工业广场、露天采空区、地表塌陷区、排土场、尾矿库等。复垦方式应结合当地具体条件，将破坏的土地复垦成为自然生态系统、农林生态系统和城市生态系统。

10.4.4.1　复垦植被优化技术

排土场复垦时利用开采初期预先剥离、储存的原有表土层作为复垦的覆土回填；或采用尾矿砂回填，铺垫表土复垦。覆土应保证植物的种植深度，覆土厚度通常为0.4~0.5m。对适生品种应进行筛选和互生植物配置。

若种植粮源性植物，必须通过使用物理、化学、生物技术将土壤中有害成分降至安全水平。在植被的选择上，优先选择本地性植被，结构上体现出草、灌、乔搭配的复合型模式；覆土与修坡工作要保持与开采、排弃顺序相协调，尽可能利用矿山的采、装、运设备。

复垦植被优化技术可保护大气和水资源，防止污染，充分利用废弃地，恢复生态环境，形成生态型矿山。该技术适用于已建和新建的矿山。

10.4.4.2　尾矿库无土植被技术

尾矿库无土植被技术是在不覆盖土层的条件下采用生物稳定技术，直接种植有强大护坡功能的植物，形成生物坝，使其达到稳定并同时减少对环境的污染。

根据尾矿库不同基质条件，试验实施培肥熟化的植被基质，确定肥料的用量和品种。筛选适生品种，筛选出抗贫瘠、耐热性强、发芽率高、繁衍快、分蘖快、根系发达的品种。配置互生植物，确定种植方、密度、方法、施肥等。

尾矿库无土植被技术可节约土源和覆土费用；与有土植被相比，投资节省50%，适用于已封闭和正在使用的尾矿库。

复习思考题

10-1　露天开采对环境有哪些危害？

10-2　露天开采大气污染有哪些防治技术？

10-3　怎样控制与治理露天矿废水？

参 考 文 献

[1] 李宝祥．露天矿开采技术［M］．北京：冶金工业出版社，1979.
[2] 杨万根．露天矿开采技术［M］．北京：冶金工业出版社，1982.
[3] 骆中洲．露天采矿学［M］．徐州：中国矿业学院出版社，1986.
[4] 牛成俊．现代露天开采理论与实践［M］．北京：科学出版社，1990.
[5] 孙本壮．露天矿开采技术［M］．北京：冶金工业出版社，1993.
[6] 崔岱．砂矿生产技术［M］．北京：经济管理出版社，1989.
[7] 孙盛祥．砂矿床露天开采［M］．北京：冶金工业出版社，1985.
[8] 李宝祥．采矿手册（第3卷）［M］．北京：冶金工业出版社，1991.
[9] 云庆夏．露天开采设计原理［M］．北京：冶金工业出版社，1995.
[10] 王运敏．中国采矿设备手册（上册）［M］．北京：科学出版社，2007.

冶金工业出版社部分图书推荐